U0195649

现代涂料
的生产及应用

（第二版）

李肇强 / 编著

上海科学技术文献出版社
Shanghai Scientific and Technological Literature Press

图书在版编目（CIP）数据

现代涂料的生产及应用 / 李肇强编著 . —2 版 . —上海：
上海科学技术文献出版社，2016
　ISBN 978-7-5439-7194-3

　Ⅰ . ① 现⋯　Ⅱ . ① 李⋯　Ⅲ . ① 涂料　Ⅳ . ① TQ63

中国版本图书馆 CIP 数据核字（2016）第 218915 号

责任编辑：祝静怡　　王茗斐
封面设计：许　菲

现代涂料的生产及应用（第二版）
李肇强　编著
出版发行：上海科学技术文献出版社
地　　　址：上海市长乐路 746 号
邮政编码：200040
经　　销：全国新华书店
印　　刷：常熟市人民印刷有限公司
开　　本：720×1000　1/16
印　　张：20.25
字　　数：311 000
版　　次：2017 年 3 月第 2 版　2017 年 3 月第 1 次印刷
书　　号：ISBN 978-7-5439-7194-3
定　　价：168.00 元
http://www.sstlp.com

序 言

近几十年中国化工市场中,涂料扮演着举足轻重的角色。随着对涂料行业的人才需求的日益增加,关于涂料的系统性教材却没有跟上。

本书作者李肇强教授在涂料行业已工作了 50 多年,无论从实践经验还是理论深度都在涂料界具有举足轻重的影响。李教授毕业于北京大学(有机化学专业),先后在中国科学院、上海振华造漆厂工作,1984 年进入上海工程技术大学从事教学活动,经历了从涂料生产企业到涂料教学行业的转变。

李教授 1995 年退休后受聘于上海华生化工厂、上海长风化工厂、上海韩彩涂料公司做技术科长及技术顾问。近年来又受聘于上海古象化工科技发展有限公司及昆山玳权精细化工科技有限公司做技术顾问,进行技术开发及技术培训工作。

李教授深感涂料行业系统教科书的缺乏,特别是针对初入涂料生产企业的专业技术人员的技术培训教材。其在上海工程技术大学任教时,讲授涂料方面课程,编写并由上海科学技术文献出版社出版的《现代涂料生产及应用》一书,作为该校高分子材料专业学生涂料课程的教材,此书也被其他院校所采用。现特将旧版《现代涂料生产及应用》进行改写增删,第二版《现代涂料生产及应用》既可作为技术培训教材,也为初入门的涂料人员提供一本实用的参考书。

　　本书的内容包括配方原理、涂料制备、涂料物理性能、涂料的施工和干燥、涂膜的性能和涂料用原材料等,曾作为涂料入门培训课程教材,取得了比较好的反响。

　　本人很感动李教授对中国涂料业在学术和教育传承上做出的贡献。相信本书将为初入涂料生产企业的专业技术人员提供基础知识的引导。

　　是为序。

昆山玳权精细化工科技有限公司

董事长　陈重光

2016 年 4 月 8 日

目 录

第一章　涂料基础知识

1. 涂料的作用

涂料（coating）我国传统称为"油漆"（paint），此外还有"清漆"（varnish，凡立水）、稀释剂（thinner，天那水）等名称。这是一种涂覆在物体表面形成一层涂膜（也叫漆膜涂层），起保护和装饰作用及其他特殊功能作用的材料。它大多为黏稠状的液体，也可以呈稀薄状的水性液体，或者是固体粉末（称为粉末涂料）。

早期的涂料多用桐油、亚麻油等植物油和生漆作为原料，故称作油漆。近代的涂料很多品种不再使用植物油，故叫做涂料，比油漆更为确切；最多叫做××漆，因为它的状态像生漆一样。市场上常把水性建筑漆叫涂料，把其他品种叫做油漆，或者把建筑涂料叫做立邦漆，这只是一种通俗叫法，从技术上讲并不准确。

工厂生产的涂料对于最后施工形成的涂膜而言只是一种"半成品"，涂料只有经过合理的施工，涂覆到被涂物件表面形成涂膜后才能发挥作用。

1.1　保护作用
防止金属锈蚀、木材腐朽、水泥风化。涂在表面具有耐酸、耐碱、耐水、耐油、防污、防腐、耐化学药品等作用。

1.2　装饰作用
通过涂在物件及建筑物外面，形成五光十色绚丽多彩的外观，起到装饰作用，美化人们的生活环境。

1.3　特殊功能作用
涂在物体表面，起着诸如绝缘、导电、屏蔽电磁波、防静电、防霉、杀菌、船舶防污、耐温、示温、阻燃、反光、发光、标志、防滑、防石击等作用。人类生活和生产离不开能源和材料。材料分为金属材料、无机非金属材料(水泥,陶瓷等)、有机材料。有机材料包括天然材料和合成材料。天然有机材料如棉、麻、毛、皮。有机合成材料包括塑料、合成橡胶、合成纤维、胶黏剂和涂料,通称五大合成有机高分子材料。

人类在生产和生活中使用多种装饰保护涂层,除有机涂层外还使用搪瓷、金属镀层(电镀层)、水泥涂层、橡胶衬里、塑料喷涂衬里或黏合膜等。涂料的涂层由于能够广泛用在不同材质的物件(如金属、木材、水泥制品、塑料制品、墙面、皮革、纸制品、纺织品等)表面,能适应不同的性能要求,使用施工比较方便,涂膜容易维护和更新,因此,能够得到长期应用和发展。

2. 涂料的组成

涂料组成中包括成膜物质(基料、黏结料)颜料、溶剂(水或有机溶剂,更确切地叫分散介质)助剂。清漆可以不用颜料,粉末涂料可不用溶剂。

2.1 成膜物质

有时也叫基料、黏结剂、黏结料,是形成涂膜必不可少的物质,对涂料和涂膜的性质起决定性作用。

成膜物质包括植物油、生漆、天然树脂、各种合成树脂,可以是液态的也可以是固态的。固态成膜物质往往是溶解在溶剂中成为树脂溶液,一般合成树脂均是成膜物质的溶液。

涂料的成膜物质分为如下两大类。

2.1.1 非转化型成膜物质 这种成膜物质在涂料成膜过程中组成结构不发生变化,具有热塑性、可溶解性。这类成膜物质如松香、虫胶、硝化棉、氯化橡胶、过氯乙烯、聚氯乙烯、乙烯基树脂、热塑性丙烯酸树脂、线形环氧树脂、氯醋共聚物等。

2.1.2 转化型成膜物质 这种成膜物质在成膜过程中组成结构发生变化,即成膜物质形成与原来组成结构完全不同的涂膜。这类成膜物质都具有能起化学反应的官能团,在热、氧或其他物质(固化剂、催干剂、催化剂)的作用下能聚合成与原来组成结构不同的不溶不熔的网状高聚物,即热固性高聚物。这类成膜物质包括植物油、生漆、酚醛树脂、醇酸树脂、氨基树脂、聚酯树脂、丙烯酸树脂、环氧树脂、聚氨酯树脂等。

2.2　颜料

颜料是有颜色的涂料(通称"色漆",paint)的一个主要组分。颜料使涂料呈现色彩,并使涂膜具有一定的遮盖被涂物件表面的能力,以发挥其装饰和保护作用。颜料能增强涂膜的机械性能和耐久性能。有些颜料还能为涂膜提供某种特定功能,如防腐蚀、导电、阻燃等。

颜料按其来源可分为天然颜料和合成颜料两类;按其化学成分又可分为无机颜料和有机颜料;按其在涂料中所起的作用可分为着色颜料、体质颜料(填充料、填料)、防锈颜料和特种颜料。

2.3　溶剂(分散介质)

除粉末涂料、无溶剂涂料外,溶剂是各种液态涂料中不可缺少的成分。其作用是将涂料的成膜物质溶解或分散成液态以便于施工成膜,而在施工后又将溶液从涂膜中挥发至大气中使湿涂膜变成为固态涂膜。

溶剂(分散介质)包括水、无机溶剂和有机溶剂,以有机溶剂品种最多。常用的有脂肪烃(200号溶剂汽油、抽余油)、芳香烃(甲苯、二甲苯、S-150、S-100溶剂)、醇类(乙醇、丁醇、二丙酮醇、异丁醇、苯甲醇)、酯类(醋酸乙酯、醋酸丁酯等)、醇醚类及醚酯类(乙二醇丁醚、丙二醇丁醚、乙二醇乙醚醋酸酯、丙二醇甲醚醋酸酯等)、酮类(丙酮、甲乙酮、甲基异丁基酮、环己酮、异佛尔酮等)、萜烯类(松节油、双戊烯等)、含氯有机物(二氯甲烷、氯苯、四氯化碳等)、其他有机溶剂(二甲基甲酰胺、碳酸二甲酯、N-甲基吡咯烷酮等)。溶剂有的是在涂料生产时加入,有的是在涂料施工时作为稀释剂加入。在涂料生产过程中成膜物质加上溶剂即成为"漆料",包括油基漆料(用固体合成树脂加干性植物油加热熬炼,经溶剂稀释而成)、各种合成树脂、环氧酯、固体树脂溶液。

对于溶剂品种的选用是根据涂料和涂膜的要求而确定的。一种涂料可以使用一个溶剂品种,也可使用多个溶剂品种。溶剂组分虽然主要作用是将成膜物质变成液态的涂料,但它对涂料的生产、贮存、施工和成膜,涂膜的外观和内在性能都产生影响,因此,生产涂料时选择溶剂的品种和用量不可忽视。

2.4 助剂(添加剂)

助剂是涂料的一个组成部分,但它单独不能自己成膜,它的使用是根据涂料和涂膜的不同要求而决定的,用量较小,一般都在2‰以下。

现代涂料所用的助剂分为4个类型:

2.4.1 对涂料生产过程发生作用的助剂,如消泡剂、润湿剂、分散剂、乳化剂等;

2.4.2 对涂料贮存过程发生作用的助剂,如防结皮剂、防沉剂等;

2.4.3 对涂料施工成膜过程发生作用的助剂,如催干剂、催化剂、流平剂、防流挂剂、防发花缩孔剂等;

2.4.4 对漆膜性能发生作用的助剂,如增塑剂、消光剂、防霉剂、阻燃剂、防静电剂、光稳定剂、紫外线吸收剂等。

3. 涂料的分类和命名

经过长期的发展,涂料品种特别繁杂,多年来根据习惯形成了各种不同的涂料命名和分类方法,形成了涂料品种有不同的名称;还有一些外来语名称,如凡立水(清漆,varnish)、白可丁(白涂料,coating)、补土(腻子,putty)、天那水(稀释剂,thinner)。

3.1 按涂料的形态分类和命名

3.1.1 固态涂料 即粉末涂料、可熔性路标漆。

3.1.2 液态涂料 包括溶剂型涂料和无溶剂型涂料。溶剂型涂料可分为溶剂溶解型涂料(大多数普通涂料即是这一类)、溶剂分散性涂料(NAD非水分散型涂料)和水性涂料(水溶性,水乳化型和乳胶型)。无溶剂涂料包括普通的无溶剂型和增塑剂分散型涂料(即塑溶胶)。

3.2 按涂料的成膜机理分类和命名

3.2.1 非转化型涂料 包括挥发型、热熔型、水乳胶型、塑性溶胶型涂料。

3.2.2 转化型涂料 包括氧化聚合型、热固化型、化学交联型、辐射固化型涂料。

3.3 按涂膜干燥方式分类和命名

有常温干燥涂料(自干漆、气干漆),加热干燥涂料(烘漆、烤漆),湿固化涂料,蒸汽固化涂料,辐射能固化涂料(光固化涂料和电子束固化涂料)。

3.4　按涂料施工使用层次分类和命名

有底漆(包括封闭底漆、防锈漆),腻子,二道底漆,中间漆,面漆(包括调和漆、磁漆、烘漆)罩光漆(清罩光漆、混罩光漆)。

3.5　按涂膜外观分类和命名

有清漆、有色透明漆、不透明的色漆。

按涂膜光泽分,有高光漆(光泽≥90%)、有光漆(光泽70%～90%)、半光漆(光泽40%～60%)、亚光漆(光泽20%～40%)、平光漆(无光漆,光泽≤10%)。

按照涂膜外观分,有皱纹漆、锤纹漆、橘形漆(点状漆)、浮雕漆、仿石漆等。

3.6　按涂膜性能分类和命名

有绝缘漆、导电漆、防锈漆、耐高温漆、防腐漆、可剥漆及各种功能涂料。

3.7　按涂料的成膜物质种类进行分类和命名

我国从1966年起采用以涂料中主要成膜物质的种类为基础的分类方法,这是参照了苏联的国家标准(Гост)并于1981年正式制定了我国的国家标准GB 2705-81,于1982年正式实施。1991年又对该标准进行了修订增补,定为《涂料产品分类命名和型号》(GB 2705-92),已在全国统一执行。随着市场经济的发展,一些三资企业和民营企业的产品并未按上述标准进行命名和规定型号;但国有涂料企业(特别化工部所属涂料企业)都是按照上述标准执行的。

根据国家标准GB 2705-92,涂料产品的分类以涂料中主要成膜物质的种类为基础,成膜物质分17类,相应的涂料也分为17类,每类涂料用一个拼音字母表示其代号;将辅助材料如稀释剂、催干剂、固化剂、脱漆剂、防潮等并列为第18大类(辅助材料)。见表1-1。

表1-1　成膜物质分类

序号	代号	涂料类别	主 要 成 膜 物 质
1	Y	油脂漆	天然植物油,动物油,合成油
2	T	天然树脂漆	松香及其衍生物,虫胶,大漆及其衍生物
3	F	酚醛漆	酚醛树脂及其改性树脂

序号	代号	涂料类别	主要成膜物质
4	L	沥青漆	天然沥青,石油沥青,煤焦沥青
5	C	醇酸漆	醇酸树脂及其改性树脂
6	A	氨基漆	三聚氰胺树脂,脲醛树脂
7	Q	硝基漆	硝酸纤维素(硝化棉)
8	M	纤维素漆	醋丁纤维素,醋酸纤维素等
9	G	过氯乙烯漆	过氯乙烯树脂
10	X	烯类树脂漆	聚氯乙烯及其共聚树脂,聚醋酸乙烯及其共聚树脂,聚乙烯醇缩醛,聚苯乙烯,含氟树脂,氯化聚丙烯,石油树脂等
11	B	丙烯酸漆	热塑性与热固性丙烯酸树脂等
12	Z	聚酯漆	饱和与不饱和聚酯树脂
13	H	环氧漆	环氧树脂及其改性树脂,环氧酯
14	S	聚氨酯漆	聚氨酯树脂
15	W	元素有机漆	有机硅,有机钛树脂等,有机氟,无机高分子材料
16	J	橡胶漆	氯化橡胶,氯丁橡胶,氯磺化聚乙烯橡胶等
17	E	其他漆	以上16类包括不了的成膜物质,如无机高分子材料、聚酰亚胺树脂、二甲苯甲醛树脂等
18	X,F,G,H,T	辅助材料	稀释剂,防潮剂,催干剂,固化剂,脱漆剂等

涂料全名一般是由颜色或颜料名称加上成膜物质名称,再加上基本名称。对于不含颜料的清漆,其全名一般是由成膜物质名称加上基本名称而组成。基本名称代号见表1-2。

表1-2　涂料基本名称

代号	基本名称	代号	基本名称
	① 基础品种 00-13	06	底漆
00	清油	07	腻子
01	清漆	09	大漆(生漆)
02	厚漆	11	电泳漆
03	调和漆	12	乳胶漆
04	磁漆(自干及烘干型)	13	水溶性漆
05	粉末涂料		

代号	基 本 名 称	代号	基 本 名 称
	② 美术漆 14－19	54	耐油漆
14	透明漆	55	耐水漆
15	橘形漆,斑纹漆,裂纹漆		⑦ 特种功能漆 60－69
16	锤纹漆,皱纹漆	60	防火漆
18	闪光漆	61	耐热漆
	③ 轻工用漆	62	示温漆
20	铅笔漆	63	涂布漆
22	木器漆	64	可剥漆
23	罐头漆	65	卷材涂料
24	家电用漆	66	光固化涂料
26	自行车漆	67	隔热涂料
27	玩具漆		⑧ 建筑涂料
28	塑料用漆	70	机床漆
	④ 绝缘漆 30－39	71	工业机械漆
30	浸渍绝缘漆	72	农机用漆
31	覆盖绝缘漆	73	发电、输电设备用漆
32	绝缘磁漆	77	内墙涂料
33	黏合绝缘漆	78	外墙涂料
34	漆包线漆	79	防水材料
35	硅钢片漆	80	地板漆,地坪漆
36	电容器漆	82	锅炉漆
37	电阻漆	83	烟囱漆
38	半导体漆	84	黑板漆
	⑤ 船舶漆 40－49		⑨ 专用工业涂料 70－76,82－97
40	防污漆	86	标志漆,路标漆,路线漆
41	水线漆	87	汽车车身漆
42	甲板漆,甲板防滑漆	88	汽车底盘漆
43	船壳漆	89	其他汽车漆修补漆
44	船底漆(船底防锈漆)	90	汽车
45	饮水舱漆(压载舱)	93	集装箱漆
46	油舱漆(化学品舱)	94	铁路车辆漆
47	车间底漆(预涂底漆)防锈底漆	95	桥梁漆及其他露天钢结构漆
	⑥ 防腐蚀漆	96	航空航天用漆
50	耐酸漆,耐碱漆	98	胶液
52	防腐漆	99	其他
53	防锈漆		

为了区别具体涂料品种,在涂料名称之前加上涂料型号。涂料型号由一个汉语拼音字母和几个阿拉伯数字组成:字母表示涂料类别代号,位于型号最前面;紧接着两位数字表示涂料基本名称代号:然后加一个短横线,短横线后面的数字表示涂料的序号,用于区别同类、同名称漆的不同品种。

涂料用辅助材料的型号用一个表示辅助材料代号的汉语拼音字母,后加一短横线,之后用1~2位阿拉伯数字组成。辅助材料代号为:X-稀释剂;F-防潮剂;G-催干剂;T-脱漆剂;H-固化剂。

根据 GB 2705-92 对于涂料名称及型号举例如下:

F01-2　酚醛清漆　　　　X-1　硝基漆稀释剂

C01-7　醇酸清漆　　　　H-1　环氧固化剂

A01-9　氨基清烘漆

B01-1　外用丙烯酸清漆

F03-1　各色酚醛调和漆

F03-2　各色腰果酚醛调和漆

Q04-2　各色硝基磁漆

A04-9　各色氨基烘漆

S04-24　各色外用丙烯酸聚氨酯漆(双组分)

H06-2　铁红环氧酯底漆

C07-1　灰色醇酸腻子

H07-5　环氧酯腻子

B12-1　丙烯酸乳胶漆

H23-6　环氧酚醛罐头内壁烘干清漆

A14-1　各色透明氨基烘漆

A16-1　灰色氨基锤纹漆

Q22-1　硝基木器漆

H52-3　环氧耐腐蚀漆(分装)

B77-1　丙烯酸内墙涂料

B78-1　丙烯酸外墙涂料

F80-1　紫红酚醛地板漆

T84-1　钙脂黑板漆

3.8 按涂料的用途来分

根据国标《涂料产品分类与命名》(GB/T 2705 - 2003),将涂料分为建筑涂料、工业涂料、通用涂料及涂料用辅助材料三部分,同时辅助以涂料成膜物质种类来分类与 GB 2705 - 92 标准相似方法进行命名,但不进行涂料型号的制订。我们按 GB/T 2705 - 2003 对涂料按用途分类,按 GB 2705 - 92 进行命名和规定型号。

3.8.1 建筑涂料

(1)墙面涂料(内墙乳胶漆、外墙乳胶漆、溶剂型外墙涂料、墙面底漆及其他墙面涂料);

(2)防水涂料(溶剂型防水涂料、乳液型防水涂料及其他防水涂料);

(3)地坪涂料(水泥基等非木质地面涂料);

(4)功能性建筑涂料(防火涂料、防霉涂料、保温隔热涂料及其他功能性建筑涂料)。

3.8.2 工业涂料

(1)木器涂料(溶剂型木器涂料、水性木器涂料、光固化木器涂料及其他木器涂料);

(2)防腐涂料(桥梁涂料、集装箱涂料、石油化工管道及设施涂料及其他防腐涂料);

(3)轻工涂料(自行车涂料、家用电器涂料、仪器仪表涂料、塑料纸张涂料等);

(4)汽车涂料(含摩托车涂料)(包括底漆、中涂漆、面漆、罩光漆、汽车修补漆、其他汽车专用漆);

(5)船舶涂料(船壳漆、船底漆、水线漆、甲板漆及其他船舶漆);

(6)铁路公路涂料(铁路车辆涂料、道路标志涂料、其他铁路公路设施用涂料);

(7)其他专用涂料(机床漆、农机漆、工程机械漆、卷材涂料、绝缘涂料、航空航天涂料、军用机械涂料、电子元器件涂料等)。

3.8.3 通用涂料及辅助材料(建筑涂料和工业涂料未涵盖的无明确应用领域的涂料产品)

(1)调和漆;

(2)清漆;

(3)磁漆;

(4) 底漆;

(5) 腻子;

(6) 催干剂;

(7) 稀释剂;

(8) 固化剂;

(9) 防潮剂;

(10) 脱漆剂;

(11) 其他通用涂料及辅助材料。

4. 涂料生产过程

一般溶剂型涂料是由成膜物质(基料、黏结剂)、分散介质(溶剂)颜料(包括填料)、助剂(辅助材料)所组成。在涂料生产企业中,除粉末涂料外,成膜物质往往是分散或溶解在溶剂(或水)中,成为乳液或溶液,通常称为漆料。用它和颜料、助剂、溶剂(按照规定的配方)一起进行润湿研磨分散达到规定的细度,得到各种漆浆(色浆);再按规定配方,加入漆料、助剂、溶剂进行调配,将各组分混合均匀,用色卡或标准样板进行配色(清漆生产不需要研磨色浆和配色);然后过滤,改装在规定的容器(铁听,塑桶等)中。

整个涂料生产过程包括漆料的生产、漆浆(色浆)的生产和配漆3个工序。粉末涂料生产工艺与一般溶剂型涂料生产工艺完全不同,而乳胶漆的生产与溶剂型涂料的生产也有所不同。

4.1 漆料的生产

漆料有油基漆料(包括纯油性漆料、油树脂漆料、沥青漆料),合成树脂,(溶液和固体及乳液)环氧酯,固体树脂溶液。

生产漆料需要反应釜(包括搪瓷反应锅和不锈钢反应釜、碳钢熬油锅)。将原料投入反应釜,经过加热(80~280℃)熬炼和进行醇解酯化、聚合等化学反应;反应到一定程度(用黏度、酸值、软化点、发浑点等指标规定其终点)加溶剂稀释搅匀,用过滤器(可用超速离心机、油水分离器、板框压滤机、密闭金属网过滤器等)加以过滤。

对于固体树脂溶液,直接将固体树脂和溶剂倒入反应釜中加热到一定温度(一般60~100℃),加热搅拌使树脂全部溶解,然后过滤装桶备用。

生产企业有的自己生产漆料和合成树脂,有的自己不生产,直接向树脂厂采购。

4.2 漆浆(色浆)的生产

色漆与清漆不同,它含有颜料,这些颜料一般由细小的颗粒凝聚成较大的聚集物颗粒,必须加上漆料对其进行润湿、研磨和分散制成漆浆(色浆)(漆料颜料和溶剂的混合料未研磨前叫研磨料,研磨分散好以后才叫做漆浆);然后将色浆(一种或几种,用一种色浆叫单色漆,用几种色浆的叫复色漆)加上部分漆料及溶剂助剂,调配成规定的颜色,再加上剩下的漆料(一种或几种)溶剂、助剂等,搅拌均匀调配成规定的色漆。

由于色漆中所用的颜料有几种,其分散性能不一样,有的容易分散(如钛白粉、501柠檬黄等),有的较难分散(如炭黑、铁蓝等),而且各种颜料的杂质含量也不一样,如果将多种颜料混合在一起研磨分散(常叫复色轧浆)势必造成难分散的颜料影响容易分散的颜料,杂质含量多的影响比较纯净的颜料,造成色浆产量下降消耗增加,质量下降。采用分色轧浆,用单色浆配漆较为合理。

由于一般底漆对研磨细度及颜色外观要求比较低,往往将几种颜料、填料混合成一种研磨料研磨成色浆,再加上剩余漆料、溶剂、助剂等调配成底漆。

对单色研磨料,如用砂磨机、三辊机研磨,需要先用高速分散机进行预混合润湿均匀。对于球磨机,可不经过预混合工序,直接投料到球磨机中。对有的研磨料(如炭黑、铁蓝等)往往先经过球磨机研磨润湿,再用砂磨机研磨;也有用适当溶剂浸渍过夜,并加润湿剂及分散剂,有利于研磨。

研磨分散设备常用高速分散机、三辊机、砂磨机(立式、卧式、篮式)、球磨机(卧式、立式)、胶体磨、单辊机等。

4.3 清漆和色漆的配制

配制清漆比较简单,只需将工艺配方中所列的漆料、溶剂、助剂加入调漆缸中搅拌均匀,进行过滤包装(装听)就可以了。

配制色漆比清漆复杂一些:先要生产各种色浆;随后按配方将色浆、漆料、溶剂、助剂加在一起混合均匀进行配色;再调整黏度达到要求后,过滤包装。

色漆按其施工应用的配套性可分为腻子、头道底漆(包括防锈底漆)、二道底漆、封闭漆、面漆(包括厚漆、调和漆及磁漆)。清漆也是一种面漆(特别是木器表面用漆),但常用在色漆面漆上进行罩光和保护。头道底漆直接涂覆在物面上,对表面有较好的附着力,涂膜坚牢,机械强度高,涂膜表面较为粗糙,易于和上面的涂层结合,对于金属表面有一定防锈作用。防锈底漆是头道底漆的一种,比一般底漆有较好的防锈作用。腻子、二道底漆、封闭底漆都是涂料施工中配套的中间涂层。腻子(英文名 putty,俗称"补土")用来填补被涂物件的不平整的地方,如洞眼、纹路等,以便得到平整的表面,提高其装饰性;腻子表面粗糙,经打磨后往往有细小的孔隙和纹路。二道底漆作为填平腻子孔隙用,它在涂装及干透后也要打磨平整。在装饰性较高的涂层中,在涂面漆之前要涂一道封闭漆(英文名 sealer,俗称"士那")填平上述底层打磨所留下的痕迹,以得到满意的平整涂层。另外,对木器及建筑墙面,常用清漆作为封闭底漆,以封闭底材防止底材的分泌物或碱性物质对上层漆的影响。

在木器涂装中与一般金属涂装有所不同,木材表面没有生锈问题,不需要防锈底漆;但木材中有时会有一些松脂类物质渗透到表面会影响涂层的干性,因此,常在木器表面涂1~2层封闭底漆(一般用虫胶液或某种清漆如底得宝一类产品),再刮腻子或涂底漆(如聚氨酯透明底漆不变黄透明腻子,透明底漆等产品)。

面漆在整个涂层中发挥着主要的装饰作用与保护作用,决定涂层的耐久性等性能。面漆根据涂膜外观及装饰可分为厚漆、清油、清漆、调和漆、磁漆、美术漆(锤纹漆、皱纹漆、透明色漆、橘形漆、闪光漆等),根据光泽大小可分为有光、半光、亚光、平光(无光)。

4.3.1 厚漆及腻子 厚漆是油性漆中的一种半成品,呈厚浆状,是早期的油漆品种。生产厚漆采用聚合油加少量着色颜料及大量体质颜料(填料),先在边碾机(缘滤机)内预混合,再在三辊机上研磨一次,直接装听;使用时还必须加入清油(也叫鱼油),催干剂调稀后才能施工刷涂。

腻子也是厚浆状物质,生产方法与厚漆相似。黏度较薄的品种(如木器透明腻子等)可直接用高速分散机生产,黏度较大的腻子一般用三辊机轧制。

4.3.2　调和漆及磁漆　厚漆使用比较麻烦。在这个基础上,减少填充料(甚至不用填料),增加着色颜料及漆料、溶剂,预先研磨,调和成较稀的液体,便于直接施工应用,这就出现了调和漆(油性调和漆、酚醛调和漆、醇酸调和漆等);但调和漆在光泽、硬度、耐水性装饰性较差。在使用一些新的合成树脂并对配方进行改进后生产的涂料其涂膜像瓷器一样的光亮、坚韧,因此将这类涂料称为磁漆(实际上应该叫"瓷漆",enamel)。开始多为自干磁漆(在室温下自然干燥),后来又发展到烘干磁漆(简称烘漆或烤漆),具有更好的性能。

配制调和漆、磁漆时,对漆膜颜色的色差要求较高。按配方配制时,先在配漆槽中加入漆料,有几种漆料时,先加入黏度较大的,在搅拌下加入黏度较小的漆料;加完漆料后,在搅拌下逐渐加入溶剂;再在搅拌下加入各种单色浆,先加配方中用量大的色浆,再逐渐加用量小的色浆,用量很小的色浆是用来调整色相的,更要仔细控制;然后边加色浆,边进行配色,与标准色卡或样板比较。比较颜色时,将色漆涂在样板上(一般多采用 5 cm×12 cm 马口铁皮,厚 0.3 mm,对某些品种也可采用石棉水泥板或木板),稍加干燥(气干或烘干)再与色卡(样板)进行比较,一般用目测,也可用分光光度计测定色差值 ΔE(一般应≤2,个别情况≤0.5)。在两者颜色相近后,调整色漆黏度,测定细度,必要时还要制订涂膜样板测定涂膜性能。合格后过滤,装听,包装,入库。

调漆设备采用带搅拌的混合槽,搅拌器形状可用浆状、锚式、框式、涡轮式、推进式。一般采用速度较低(圆周线速度不超过 5 m/s)桨叶直径较大的搅拌器为宜;对于黏度较高的色浆,可直接用定型的高速分散机进行调漆(速度用低档)。

5. 涂料的发展

人类生产和使用涂料的历史非常悠久。我国早在商代就已从野生漆树中取下天然生漆装饰器具以及宫殿、庙宇。到春秋时代(公元前770—前476 年)就已掌握了熟练桐油制涂料的技术。战国时代(公元前475—前221 年)已能用生漆和桐油复配涂料(油漆)。从长沙马王堆汉墓出土的漆棺和漆器的漆膜坚韧,保护性能优异,充分说明在公元前 2 世纪中国使用生漆技术的发展已达到的成熟程度。由于桐油和生漆的应用而形成了"油漆"的习惯称呼一直延续至今。但直到 18 世纪,由于社会生产力的限制,涂料生产都由应用者自己生产,都是个体或小作坊手工业作业的生产方式。

17 世纪中期欧洲各国的工业革命促使涂料发展进入一个新时期。1790 年英国建立世界上第一个油漆厂,1855 年开始生产硝基漆。进入 20 世纪,高分子科学理论的重大成就和各种高分子化合物(合成树脂)的研制成功并投入生产为涂料发展开创了新时代。1907 年发现了酚醛树脂并用于涂料。1927 年合成了醇酸树脂并用于涂料,是涂料工业成为现代化学工业的一个里程碑。以后各种新开发的合成树脂在涂料中很快得到应用。近 30 年来涂料的新产品、新技术不断涌现,生产规模不断扩大,涂料成为现代国民经济和人民生活必需的重要材料。随着世界经济的快速发展和人们生活品质的不断提高,保护环境和节约能源越来越受到重视,世界涂料的发展方向和产品结构都发生了根本变化。以美国加州著名的"66 法规"和美国环保局 1977 年提出的所谓"四 E"原则(即节约资源、效率、环保和节能原则)为转折点,涂料的发展朝着省资源省能源,少污染,高效率方向发展,相继出现了水性涂料、粉末涂料、辐射固化涂料、高固体分涂料等。涂料的发展从天然树脂、植物油阶段,经过合成树脂阶段,进入了"节约型"阶段,其特点是有机溶剂少用或基本上无溶剂。树脂的合成也有了许多新的原理和方法,涂料的品种更加繁多,性能和用途更加广泛。尤其是进入 20 世纪 90 年代以来,保护环境和节约能源成了人们共同关心的话题,世界各国纷纷制定相应法规,限制 VOC(挥发性有机化合物)的排放量。上海市也制定了室内装饰涂料的安全卫生标准。

我国在 1915 年开始涂料工业化生产。新中国建立后,涂料工业得到很大发展,1957 年左右先后建立了一批国营的涂料厂,1957 年建立化工部涂料研究所,1960 年建立了上海涂料研究所。1983 年化工部属的定点涂料生产厂家约 300 多家,在北方多叫油漆厂,华东地方多叫造漆厂,南方多叫制漆厂,也有叫化工厂的,却很少有叫涂料厂的,而其他部门(如建材、机电、物资部门)的生产涂料的厂家常常叫涂料厂、材料厂。我国在 1996 年全国涂料产量为 120 万吨。随着改革开放的进程,出现了大量的三资企业,世界著名涂料生产企业纷纷在国内开厂生产,涂料市场竞争日趋激烈。2000年全国涂料生产企业约4000家(上海地区300多家)。2000年世界涂料总产量超过2300万吨。其中美国550万吨,西欧540万吨,日本约200万吨,我国约200万吨。我国涂料生产发展迅速:2005年产量为300多万吨;2009年达到748万吨,超过美国(产量650万吨)居世界第一。2010年我国GDP超过日本,成为世界第二大经济体,但远不是经济强国、涂料强国,世界十大涂料品牌中没有一家中国的,世界前50名涂料生产企业也没有一家中国的,国内大多数涂料企业仍属中小型企业,年产值超过5亿元的也不过20家。

在涂料产品品种、质量、人均消耗量、劳动生产率、资源利用率、能耗等方面,我国和发达国家还是有很大差距。任重道远,还须继续努力,实现中国梦的伟大复兴,使我国成为经济强国、涂料强国。

第二章 涂料施工应用基础知识

1. 概述

涂料对被涂物件表面的装饰,保护以及功能性作用是以其在物件表面形成的漆膜来体现的。使涂料在被涂物件表面形成所需要的涂膜的过程,通常叫涂料施工,也称涂装。涂膜的质量直接影响被涂物件的装饰效果和使用价值,而漆膜的质量既决定于涂料本身的质量也取决于涂装的质量。人们常说漆膜的质量,六分在涂料,四分在涂料施工。涂料性能的优劣通常用涂膜性能的优劣来评定。劣质的涂料或涂料品种选用不当就不能得到优质的涂膜。优质的涂料如果施工不当,操作失误,也不能得到性能优异的涂膜和达到预期的装饰或保护效果,由此可见,涂料施工(或涂装)是非常重要的事情。正确的理念是:我们不是卖涂料,而是卖涂装效果,实行涂料和涂装一体化。

现代的涂料施工至少应包括以下 3 个内容:

① 被涂物件底材的表面处理,也称涂装前表面处理,是涂料施工的基础工序;

② 涂布也称涂饰、涂漆、涂装,即用不同的方法工具和设备将涂料均匀地涂覆在被涂物件表面;

③ 涂膜干燥或称涂料固化,即将涂在被涂物件表面的涂料(也称湿涂膜)固化成固体的连续的干涂膜,以达到装饰和保护的目的。

现代社会分工使涂料生产和涂料施工涂装分别形成了独立的行业。涂料生产、研究人员虽然不直接从事涂料施工,但必须了解、掌握和研究涂料施工技术。涂料生产、研究人员在研制和生产一种涂料时,既要研究它的生产工艺也要研究它的施工应用技术;应在确定生产工艺的同时,也确定它的最佳涂装工艺,用以指导使用部门进行涂装施工。忽视这一方面的工作将会使研制、生产的新品种涂料不能获得预期的效果。涂料的涂装条件和主要工艺参数包括:① 对被涂物件表面的适应性,对表面处理的要求;② 最佳的涂层间配套规范;③ 最佳涂饰方式和涂饰条件;④ 最佳的干燥方式和干燥条件;⑤ 必要的涂饰环境。通常被涂物件表面要涂装多道涂膜才能满足要求,这些涂膜结合在一起通常称为物件的涂层。不同的被涂物件需要不同性能的涂层进行保护和装饰。涂层的选定应依据被涂物件的条件,主要包括以下几个方面:① 被涂物件的自身条件,如底材的种类和性质、物件的大小和形状、表面粗糙程度等;② 被涂物件的生产条件;③ 被涂物件的使用条件和涂装要求条件包括使用目的、年限、使用方式及使用环境、涂膜的作用、要求具备的性能等,这是选定涂料品种和施工工艺的基础。根据被涂物件表面涂装的要求,按照涂层所具备的性能和使用状况,一般将涂层分为5种类型:① 高级装饰性涂层或称一级涂层,具有最佳的涂层外观,依据被涂物件的要求具备最好的装饰效果,涂膜表面无肉眼可见的缺陷,如轿车、高级家具、钢琴等的涂层;② 装饰性涂层或称二级涂层,虽较一级涂层水平稍低,仍有很好的装饰效果,如载重汽车、火车车厢、机床等的涂层;③ 保护装饰性涂层,又称三级涂层,指以偏重保护性,对装饰性要求较低的涂层,如集装箱、农机、建筑物的涂层;④ 一般保护性涂层,主要供一般防腐蚀用,对装饰性无要求或要求较低;⑤ 特殊保护性涂层,这种涂层对物件起特殊保护作用,它的主要功能是保护底材,抵抗或隔绝某种介质或因素的侵蚀,有的还具有特殊的功能。为了充分发挥涂层的作用,涂层由多道不同性能的涂膜——一般包括底漆(包括封闭漆)、腻子、中间涂层(包括二道底漆)和面漆(有时再加清漆罩光)等多道涂膜——组成。涂层的层次多少依据涂层的质量要求而定。根据经验,在不同环境下涂层的参考厚度见表2-1。

表2-1　不同环境下涂层参考厚度

不同环境的涂层	控制涂层厚度/μm
一般性涂层	70～100
装饰性涂层	100～150
保护性涂层	150～200

不同环境的涂层	控制涂层厚度/μm
含有盐雾的海洋环境涂层	200～250
含有侵蚀性液体冲击的设备涂层	250～300
耐磨损涂层	250～350
厚浆涂层	350 以上

2. 被涂物件的表面处理

在涂漆前对被涂物件表面进行的一切准备工作,被称为被涂物件表面处理,是涂料涂装施工的第一道工序。它是基础工作,包括表面净化和化学处理,对整个涂层质量有重大影响。

表面处理的目的有如下 3 个方面:

① 清除被涂物件表面的各种污垢,使涂层与被涂物件表面很好地附着涂料,并保证涂膜具有优良的性能;

② 修饰被涂物件表面,去除存在的缺陷,创造涂漆需要的表面粗糙度(或光洁度),使涂漆时具有良好的附着基础;

③ 对被涂物件表面进行各种化学处理,以提高涂层的附着力和防腐蚀能力。

2.1　钢铁的表面处理

有多种表面处理方法:属于表面净化的有除油、防锈、除旧漆膜;属于化学处理的有磷化、钝化处理。

2.1.1　除油　包括溶剂清洗、碱液清洗、乳化除油、超声波除油等方法。

2.1.2　除锈　方法有手工打磨除锈、机械除锈、喷射除锈(喷砂或喷丸除锈)、化学除锈(通常叫酸洗,常用浸渍、喷射、涂覆 3 种方式)、除锈剂除锈(常用各种除锈剂,可在酸性或碱性条件下进行)。

2.1.3　清除旧漆膜　方法有机械方法清除、碱液和乳液清洗液清除、有机溶剂清除及用脱漆剂(涂刷型和浸渍型)清除。

2.1.4　磷化处理　用钛、锰、锌的正磷酸盐溶液处理钢铁制品,能在金属表面上生成一层不溶性磷酸盐保护膜的过程叫磷化处理。所生成的薄膜可提高钢铁表面的抗腐蚀性与绝缘性,并能作为底层处理剂。大型钢铁制品不适宜进行磷化时,可喷涂一道磷化底漆,可起类似的作用。

2.2　有色金属的表面处理

铜、锌、铝等有色金属物件表面去除油污的方法与钢铁表面去油方法基本相同;但由于有色金属耐碱性差,不宜使用强碱性清洗液清洗,一般推荐采用有机溶剂去油、表面活性剂除油,或用磷酸钠配制的弱碱性清洗液。为得到良好的表面,可采用手工或机械打磨、喷砂或酸洗方式处理表面,使之具有一定的粗糙度。通常采用表面化学处理在表面形成一层转化膜,不但可提高涂膜结合力,还可提高涂层防腐蚀性能。

2.3　木材的表面处理

木材的性能和结构随树种有所不同,当涂装木材表面时应注意木材的硬度、纹理、空隙度、水分、颜色以及是否含有树脂、单宁等物质。木材表面处理有以下几道工序。

2.3.1　木材的干燥　木材含水量高时,需经干燥处理(自然晾干或低温烘干)控制含水量在 8%～12%,这样能防止涂层发生开裂,起泡,回黏等毛病。

2.3.2　平整　表面刨平及打磨平整。

2.3.3　去除木毛　可用白虫胶液刷 1～2 道,然后用砂纸打磨平整。

2.3.4　清除松脂等分泌物　清除的方法是先用铲刀将析出的松脂铲净,然后用下述任何一种方法处理:① 用热肥皂水加以洗涤,干燥;② 用稀碳酸钠溶液使松脂皂化,然后用热水擦洗并进行干燥;③ 用有机溶剂如甲苯、丙酮等擦拭,使松脂溶出,然后用干布擦净。有时也可刷一层虫胶液将底层封闭住。防止松脂渗出,以免影响涂膜干性及外观。

2.3.5　防霉　涂装前先薄涂一层防霉剂,待干透后再进行涂装。

2.3.6　漂白　为得到浅色木材表面,可用漂白粉、过氧化氢等溶液进行漂白处理,加入氨水可加速漂白。

2.3.7　染色　常用黄纳粉、黑纳粉水溶液着色,也可用水性染料及醇溶性染料着色。

2.4　水泥的表面处理

2.4.1　新水泥表面　一般不宜涂装,至少要经过 2～3 个星期的干燥,使水分蒸发,盐分析出后才能涂装。如急需工程可采用 15%～20%硫酸锌或氯化锌溶液涂刷水泥表面几次;也可用 5%～10%稀盐酸溶液喷淋,再用清水洗涤,干燥;此外,也可用耐碱封闭底漆进行封闭。

2.4.2　旧水泥表面　可用钢丝刷打磨去掉浮粒。如有裂缝或凹凸不平之处,可用稀碱液清洗油污后用水冲洗、干燥,再用腻子嵌平、砂平,然后进行涂装。

2.5　塑料的表面处理

塑料表面光滑极性小,涂装后涂膜附着差,常需用下列几种方法进行表面处理:① 溶剂处理,清除表面脱模剂油污,可用氯烃溶剂如三氯乙烯浸几秒钟,PVC 塑料的增塑剂可用有机溶剂擦去,也可用环己酮、丁酯等强溶剂来软化表面,增强附着力;② 打磨处理,用细砂纸打磨表面,使其粗粒,增加表面对涂层的附着力;③ 化学处理,用无机酸如铬酸混合液对表面进行轻微腐蚀,增加对涂层的附着力;④ 火焰处理,用氧化焰对聚烯烃表面进行氧化处理。

3. 涂布方法

涂布方法可分为以下 3 种类型:

(1) 手工工具涂装　这是传统的涂装方法,现在还在应用,包括刷涂、擦涂、滚筒刷涂、刮涂、丝网涂和气雾罐喷涂等方法。

(2) 机动工具涂装　应用较广,主要是喷枪喷涂,包括空气喷涂、无空气喷涂、热喷涂、静电喷涂、双口喷枪喷涂等方式。

(3) 器械设备涂装　是近年来发展最快的涂装方法,现在已从机械化逐步发展到自动化、连续化和专业化。有的方法已与漆前表面处理和干燥后工序连接起来,形成专业的涂装工程流水线。这类方法包括浸涂、淋涂、辊涂、从喷涂发展起来的静电喷涂和自动喷涂、电沉积(电泳涂装)涂漆和自沉积涂漆以及粉末涂料涂装(流动床涂装、粉末静电涂装)等。

3.1　刷涂法

是一种使用最早和最简单的涂漆方法,适用于涂装任何形状的物件,除了初干过快的挥发性涂料(如硝基漆、热塑性丙烯酸漆、过氯乙烯漆等)外可适用于各类涂料;缺点是劳动强度大,装饰性差,有时涂层表面有刷痕。

3.2 擦涂法

利用柔软的棉花球包上纱布成一棉团,浸漆后进行手工擦漆。硝基清漆、虫胶清漆等涂饰木器家具时常采用此法。

3.3 滚筒刷涂法

房屋建筑用的乳胶漆和船舶漆可用此法涂饰墙壁和滚花。

3.4 刮涂法

使用金属或非金属刮刀(如硬胶刮片、玻璃钢刮片、牛角刮片等)用手工刮涂各种厚浆型涂料和腻子。采用带齿的金属镘刀对自流平地坪涂料进行镘涂施工,并用消泡滚筒消泡。

3.5 丝网法

丝网法的涂装可在白铁皮、胶合板、硬纸板上涂饰成多种颜色的套版图案或文字。操作时将已刻好的丝网(包括手工雕刻、感光膜或漆膜转移法等)平放在欲涂刮的表面上,用硬橡胶刮刀将涂料涂刮在丝网表面,使涂料渗透到下面,形成图案或文字。

3.6 喷涂法

利用压缩空气及喷枪使涂料雾化的施工方法,通称喷涂法。它的特点是喷涂后涂层质量均匀,生产效率高;缺点是涂料损耗较大,溶剂大量挥发影响环境。喷涂法包括空气喷涂法、热喷涂法(一般预热到 $50\sim80℃$)、无空气喷涂法、双口喷枪喷涂法、静电喷涂法。

3.7 浸涂法

将被涂物件全部浸没在盛有涂料的槽中,经短时间的浸渍,从槽内取出并将多余的漆液重新流回槽内。这种方法适用于小型的五金零件及结构比较复杂的器材。

3.8 淋涂法

用喷嘴将涂料淋在被涂物件上的涂漆方法称为淋涂法。过去对小批量物件用手工操作,向被涂物件上浇涂,故又俗称浇涂法;现在已发展为自动帘幕淋涂法。

3.9 辊涂法

又称机械辊涂法。系利用专用的辊涂机对平板或带状的平面底材涂装,广泛用于金属板、胶合板、硬纸板及皮革塑料等平整物面,有时与印刷并用。

辊(滚)涂机系由一组数量不等的辊子组成,托辊一般用钢铁制成,涂漆辊子通常为橡胶的。相邻两个辊子的旋转方向相反,通过调整两辊间隙可控制涂层的厚度。辊涂机又分板材一面涂漆与两面同时涂漆两种。

3.10 电沉积涂漆法

20 世纪 60 年代末以来,金属物件表面广泛采用水溶性涂料,经电沉积涂漆法涂装。电沉积涂装通称电泳涂装,类似电镀工艺将物件浸在水溶性涂料的漆槽中,作为一极(阳极或阴极),通直流电流后涂料立即沉积在工作表面的涂漆方法。工件为阳极时,称阳极电泳,相应的水溶性漆则叫做阳极电泳漆;工件作为阴极时则叫阴极电泳,相应的水溶性漆则叫做阴极电泳漆。

3.11 粉末涂料的涂装

包括:① 流化床法;② 静电喷涂法(A. 高压静电喷枪,B. 摩擦静电喷枪);③ 静电流化床法;④ 火焰喷涂法。

4. 漆膜的干燥固化

4.1 漆膜的干燥方式

漆膜干燥也称漆膜固化,液态的涂料涂覆在被涂物件上形成的是"湿膜"。粉末涂料涂覆在被涂物件上,形成熔融的或形成粉末状不连续的漆膜都要经过干燥或固化才能形成所需要的固化的连续的漆膜。

涂布于被涂物件表面的未固化的漆膜有以下 4 种形态及不同干燥方式:

4.1.1 液态的非转化型涂料的涂膜 这种湿膜的干燥方式通称物理性干燥,有以下 3 种形式干燥:

(1) 溶剂或分散介质的挥发形式 或称挥发干燥。它依靠漆膜中溶剂或分散介质的挥发而成为固化涂膜,可以在常温下进行,也可在较高温度强制干燥(如 60~80℃)下进行。如硝基漆自干型热塑性丙烯酸漆等。

(2) 分散介质挥发和聚合物粒子凝聚形式 乳胶漆、水溶胶漆、非水分散漆热塑性漆和有机溶胶漆等属于这种形式。它们可以在常温或较高温度下进行。

（3）聚合物粒子熔胀聚形式 是塑性溶胶漆的干燥成膜方式。需短时间加热，然后冷却。

4.1.2 液态的转化型涂料的涂膜 按涂料组成分为两类：一类是无溶剂涂料；一类是含溶剂或分散介质的涂料。它们都是通过化学反应而干燥成膜，后一类还伴随有机溶剂挥发的物理性干燥。

分别有6种干燥形式：

（1）氧化聚合形式 含有干性油的涂料品种，如酚醛漆、醇酸漆、环氧酯漆。一般在常温下进行，提高温度能促进干燥。H06-2铁红环氧酯底漆：25℃/24 h，120℃/1 h。

（2）引发剂引发聚合形式 不饱和聚酯漆是其典型品种。氧有阻聚作用，一般采用这种方式干燥的涂膜，在隔绝空气下进行干燥（覆塑料薄膜或加蜡液浮面）。

（3）能量引发聚合形式 如紫外光和电子来固化。需要专门设备。

（4）缩聚反应形式 如氨基烘漆等的干燥成膜。

（5）氢转移聚合反应（又叫加成聚合反应）形式 如双组分环氧漆。双组分聚氨酯漆靠两个组分中可互相反应的官能团间的反应而组成大分子物质，从而使湿膜固化成干膜。

（6）外加交联剂固化形式 如湿固化聚氨酯漆靠空气中湿气固化，氨蒸气固化聚氨酯需要在外加氨气条件下固化成膜。

4.1.3 熔融状态的粉末涂料的涂膜 用流化床法施工得到的粉末涂料的涂膜或者热熔化法施工，只需冷却固化即可形成固体涂膜。

4.1.4 粉末状态的粉末涂料的涂膜 用静电喷涂法施工得到的热塑性粉末涂料的涂膜，需要加热使其熔化流平形成连续的膜，然后冷却。热固性粉末涂料须在加热条件下熔化并进行交联固化。

涂膜干燥固化可归纳为3种方式：

（1）自然干燥（自干） 或称常温干燥，也称气干或自干。

（2）加热干燥或称烘干 相应的漆常称为烘漆或烤漆。

（3）特种方式干燥 包括光固化、电子束辐射固化以特殊气体固化。

4.2 涂膜干燥的过程

一般习惯用直观的方法将干燥过程分为3个阶段：

4.2.1　触指干燥或表面干燥　表干即涂膜从可流动的状态干燥到用于指触涂膜而不粘漆,此时涂膜正发黏,指压会留有指压痕。

4.2.2　半硬干燥(不粘手干)　涂膜继续干燥到手指轻按涂膜,不粘手,在涂膜上不留有指痕的状态。有时也叫指压干燥、不粘尘干燥。

4.2.3　硬干(实干)　通常认为用手指强压涂膜也不会残留指纹或粘手用手指摩擦,涂膜不留伤痕时可称作硬干。也有实干(漆膜能抗压)、打磨干燥(涂膜干燥到能打磨)等名称。

标准方法是用测试涂膜的机械性能(如硬度)来判断涂膜的干燥程度,达到规定的指标就可认为涂膜完全干燥,因此上述实干和真正意义上的完全固化干燥还有一段距离。比如双组分环氧树脂漆一般在25℃下24小时就能达到实干,但完全固化则需要7天左右才能完全固化适于使用。

4.3　自然干燥(自干)

自然干燥是最常见的涂膜干燥形式,在室外和室内均可应用,无须干燥设备。将涂布有涂膜的被涂物件放置在常温条件下,湿膜即逐步干燥。

自然干燥速度除由涂料的组成决定外还与涂膜厚度有关,涂膜越厚,实干越慢。自然干燥速度也与施工环境条件密切相关,干燥时的气温、湿度、通风和光照都有重要影响,干燥环境的清洁程度影响所涂涂膜的质量。在室外施工场合应尽量避免在湿冷条件下涂饰和干燥,一般建议在10~35℃涂装和干燥。

4.4　加热干燥(烘干或烤干)

烘干是现代工业涂装中主要的涂膜干燥方式。有的涂膜不加热不能干燥,热量不足也不能得到更好的涂膜,还有一些本来能自然干燥的涂料为了缩短干燥时间也可采取加热干燥的方式。加热干燥需要消耗能量,设备投资较大。

加热干燥习惯上按温度划分为低温(80~100℃以下)、中温(100~150℃)和高温(150℃以上)3种形式:80℃以下加热干燥常用于自干漆的强制干燥;低温烘干可用于促进自干涂膜的强制干燥和易受热变形的木材、塑料表面涂膜的干燥;中温和高温则普遍用于热固性涂膜和用于金属表面漆膜的干燥。为了节约能源,现在要求向低温烘干发展。

通常烘干温度是指涂层温度或金属底材的温度,而不是加热炉、箱的温度。烘干时间则是指在规定温度时的时间,而不是从升温开始的加热时间。

烘干所用加热方式常用的有对流(蒸汽加热、电加热)、辐射(红外线和远红外线加热)和电感应 3 种。

4.5 特种方式干燥

4.5.1 光照射固化 光照射固化或紫外光固化是加有光敏剂的光固化涂料的干燥方法,通常采用波长为 300～450 nm 的紫外光。光固化干燥特别适合于流水作业线施工,多用于平面板材如木材、塑料表面及马口铁皮的涂装,采用帘幕式淋涂法施工后用传送带传送,通过光固化干燥装置,经紫外光照射固化得到成品。

光固化涂料的干燥速度与涂膜厚度、紫外光照射强度和照射距离(即紫外灯与被涂物件的距离)密切相关:涂膜厚,固化时间延长;照射强度大或距离越近,则固化时间越短。

4.5.2 电子束辐射固化 电子束固化工艺需要专用涂料和电子束固化装置。电子束固化通常使用的照射线有电子射线和 γ-射线,后者比前者渗透力强。

4.5.3 电周波固化法 利用高频振荡所产生的微波激发,促使涂料活化而干燥。这种方法的特点是涂层干燥时间仅 10～20 秒,电能的利用率可达 70% 以上;但干燥的被涂表面只限于非导体,如塑料、胶合板、木材制品、纸张等表面。一般烘漆均可使用。

5. 涂料施工涂装的程序

通常被涂物件表面涂层由多道作用不同的涂膜组成,在被涂物件表面经过漆前表面处理以后,根据用途需要选用涂料品种和制订施工程序。通常的施工程序为涂底漆(或封闭漆)—刮腻子—涂中间涂层打磨—涂面漆和罩光清漆以及抛光上蜡维护保养。

5.1 涂料涂装施工前准备工作

5.1.1 涂料性能检查 一般要核对涂料名称、批号、生产厂和出厂时间,了解需要的漆前处理方法、施工和干燥方式。双组分漆应核对其调配比例和适用时间,准备配套使用的稀释剂。

5.1.2 充分搅匀涂料 涂装前,对涂料(色漆)要充分搅拌均匀。对双组分涂料要根据产品说明书上规定的比例进行调配,充分搅拌,经规定时间的停放使之充分反应(这一过程一般叫熟化),然后使用。

5.1.3 调整施工时的涂料黏度 在涂料中加入适量的稀释剂(也称稀料、天那水)进行稀释,调整到规定的施工黏度。使用喷涂或浸涂时,涂料的黏度比刷涂低些。

5.1.4 涂料净化过滤 不论使用何种涂料,在使用之前除充分调和均匀,调整涂料的施工黏度外还必须使用过滤器滤去杂质。手工过滤常用 100～300 目的筛网过滤。

5.1.5 涂料颜色调整 一般情况下使用所需要颜色的涂料施工时不需调整;个别情况下需要调整颜色,必须用同种涂料的成品进行调配。

5.2 涂底漆(或封闭漆)

物件经过表面处理后,第一道工序是涂底漆,使被涂物件表面与随后的涂层之间创造良好的结合力,对金属表面还起着防锈的作用,并且提高整个涂层的保护性能。涂底漆是紧接着漆前表面处理进行的,两工序之间的间隔时间应尽可能地缩短。

涂底漆的方法通常有刷涂、喷涂、浸涂、淋涂或电泳涂装等。一般涂底漆后要经过打磨再涂下一道漆。

5.3 涂刮腻子

涂过底漆的工件表面不一定很均匀平整,往往留有细孔、裂缝、针眼以及其他一些凹凸不平的地方。涂刮腻子可使涂层修饰得均匀平整,改善整个涂层的外观。

腻子品种很多,有自干和烘干两种,分别与相应的底漆和面漆配套。性能较好的有醇酸腻子、环氧腻子、氨基腻子和聚酯腻子。建筑物涂层多用乳胶腻子。

精细的涂装工程要涂刮好多次腻子,每刮完一次均要求充分干燥并用砂纸进行干打磨或湿打磨。腻子层一次涂刮不宜过厚,否则容易不干或收缩开裂。

5.4 涂中间涂层

中间涂层是在底漆与面漆之间的涂层。腻子层也是中间层。目前还广泛应用二道底漆、封底漆或喷用腻子作用中间涂层。在汽车涂层中,底漆涂层上还使用防石击涂层作为中间涂层。

涂中间涂层的作用是保护底漆和腻子层以免被面漆咬起,增加底漆与面漆的层间结合力,消除底涂层的缺陷和过分的粗糙度,增加涂层的丰满度,提高涂层的装饰性和保护性。中间涂层适用于装饰性要求较高的涂层。涂中间涂层的方法基本与涂底漆相同。

二道底漆含颜料比底漆多,比腻子少,它的作用既有底漆性能,又有一定填平能力。喷用腻子兼有腻子和二道底漆的作用,颜料含量较二道底漆高,可喷涂在底漆上。封底漆现在较多地应用于表面经过细致精加工的被涂物件替代腻子层。

5.5　打磨

打磨是涂装施工中一项重要工序。其作用是清除物件表面上的毛刺及杂物,清除涂层表面的粗颗粒及杂质以获得一定的平整表面;对平滑的涂层或底材表面打磨得到需要的粗糙度,增强涂层间的附着性;所以打磨是提高涂装效果的重要作业之一。原则上每一层涂膜都应当进行打磨。打磨的方法有干打磨法、湿打磨法和机械打磨法。

5.6　涂面漆

涂面漆要根据表面的大小和形状选定施工方法,一般要求涂得薄而均匀。除厚涂层外,涂层遮盖力差的不应以增加厚度来弥补,而是应当分几次涂装。面漆涂布和干燥方法依靠被涂物件的条件和涂料品种而定。应涂在确认无缺陷和干透的中间涂层或底漆上。原则上应在第一道面漆干透后方可涂第二道面漆。

涂面漆时有时为了增强涂层的光泽和丰满度,可在涂层最后一道面漆中加入一定数量的同类型的清漆(常叫"混罩光"),有时可再涂一层清漆罩光(清罩光)加以保护。近年来,对于烘漆面漆采用了"湿碰湿"涂装烘干工艺。

为了提高表面装饰,对于热塑性面漆(如硝基磁漆)可采用"溶剂咬平"技术,即在喷完最后一道面漆干燥之后,用400号或500号水砂纸打磨擦洗干净后,喷涂一道用溶解力强而挥发慢的溶剂调配的极稀的面漆,晾干后,可得到更为平整光滑的涂层,减少抛光的工作量。

对于一些丙烯酸面漆,还应用一种"再流平"施工工艺,即在其半固化后用湿打磨法消除涂膜缺陷,最后在较高温度下使其熔融固化;所以"再流平"工艺又称"烘干—打磨—烘干"工艺。

涂面漆时要特别精心操作:面漆用细筛网或多层砂布仔细过滤;涂漆和干燥场所应干净无尘;装饰性要求较高时应在具有调温、调湿和空气净化除尘的喷涂室中进行。晾干和烘干场所也要同样处理,以确保涂装效果。

涂面漆后必须有足够时间干透,被涂物件方能投入使用。

5.7 抛光上蜡

抛光上蜡的目的是为了增强最后一层涂料的光泽和保护性,若经常抛光上蜡可使涂层光亮而且耐水,能延长涂层的寿命。一般适用于装饰性涂层,如家具、轻工产品、冰箱、缝纫机以及轿车等的涂装;但抛光上蜡仅适用于硬度较高的涂层。

抛光上蜡首先是将涂层表面用棉布、呢绒、海绵等浸润砂蜡(磨光剂)进行磨光,然后擦净。大表面的可用机械方法(例如用旋转的擦亮圆盘)来抛光。磨光以后再擦亮,用上光蜡进行抛光,使表面更富有均匀的光泽,保护涂层的耐水性能。

5.8 装饰和保养

涂层的装饰可采用印花和划线条。为了使印上的图案固定下来不再脱落,可再在物面上喷涂一层罩光清漆,加以保护。

工件表面涂装完毕以后,必须注意涂层的保养,绝对避免摩擦撞击以及沾染灰尘、油腻及水迹等。根据涂层的性质和使用的气候条件,应在3～15天后方能出厂使用。

6. 几种典型的涂料涂装工艺

由于被涂物的性能要求、使用环境和生产方式的不同,所采用的涂料和涂装工艺各不相同,尤其是工业制品千差万别,所以在工业涂装中一般均按产品名称来分类。如汽车涂装、船舶涂装、飞机涂装、铁道车辆涂装、农用机械涂料、轻工产品涂装(自行车、缝纫机等)、家用电器涂装(洗衣机、电冰箱、电视机、电风扇等)、仪器仪表涂装、木器家具涂装、桥梁涂装、建筑物涂装、机床和机电产品涂装、石油化工设备的防腐蚀涂装。按被涂物材质来分有金属涂装(如卷钢涂装)、木器涂装、塑料制品涂装、橡胶制品涂装、皮革涂装、纸张涂饰、纺织品涂饰等。

下面仅举出几种典型的涂装工艺,以便对涂装工艺有一些基本的了解。

6.1 木材制品涂装工艺

木材制品所用材质品种很多,有实木板件、胶合板、纤维板和刨花板等。木材制成品的种类很多,其涂装质量高低差别很大。其涂装工艺基本可分为两类:一类是制成成品后再涂装,如钢琴、乐器、一般家具、建筑用木门窗、木质护墙板、地板等,多为单件生产和涂装;另一类是用各种木板生产制品,先进行涂装成预涂板,然后再成型组装。预涂板(如复合地板等)多为工厂成批生产,流水线涂装,生产效率高,如板式组合家具、预涂复合板等。

在室内装饰工程中,也有大量的木材制品的油漆施工,如木顶棚吊顶、护墙板、木装饰线、木家具、木地板等。这些木制品的涂装主要分为透明涂饰(也称清水涂装、清漆涂装)和色漆涂饰(也称混水涂装)。

6.1.1 透明涂饰的基面着色 透明涂饰不仅保留木材的原有特征,而且通过某些特定的工序使基面着色改变木材本身的颜色,把自然秀丽的木纹清晰地显现出来,色泽也更加鲜艳夺目。

基面着色有不同的颜色,如木面本色、淡黄色、橘黄色、粟壳色、荔枝色、蟹青色、仿红木色、古铜色、柚木色等。下面以木面本色的着色为例阐述。

(1)基层处理 木面表面先用1号木砂纸反复打磨除去木毛屑,使表面平滑。有些木面上有色斑,板面上颜色分布不均匀,要求涂成浅淡的颜色,则需对木面色深的部位进行脱色处理,使木器表面颜色均匀一致。常用的脱色剂为双氧水与氨的混合溶液,其配比是30%双氧水:25%氨水:水=100:20:100。也可以用50g次氯酸钠溶于1L 70℃的温水配制的溶液进行脱色。操作时,用刷子或棉花团蘸脱色剂涂于需脱色处,待木材变色后(约15～30分钟),用冷水将脱色剂洗净。

木面本色也称淡木纹色,是指不改变木材本色的色泽,而且又显示木材本身天然纹理的一种颜色。其色调一般是以淡白色为主,常用于水曲柳、椴木、桦木等浅白色木器表面的涂饰。某些木材表面呈微红或青黑色的木纹不宜采用此色。

经过除去灰尘、油污、胶迹、木毛及脱色等处理后,刷涂一道白虫胶清漆,待干后,用虫胶清漆和老粉加少量铁黑、铁黄颜料调成腻子嵌补钉眼、裂缝等缺陷。干后用1号木砂纸全面打磨,并将腻子打磨平,除净表面砂灰,再涂一道白虫胶清漆,干后用旧木砂纸轻轻地将表面磨滑。

(2)底层着色 底层着色一般用水老粉,常见的水曲柳木色的水

老粉配比为:

老粉:立德粉:铬黄:水=71:0.95:0.05:28。

使用时,按上述比例调配均匀。用竹花或无色棉纱蘸取填孔料,满涂家具表面,采用圈擦或横擦等方法反复擦几次,使水老粉填孔料充分填满木材管孔内。未干燥前,用干净的竹花或旧布等将表面多余的浮粉揩掉,擦时用力均匀,使色调一致。

待底层着色干后,刷涂一道白虫胶液。干后用0号木砂纸打磨光滑,再涂1~2道白虫胶液。被涂物面如有浅色部位,可用稀白虫胶液加少量铁黑、铁黄等颜料调和色拼色,深色部位(如稍红或青黑色)可用白虫胶液加入少量立德粉或钛白粉调和后拼色。拼色完成后即可涂面漆。

6.1.2　透明清漆涂饰　经过基面着色的木器表面或墙面、顶面等木表面要最后涂纯透明清漆来完成饰面。早期用虫胶清漆、酚醛清漆、醇酸清漆,现在比较少用。目前常用的木器清漆有硝基清漆、聚氨酯清漆、丙烯酸清漆、不饱和聚酯清漆、酸固化氨基醇酸清漆。从装饰效果来看,除了亮光装饰外,还有半光(半亚)、亚光、平光(俗称"全亚光""无光")。随着对环保要求越来越高,现在还出现水性木器清漆(主要有水性聚氨酯清漆及水性丙烯酸清漆)来对木器进行透明装饰。

下面以最常用的硝基清漆与聚氨酯清漆的涂饰为例子,对木器透明涂饰加以说明。

(1) 硝基清漆的涂装　硝基清漆黏度都较大,使用前要用X-1硝基漆稀释剂(俗称"香蕉水"或"天那水")稀释。不同涂饰方法,加稀释剂的量不同(对黏度的要求不同)。

喷涂:硝基清漆:X-1=1:2以上;

刷涂:硝基清漆:X-1=1:(1~1.5);

揩涂:硝基清漆:X-1=1:(1~2)。

刷涂时,一般使用12~16支的羊毛排笔。蘸漆量可适当多一些,然后迅速刷匀。应顺着木纹方向刷涂,刷涂用力要均匀,要求每笔的刷涂面积长短一致(约40~50 cm)。尽量不要过多地来回刷涂。一般要刷多次(4~8遍),每遍间隔1小时。

在阴雨和寒冷的天气操作漆膜容易发白,可在X-1稀释剂中加约30%化白水(防潮剂)加以改善。

在要求亚光装饰时,可用901亚光硝基清漆涂饰。其方法是前面几道用亮光硝基清漆涂饰,最后用901亚光清漆刷涂1~2道即可。

(2) 聚氨酯清漆的涂饰　目前市场上使用的聚氨酯清漆大致有四大类:

① 685聚氨酯清漆(双组分、单组分、亮光、亚光)。清漆组分多为松香蓖麻油醇酸树脂配成,固化剂多为TDI的醇酸树脂预聚物。

② 水晶地板漆(双组、单组;亮光、亚光)。专用于漆木质地板,也可用于其他木器表面涂装。

③ PU聚酯漆、水晶漆、2KPU木器清漆、装修漆等,有双组分、单组分、亮光、亚光等品种,还有透明底漆、封固底漆、透明腻子配套。清漆组分用聚酯树脂或丙烯酸树脂,固化剂为TDI和三羟甲基丙烷的加成物及TDI三聚体。

④ 不变黄聚酯漆(双组分、亮光及亚光)。清漆组分用聚酯树脂及丙烯酸树脂,固化剂用HDI、IPDI三聚体、HDI缩二脲等。漆膜经日光照射不变黄。前面三大类均用TDI型固化剂,在日光照射下很容易变黄。

由于聚氨酯漆大多为双组分漆,有时还将稀释剂与清漆及固化剂套装成三组分漆,使用前应按说明书的规定比例混合调配均匀,在室温下静置20分钟左右,待气泡消失后进行涂装。配好的漆应在4小时内用完,以免时间过长黏度增稠固化而不能使用。配漆时均忌与水、酸、碱、油等物接触,以免影响质量。

作为与清漆配套打底用的涂料有透明腻子、木器封固底漆、双组分聚酯透明底漆等品种。用透明腻子、封固底漆打底,由于都是硝基漆类,需要薄涂,砂磨干净,否则,涂上清漆(特别是亚光聚氨酯清漆)有可能咬底。相比之下,用聚酯透明底漆只要干透便无咬底之虑。一般涂2道底漆,2~3道清漆。不变黄透明腻子及不变黄封固底漆除不变黄外,还不会被面漆咬起。刷涂时,一般使用5.1~7.6cm的漆刷。刷漆时要从上到下,由左至右,先刷边角线脚处,然后刷大平部分,第一遍刷完干后再刷第二遍,一般木器表面需刷2~3遍。

(3) 漆膜修饰　漆膜常经过磨光、抛光、整修等修饰方法,使漆膜更加光泽、平滑。

磨光又称砂光、砂磨。砂磨漆膜表面一般用0-1号木砂纸(或旧木砂纸)顺着木纹方向砂磨,将留在漆膜上的刷毛、灰尘等全部磨掉,使漆膜表面平整光滑。也可以采用 200－320 号水砂纸蘸肥皂水或水进行湿磨(水砂)。

磨光后的漆膜平滑,但不光亮;经过擦蜡抛光后,漆膜则光亮照人。一般用上光蜡(地板蜡或汽车蜡),使用时将上光蜡涂于表面上,3～5分钟后,用洁净细软的纱头、绒布等顺着木纹方向用力来回揩擦,进行抛光。

涂饰完后,家具的线条、棱角处如果露白需要补色,局部漆膜被损也需修复。

6.1.3 色漆涂饰 木器表面经过色漆涂饰后,能完全遮盖材料本身的色泽纹理、缺陷,起装饰美化作用,其表面颜色即色漆的漆膜颜色。早期常用酚醛调和漆、硝基磁漆、醇酸磁漆;现在,硝基磁漆还在用,但更多采用新近出现的彩色聚氨酯漆、彩色聚酯漆、丙烯酸磁漆、手扫漆以及不变黄彩色聚酯漆。

涂色漆前,木器表面应清除干净,局部裂缝、凹陷、钉眼等缺陷用腻子嵌补填平。以前常用油老粉腻子或猪血老粉腻子,现在新的品种不少。可用透明腻子、透明底漆或硝基白底漆、聚氨酯白底漆等刷 1～2道,第一遍干透后用 0 号或 1 号旧木砂纸打磨一遍,然后刷第二道底漆。

涂色漆一般涂两道,待第一道干透后砂平,再刷下道。

6.1.4 漆膜缺陷的防治 在透明涂饰和色漆涂饰过程中,因为操作不当等原因会使漆膜产生缺陷,影响涂饰的效果。

(1)干性慢 原因是:温度偏低;湿度大;固化剂加入量不适当;涂层过厚;环境通风不良;表面有水分或油污。应避免在 5℃以下及相对湿度 85％以上时施工。使用了不配套的稀释剂也会导致干性减慢。

(2)起粒 原因是:施工环境灰尘大;漆中混入杂质;没有很好过滤;施工工具及容器不干净;使用稀释剂不当(稀释剂不配套或加入量过多);双组分漆配好后放置时间过长;黏度过高;喷枪离物面太近。

(3)针孔 原因是:涂层过厚;稀释剂加入量偏少;黏度偏大;层间间隔时间不够,底层未干透;双组分漆配好后放置时间过短;溶剂挥发太快;被涂表面有灰尘、油脂、水分附着;油漆中有油、水等物混入。

(4)气泡 原因是:物面含水率过高;湿度过大;湿度偏高;涂抹

太厚,稀释剂加得太少;所用稀释剂不配套,挥发太快;表面受太阳直晒使表面温度偏高;双组分漆配好后静置时间不够,气泡尚未消失就涂装;底层封闭不良,木纹中空气向外膨胀顶起形成气泡。

(5)橘皮 原因是:固化剂加入过多,稀释剂加入太少,黏度偏高,涂层太厚;被涂物表面温度高或气温高,风速大;喷涂时喷枪移动太快,与物面距离太远;使用的稀释剂不配套;双组分配好后放置时间过久,黏度增高;底层未干就涂上面漆。

(6)缩孔及发笑 原因是:物面及底层不干净,有油污等杂质;底层太硬,未很好打磨;施工温度偏低,湿度偏大;下层漆中使用过量的有机硅助剂。

(7)咬底 原因是:底层漆未干透就涂上层漆;底、面漆未使用规定的配套产品;木器透明腻子、木器封固底漆涂覆较厚;未仔细打磨干净常会被上层含强溶剂的涂料咬起。

(8)起皱(皱皮) 原因是:表干太快,而内层干燥慢;涂层太厚,涂漆时黏度太大或漆膜在日光下曝晒都容易产生皱皮;下层漆未干透就涂上层漆;催干剂使用过多;产生咬底情况常常伴随起皱。

(9)流挂(流坠) 原因是:稀释剂加入太多,黏度太低,涂层过厚或厚薄不匀;喷涂时,喷枪离物面太近;物面太光滑、太硬而未很好打磨;物面有油水等不洁物质;一次喷涂过厚;物面不平或形状复杂。

(10)失光(倒光) 原因是:表面粗糙,未很好进行处理;稀释剂加入过多或不配套(溶解性差);漆中混入水分、油脂等;漆膜太薄;干性过快;湿度太大,温度太低,底层未干就涂面漆。

(11)发白(泛白、白化) 原因是:虫胶液、硝基漆在阴雨天、潮湿季度施工容易发白,清漆涂层发白后形成半透明乳白色雾质,导致漆膜失光,色彩不鲜艳;温度过低也会导致发白。防止发白可在硝基稀释剂中加入30%以下的防潮剂(防白剂、化白水);如仍发白则应停止施工,对已发白之漆膜用红外线灯烤发白处,待发白处消失后再涂一层加过防潮剂的漆。

(12)亚光漆不亚(光度偏高) 原因是:固化剂用量太多,应按规定配比加入;稀释剂加入量太少,涂层较厚,光泽偏高,故应按规定加足稀释剂量,使涂层薄些;亚光漆未充分搅匀,消光剂沉在底部,上部漆液用时光泽高。

（13）脱皮剥落　原因是：腻子及封固底漆层过厚，而未彻底打磨平整；物面或涂层上不干净，被油、蜡等沾污；底层太硬、太滑而未很好打磨；底面漆不配套，应该使用生产厂规定的配套产品；木材潮湿或背面吸收了水分后进行正面涂装也会导致脱皮、剥落。

6.2　建筑物涂装工艺

建筑物有工业、商业、公共设施、居民住宅和其他特种建筑之分，档次有高有低。建筑物应用涂料的部件有墙壁、门、窗、地面和各种装饰件，材质分别为混凝土或砂浆、木材、金属以及塑料复合材料等，而以混凝土或砂浆用涂料装饰的部件为主。建筑物涂装虽有新建涂装和重修涂装之别，但除个别装饰件外均为现场涂装，在建筑物基本建成或重修完成后再进行。基本在露天进行，使用常温干燥的涂料。现场涂装环境对涂装质量影响很大。现代高层大面积建筑物涂装有的在高空作业，涂装以采用机具涂装为主，辅以手工操作。

下面重点介绍混凝土及砂浆内外墙面的涂装工艺。

现代建筑物墙壁主要用混凝土建造，有现浇混凝土、预制混凝土板和加气混凝土板，此外还有混凝土砌砖、砖砌块。内部隔墙有石膏板、水泥石棉板和水泥纸浆板、水泥刨花板等材料。在混凝土板表面及砖砌墙表面大多抹上砂浆。一般砂浆用水泥砂浆和石膏灰泥，白灰灰泥及白灰麻刀灰泥则用于中低档建筑。在混凝土板直接涂漆、装饰性差，用于非主要房间墙壁。除石膏板及灰泥略呈中性外，其他材质的碱性均很强，且吸水率高。在涂装前必须进行表面处理。

混凝土砂浆及灰泥基层在涂漆前应尽量干燥，含水率一般应小于8%，pH 值应小于8。水泥砂浆约在 7～10 天后含水率可降至 8%，可以涂刷乳胶漆，灰泥表面则至少 30 天。

砂浆灰泥基层应做到表面平整，立面垂直(在规定公差以内)。高档涂装表面偏差应小于 2 mm 对表面的蜂窝，麻面应修补。涂漆前对表面尘土、浮粉、污物应彻底清除。

最佳的涂漆情况在水泥砂浆等基层的水分挥发后再进行涂漆；如果基层不干，析出的湿气会将基层内部的碱带至表面而影响装饰表面质量。涂溶剂型漆时通常对砂浆灰泥基层干 30～60 天后进行中和处理，即用 5% 硫酸锌水溶液清洗基层表面，中和其碱性，再经清水洗净干燥后进行涂漆。也可采用有机硅防水剂均匀涂刷在灰泥表面，以防止基层中水分对涂层的破坏。涂乳胶漆可不用中和处理。

6.2.1 砂浆墙面涂饰乳胶漆的工艺 通常在基层处理清洁打磨平整之后,可涂一道乳胶水溶液作为封底漆。用乳胶腻子嵌补空隙,腻子一般刮涂 2～3 道,先稀后稠,最好不用满刮。每道干后再刮第二道,最后干燥打磨平整。然后刷涂,滚筒涂或喷乳胶漆,一般 2～3 道,依饰面要求质量而定。

6.2.2 涂饰立体花纹涂层的工艺 立体花纹涂层首先在基层表面涂饰基层封闭涂料,一般涂 2 道,再涂成型涂料。可用滚筒涂或喷涂。膜层较厚,制成立体凸起花纹,根据花纹要求,用橡胶或塑料辊筒压成各种形式。在其干透后,涂饰罩面材料即面漆 2～3 道。面漆有溶剂型和乳胶型不同品种,当前以用氟树脂涂料的户外耐久性最高。立体花纹涂层所用 3 类涂料应配套。

6.2.3 涂饰多彩花纹涂层的工艺 过去涂饰多种颜色花纹的涂层是通过涂装工艺来实现,即在一种颜色涂层上采用点喷、喷溅或弹涂等方法涂饰另外不同品种颜色的涂料得到多种花纹。现在由于制成了多彩花纹涂料,可以一次涂饰得到。前几年曾风靡一时的水包油型多彩涂料,由于环境污染问题而今已风光不再。对环境污染较少的多彩花纹涂料是水包水型涂料,实际上是乳胶漆的一种变形品种。其施工工艺与涂装乳胶漆基本相同,通常是用滚筒涂刷封闭底漆 1～2 道,再涂乳胶漆 1～2 道作为中间层,在其表面喷涂多彩花纹涂料,施工时靠喷枪喷嘴和压力来影响所得花纹,需要熟练的技术;但比原来方法减少一道工序,省劳力和财力。

6.2.4 乳胶漆施工中及成膜后常见的涂层弊病及其改进办法

(1)刷痕

——产生原因:① 底层或腻子材料吸水过快;② 涂层厚薄不匀,施工技术差;③ 涂装工具陈旧。

——改进办法:① 基层用封固底漆或改进腻子配方;② 提高施工技术水平;③ 及时清洗及调换涂装工具。

(2)涂层松散

——产生原因:① 基层养护时间短,含水率大,碱性较大;② 涂料施工温度在最低成膜温度以下;③ 基层松散。

——改进办法:① 按规定达到养护时间;② 在 5℃ 以上施工;

③ 清除疏松层,涂封固底漆。

(3) 起皮,脱皮

——产生原因:① 基层浮灰未消除干净,腻子黏结性差,易粉化;② 基层含水率高。

——改进办法:① 施工前彻底清除浮灰或改进腻子配方,或加用封固底漆;② 在规定含水率下施工。

(4) 流坠,流挂

——产生原因:① 基层湿度大,对涂料不吸收或吸收少;② 涂料太稀。

——改进办法:① 太湿面不宜施工,待干燥后方能施工;② 按规定对涂料稀释。

(5) 咬色,浮碱

——产生原因:① 基层太湿,碱性太大,涂料中成分耐碱性差;② 基层受到锈水、水性色的污染而泛色。

——改进办法:① 按规定对基层墙面进行养护并使用抗碱封闭底漆;② 不能去除时,用溶剂性封底漆。

(6) 透底

——产生原因:① 基层太湿不易涂刷;② 有油性物、蜡等污染;③ 局部地方漏涂。

——改进办法:① 让基层干燥;① 用机械方法、化学方法去除污染;③ 顺次涂刷,避免漏涂。

(7) 涂层发花,颜色不均匀

——产生原因:① 弹涂或喷涂不均匀;② 基层表面结构不均匀,或有麻点造成光彩色差。

——改进办法:① 认真操作,提高操作技术水平;② 调整基层表面结构,涂刷填充性材料。

(8) 起粉

——产生原因:① 涂料稀释过度或搅拌不匀;② 涂层砂过。

——改进办法:① 按规定加水稀释,并搅拌均匀;② 涂层不能砂磨或砂后再涂一层罩面漆。

(9) 内墙乳胶漆发黄

——产生原因:先用乳胶漆涂刷墙面,再用聚氨酯漆刷地板、踢脚线、门窗等。游离 TDI 使乳胶漆发黄。

——改进办法：将施工工序倒过来，先刷聚氨酯漆，将其干燥后再刷墙面乳胶漆。

（10）开裂（龟裂）

——产生原因：① 乳胶漆抗干燥收缩性能差；② 湿膜过厚，中涂未干就涂面漆；③ 环境或基层温度低于乳胶漆最低成膜温度；④ 环境温度太高，风较大，干燥太快。

——改进办法：① 配方中提高较粗填料用量，增加乳胶用量，加延长开放时间助剂；② 一次不要涂刷太厚，掌握好面涂与中涂之间的时间间隔；③ 施工温度一定要高于乳胶漆的最低成膜温度；④ 避免在高温、烈日、大风条件下施工。

（11）鼓泡

——产生原因：① 基层有水或太潮湿；② 基层温度太高，湿膜比较厚。

——改进办法：① 使基层进一步干燥；② 涂刷底漆，湿膜厚度不要太厚。

（12）针孔和爆孔　解决办法是在乳胶漆中加入适当的消泡剂，施工时选用合理的辊筒，避免施工时带入气泡。

（13）褪色　主要是外墙乳胶漆产生的问题，尽量选择保光保色性比较好的颜料，适当考虑乳胶漆的 PVC。

（14）长霉

——产生原因：① 潮湿，通风不好，少阳光或无阳光的地方；② 乳胶漆本身防霉性差；③ 涂装前未将基层上原有的霉菌清理干净；④ 未涂底漆。

——改进办法：对已长霉的涂膜表面，可用漂白粉或防霉水清洗；也有建议将发霉处彻底清除干净，然后用 7%～10% 磷酸三钠水溶液涂刷 1～2 遍，清洗后晾干后再涂防霉乳胶漆。如果是乳胶漆防霉性能差，则应采用更有效防霉剂，或增加防霉剂用量。涂底漆有一定憎水性和封闭作用，可减少长霉。

（15）粉化

——改进办法：① 适当降低乳胶漆的 PVC，使用耐久性好的乳胶；② 加水不能太多；③ 内墙乳胶漆不能用于外墙。

（16）起皮和剥落

——产生原因：① 外墙腻子不耐水；② 一次批刮腻子太厚；③ 基层有水或潮湿；④ 施工温度过低；⑤ 基面有浮灰，又没有使用底漆。

——改进办法：① 用耐水性好的腻子；② 刮腻子不要太厚；③ 让基层干透；④ 降低乳胶漆最低成膜温度，提高其成膜性；⑤ 去除浮灰，施涂底漆。

（17）耐候性差

——产生原因：乳胶漆选用的乳液、颜料耐候性差，颜料体积浓度过大。

——改进办法：调整配方，选用耐候性好的乳液和颜料，降低 PVC。

6.3 机床涂装工艺

金属切削机床的部件除了钢板件外，大多是铸铁和铸钢件，机床涂装工艺可作为由铸件和钢板件制成的各种工业机械(如锻压机械、铸造机械、纺织机械、印刷机械、木工机械和建筑机械等)的涂装工艺的代表。

机床等机械产品的涂装除部分零件可采用流水线涂装外，主要部件只能逐台涂装，手工作业为主。一般都是常温干燥。涂层属于保护装饰性涂层，根据产品品种都有各自的涂层标准，一般选用在常温下干燥快的涂料品种，涂料要配套。

6.3.1 零部件漆前的表面处理　铸件表面要除锈，小型铸件除锈有的采用滚筒处理除锈，大型铸件则采用喷丸或喷砂处理。

钢板件常用化学处理，通用工艺为除油—酸洗—水洗—中和—热水洗—磷化。钢板磷化后要经水洗，干燥，按规定时间涂上底漆。

6.3.2 零部件涂漆　铸件在除锈后，吹去砂粒、锈尘，用汽油等擦洗干净，然后涂底漆、刷、喷均可。干后进行机械加工，然后清除加工表面的油污，在外表面涂一道底漆。先在较大缺陷处填补厚浆状腻子，基本填平(现在多用不饱和聚酯腻子)，然后全面刮涂腻子，一般刮涂三道，第一道厚度不超过 1 mm，第二道要稍薄一些，刮涂二道腻子后打磨至表面平整，再用调稀腻子全面刮涂，厚度约在 0.3 mm，使表面基本平整。喷或刷涂中间层底漆，干后达到漆膜平整。铸件内腔要刷涂适当道数的专用内腔漆。

钢板件根据使用要求和工件平整情况，刮涂或不刮腻子。多数情况下是在不平整表面或焊接部位找补腻子,腻子层不宜过厚,干透打磨平整后涂上中间层底漆。

6.3.3 成品涂漆 选用的涂料品种要配套,一般按面漆质量要求选择配套的底漆和中间层。我国生产的机床 20 世纪 80 年代多用过氯乙烯漆系列(腻子及底面漆),现在则广泛使用环氧聚氨酯漆、脂肪族聚氨酯漆,底漆用环氧底漆或聚氨酯底漆,腻子用不饱和聚酯腻子。

成品涂漆主要工序为:首先对机械成品用压缩空气吹扫,汽油擦洗干净,无油污脏物,检查修补被破坏漆层,补涂底漆,找补腻子至打磨全部平整;然后在非涂漆表面涂油或包纸,加盖专用防护罩,进行喷涂中间层;再用腻子找补漆层缺陷,打磨平整光滑后方可涂面漆,面漆道数根据质量要求高低而定。涂装面漆的环境要保持清洁,涂漆要均匀。每次涂漆要在前一道漆干燥后进行,厚度要适当,最后的漆层要表面光滑,无流挂、划痕、气泡等缺陷。然后清理干净非涂装表面,对内腔再涂内腔漆。在涂好标志漆后,全面检查,按规定的时间进行成品包装。

其他机械的涂漆过程基本相同。涂漆方法以手提式机具为主,涂漆时应注意劳动保护和防止污染环境。

6.4 桥梁的涂装工艺

钢铁桥梁的涂层要具有装饰和保护性能,由于受日晒、雨淋、大气污染或海水盐雾等的长期腐蚀,耐腐蚀性更为重要;同时,大型桥梁维修费工费时,更要求具有较长的使用寿命。国际上认为在临海地区桥梁的涂层使用寿命应达到 15 年,内陆地区应达到 20 年。

钢铁桥梁为大型构件组成。一般涂装工艺为在桥梁工厂进行漆前表面处理,预涂底漆,运至桥梁工地组装后再涂底漆和面漆,因工件较大只适宜采用常温下干燥的涂层。涂装的现场环境条件复杂,室外施工,受湿度和气候条件影响,这些都是桥梁涂装的特点。现代的桥梁涂装特别强调漆前表面处理,选用重防腐蚀涂料和严格施工管理,以提高涂层的使用寿命。

桥梁涂装一般按下列工艺程序进行。

6.4.1 工件除锈 一般在制造厂采用湿法喷砂喷丸除锈,达到规定的标准,质量高的要求达到彻底清除氧化皮、锈及其他污物。有的还可在除锈后进行磷化处理或涂磷化底漆,以得到更好的效果。

6.4.2 预涂底漆或喷镀锌或铝 按照使用要求决定。预涂底漆

(车间底漆)多用富锌底漆,也可用其他品种防锈漆,喷涂或刷涂后常温干燥。喷镀锌或可用火焰喷射,锌也可以采用热浸镀法。喷镀锌或铝直接喷镀在除锈的工件上,不需磷化处理。

6.4.3 现场涂装 工件运至桥梁工地现场组装后,修补预涂底漆、漆面缺陷再配套喷涂或刷涂底漆和面漆,自然干燥。通常涂层包括预涂底漆总厚度 $150\sim250\,\mu m$,层数 3~5 层。现代多采用厚浆型桥梁漆,以减少涂装层数。第一道环氧富锌底漆,第二道环氧铁红底漆,中间涂层用环氧云铁底漆再涂二道防腐蚀面漆(丙烯酸聚氨酯漆或氟碳漆)。

6.5 美术漆涂装工艺

美术漆涂饰后在物件表面形成有花纹的图案,可以增强涂层表面的美观,提高装饰性,一般用于仪器、仪表及金属日用品外表面。常用品种有锤纹漆、皱纹漆、橘纹漆、珠光漆、闪光漆、荧光漆等。下面介绍锤纹漆和橘形漆(橘纹漆、点状漆)的涂装工艺。

6.5.1 锤纹漆涂装工艺 锤纹漆通用品种为烘烤型氨基烘漆体系,也有自干型丙烯酸树脂锤纹漆,涂装后形成锤击花纹。一般金属工件按常规表面处理,涂上底漆干燥后用锤纹漆喷涂 1~2 道。涂装锤纹漆一般有下列 4 种喷涂方法。

(1)单层喷涂法 在底漆上喷一道颜色相近似的面漆,待干燥后直接用喷枪溅喷锤纹漆一道。这种方法能使花纹分界线更为明显,但光泽较差。

(2)双层喷涂法 在底漆上先喷一道锤纹漆,待表干后再溅喷第二道锤纹漆,一起干燥(烘干或自干)。使用这种方法较普通。

(3)锤纹漆面上喷稀释剂法 喷完底漆和锤纹漆后在刚刚表面干燥时,用喷枪溅喷专门稀释剂一道,使涂层上喷有一片较分散的稀释剂点子,让涂层略有溶胀形成窝状小花纹。

(4)洒喷硅油方法 利用均匀喷洒在物面的硅油微小珠粒对铝粉和漆料的强烈排斥力,形成金属光泽的锤痕花纹。在工件上先喷一层锤纹漆,待漆膜表干后薄薄地喷一层硅水,然后再喷一层锤纹漆。

硅水是由硅油 5 份、二甲苯 95 份、汽油 900 份组成。在操作时走枪要稍快些,切勿喷得太厚,以免流挂;待 1~2 分钟左右,工件上可肉眼看到像人体皮肤表面微渗汗珠那样均匀分布的硅珠,然后再喷锤纹漆,得到锤纹效果。

6.5.2　橘形漆涂装工艺　橘形漆也是烘烤型,用于金属物件表面,涂层呈现橘皮形状花纹。在金属物件表面处理合格后,涂装底漆1～2道,根据涂层质量要求而定。喷头道橘形漆,在120℃烘干30分钟;待冷后再喷第二道橘形漆溅花,漆液黏度35秒左右(涂-4黏度计),气压0.15～0.20 MPa;再在120℃烘干45分钟,表面即形成美丽的花纹和坚硬的漆膜。

7. 常见的漆膜弊病及其防治方法

7.1　流挂,垂流与流痕

7.1.1　现象　由于被涂布在垂直表面上的涂料流动不恰当,使漆膜产生不均一的条纹和流痕。

7.1.2　产生原因

(1)溶剂挥发较慢;

(2)涂得过厚;

(3)喷涂距离过近,喷涂角度不当;

(4)涂料黏度过低;

(5)换气很差,空气中溶剂蒸气含量高;

(6)气温过低;

(7)涂料中颜料密度大,研磨分散不好;

(8)在旧漆膜(特别是有光漆膜)上涂料也易流挂。

7.1.3　防治方法

(1)选择配套的稀释剂;

(2)常规涂料一次涂布厚度以20～25 μm为宜,要获得厚涂层对烘干型涂料可采用"湿碰湿"工艺或用高固体分涂料;

(3)提高涂装操作技术水平,喷涂大工件喷涂距离25～30 cm,对小工件为15～20 cm,并与物面平行移动;

(4)严格控制涂料的施工黏度,如硝基漆喷涂黏度为18～26秒,烘漆为20～30秒;

(5)喷涂现场充分换气通风,气温保持在10℃以上;

(6)添加防流挂助剂有较好效果;

(7)在旧涂层上涂新漆前应先打磨一下。

7.2 粗粒

7.2.1 现象 在干漆膜上产生突起物,呈颗粒状分布在整个或局部表面上。

7.2.2 产生原因

(1) 周围空气不干净,涂装室内有灰尘;

(2) 涂料未很好过滤;

(3) 易沉淀的涂料未很好搅拌;

(4) 涂料变质基料析出返粗或凝聚;

(5) 漆皮被搅碎混杂在漆中。

7.2.3 防治方法

(1) 涂装场所除尘,确保空气和环境干净;

(2) 被涂表面充分擦净;

(3) 涂料应仔细过滤充分搅匀。

7.3 露底、遮盖不良

7.3.1 现象 通常涂覆一道漆(约 $25\,\mu m$)仍能凭肉眼看清底层。

7.3.2 产生原因

(1) 涂料的遮盖力不够,含颜料少或使用了透明性颜料;

(2) 涂料搅拌混合不充分,沉底颜料未搅起;

(3) 涂布不仔细,有漏涂现象;

(4) 涂料黏度太稀,涂得过薄;

(5) 底漆颜色深,面漆颜色淡,亮度高。

7.3.3 防治方法

(1) 选用遮盖力强的涂料,增加颜料用量,使用遮盖力强的颜料;

(2) 从底到面将涂料充分搅拌;

(3) 仔细涂装,注意施工黏度;

(4) 使下层漆膜颜色与面漆颜色接近。

7.4 缩孔,抽缩("发笑")

7.4.1 现象 涂料涂布后抽缩,不能均匀附着,湿膜或干膜不平整,局部露出被涂面。一般称不定型面积大的为抽缩(俗称"发笑")呈小圆形孔的,称为缩孔;如果孔内有颗粒,又称"鱼眼"。

7.4.2 产生原因

主要原因是涂料对被涂表面润湿不良,对被涂表面的接触角大,涂料有保持滴状的倾向。一般是清漆和含颜料少的色漆易产生这一缺陷。

(1) 在旧涂层和过于平滑的漆膜上,直接涂装或在打磨不充分的情况下涂装;

(2) 被涂面(如封底漆二道底漆或面漆涂层等)长期放置后,在涂装前未经过适当处理;

(3) 被涂物面被水、油、灰尘、肥皂或其他污物污染;

(4) 干打磨或湿打磨后处理不净;

(5) 压缩空气中混入油和水;

(6) 涂料与被涂物温差大;

(7) 操作中用的擦布和手套已被污染;

(8) 在被涂面有从漆膜中迁移出的硅油等成分;

(9) 在烘干的烘炉中排气不充分,晾干时间短,装载的被涂物数量多,炉内的温度上升过快;

(10) 涂装环境的空气不干净,有灰尘和喷溅物;

(11) 在刚要涂装前,涂装过程中或刚涂装后,被水、油、硅油或其他种涂料喷雾所污染;

(12) 在高温高湿或极低温的环境下涂装。

7.4.3 防治方法

(1) 避免用裸手、脏手套和脏擦布接触被涂表面,确保被涂面上无油、水、硅油及他种涂料漆雾等附着;

(2) 在被涂物附近不能使用有机硅系物质;

(3) 旧涂层或过度平滑的被涂漆面应用砂纸充分打磨,擦净;

(4) 压缩空气中严禁混入油和水;

(5) 注意烘房中被涂物件的装载量和排气;

(6) 晾干时间和被涂物在炉内的升温速度应适当;

(7) 添加防缩孔助剂;

(8) 涂料与被涂物的温度应保持接近;

(9) 应在清洁的空气中进行涂装。

7.5 陷穴,凹漆火山口

7.5.1 现象
涂膜产生半月形由小米至小豆粒大小的凹漆,它与缩孔的差别在于后者凹漆处露出被涂表面。

7.5.2 产生原因

(1) 被涂面上的油脂、肥皂、水、灰尘的残存；

(2) 有异种不相混溶的漆雾附着；

(3) 喷漆用空气中含有水分,油分等；

(4) 所使用的涂料表面张力高；

(5) 在涂装场所附近使用有机硅系物质的场合。

7.5.3 防治方法

(1) 涂装前被涂表面应清洁；

(2) 在附近不应涂装异种涂料和使用有机硅系物质；

(3) 确保喷涂用压缩空气无油,无水分；

(4) 添加降低表面张力的涂料助剂和流平剂。

7.6 溶剂泡、气泡

7.6.1 现象 在漆膜上产生气泡状的肿起和孔的现象,即在漆膜内部有气泡。由溶剂蒸气产生的泡称为溶剂泡；如因搅拌涂料时生成的气泡,在涂装成膜过程中未消失产生的泡称为气泡。

7.6.2 产生原因

(1) 溶剂蒸发快；

(2) 厚漆膜的急剧加热；

(3) 涂料的黏度高；

(4) 底涂层未干透,还含有溶剂；

(5) 搅拌涂料过分剧烈,而又未放置一段时间；

(6) 涂刷时刷子走动急速；

(7) 被涂表面上残留有水分。

7.6.3 防治方法

(1) 使用指定配套的溶剂和稀释剂,黏度不宜偏高；

(2) 涂层烘烤干燥时应徐徐加温；

(3) 确认底层干透后再涂面漆；

(4) 添加醇类溶剂或消泡剂。

7.7 针孔

7.7.1 现象 在漆膜上产生针状小孔或像皮革的毛孔那样的孔,孔径约 $100~\mu m$。

7.7.2 产生原因

（1）涂料贮藏温度过低，引起黏度上升或基料局部析出，使用时易起颗粒或针孔；

（2）涂料中混入水分等杂质；

（3）被涂物面（如封底漆或二道底漆上）上残留水、油或其他污物；

（4）溶剂挥发速度快，添加量太多；

（5）涂料黏度高且溶解性差；

（6）长时间剧烈搅拌，产生大量气泡，未静置一会就施工；

（7）喷涂时气压过高，破坏了湿漆膜中的溶剂平衡；

（8）湿漆膜烘干时升温速度太快，晾干不充分；

（9）被涂物是热的；

（10）湿漆膜或干漆膜过厚；

（11）涂装环境中空气流通快，湿度高，湿漆膜干燥过早；

（12）空气中湿度太高。

7.7.3 防治方法

（1）有效方法是清除上述产生的原因；

（2）严格控制施工黏度，降低黏度和采用挥发性慢的涂料。

7.8 起皱

7.8.1 现象 直接涂在底层上或已干透的底涂层上的漆膜在干燥过程中产生皱纹。

7.8.2 产生原因

（1）大量使用桐油制得的涂料易发生起皱现象；

（2）在油基漆中过多使用钴、锰催干剂；

（3）骤然高温加速烘干干燥，漆膜易起皱；

（4）漆膜过厚；

（5）使用易挥发的有机溶剂易起皱。

7.8.3 防治方法

（1）生产油基漆料时，控制桐油使用量；

（2）少用钴、锰催干剂，多用铅、锌催干剂，在烘漆中加入锌催干剂防止起皱；

（3）在涂料中增加树脂用量；

（4）严格控制每层涂装厚度；

(5) 烘烤干燥应逐步升温;

(6) 添加防起皱助剂,如在醇酸烘漆中加少量(5%以下)的氨基树脂可防止起皱。

7.9 颜色发花,颜色不匀

7.9.1 现象 在含混合颜料的漆膜中,由于颜料分离产生整体色不一致的斑点和条纹模样使色相杂乱。

7.9.2 产生原因

(1) 涂料中的颜料分散不良或两种以上色漆调和相互混合不充分;

(2) 稀释剂溶解力不够;

(3) 漆膜过厚漆膜上下发生对流,产生小花纹;

(4) 涂料黏度不合适;

(5) 涂装环境中有与颜料起作用的污气发生源。

7.9.3 防治方法

(1) 选用颜料分散性好和互溶性好的涂料;

(2) 使用配套的稀释剂;

(3) 涂装厚度和黏度应符合工艺要求;

(4) 调配复色漆使用的涂料,应选用同一厂家生产的同型号漆进行调配;

(5) 添加防浮色发花助剂。

7.10 橘皮

7.10.1 现象 喷涂时不能形成平滑的干燥膜面而呈橘子皮状的凹凸,凹凸度约 3 μm。

7.10.2 产生原因

(1) 溶剂挥发过快;

(2) 涂料本身流平性差,黏度偏高;

(3) 喷涂压力不足,雾化不良;

(4) 喷涂距离不适当,如太远,喷枪运行速度快;

(5) 喷漆室内风太大;

(6) 气温太高或过早地进入烘炉烘干;

(7) 被涂物温度高;

(8) 喷涂的厚度不足;

(9) 被涂表面不平滑影响涂料的流平或对涂料的吸收;

（10）硝基漆中的水分含量影响流平性。

7.10.3 防治方法

（1）选用适合的溶剂或添加部分挥发较慢的高沸点有机溶剂；

（2）通过试验选用较低的施工黏度；

（3）选用合适的喷涂用压缩空气压力，对带罐吸上型喷枪压力为343 kPa，对重力压透型喷枪压力为343～490 kPa，以达到良好的雾化；

（4）喷枪喷距选择要适当，减小喷室内风速；

（5）被涂物喷涂后进入烘炉前应设晾干室；

（6）被涂物的温度应冷却到50℃以下，涂料温度和喷漆室内气温应维持在20℃左右；

（7）喷涂一道漆的厚度应保持在20 μm以上；

（8）被涂面应充分湿磨使其平整光滑；

（9）添加适当的流平剂。

7.11 刷痕，滚筒纹

7.11.1 现象 随刷子和滚筒的移动方向，在干燥的漆膜表面上残留有凹凸不平的线条或痕迹。

7.11.2 产生原因

（1）涂料的流平性差；

（2）刷子滚筒太硬；

（3）施工时气温低；

（4）溶剂挥发的速度快；

（5）涂料中颜料含量过高。

7.11.3 防治方法

（1）选用流平性好的涂料，添加流平剂；

（2）按所用的涂料选用合适的刷子或滚筒；

（3）涂布温度应在10℃以上；

（4）使用沸点高挥发慢的溶剂。

7.12 剥落

7.12.1 现象 由于漆膜在物面或下涂层上的附着力不好，或丧失了附着力，漆膜的局部和全部脱落。根据剥落情况可分为：呈直径约5 mm以下薄的小片局部脱落称为鳞片剥落；呈直径在5 mm以上比较大片的局部剥落称为皮壳剥落；比皮壳剥落更大的脱落（或撕下）

称为脱皮剥落;上涂层与底涂层之间的剥落称为层间剥落。

7.12.2 产生原因

(1)漆前表面处理不佳,被涂面上有蜡、硅油、水等残存;

(2)表面处理后至涂漆的间歇时间过长;

(3)底涂层干燥不充分,湿打磨后腻子层未干透;

(4)底材太光滑;

(5)底涂层烘干时间过长,烘干温度过;

(6)涂层配套不适当,上下层之间附着力差;

(7)腻子直接刮涂在没有涂过底漆的物面上。

7.12.3 防治方法

(1)被涂物面处理清洁;

(2)用砂布或砂纸打磨底材或底层,或对底材进行磷化处理(或涂磷化底漆)以提高涂层的附着力;

(3)严格遵守烘干条件,严防过度烘干;

(4)通过试验选择配套性良好的涂料品种或在施工工艺中选用"湿碰湿"工艺,或在施工工艺中采用"过渡层"的施工方法,如在涂完底漆后用底漆面漆一对一调和后涂一道"过渡层"后再涂面漆,在面漆涂罩光清漆前用面漆清漆一对一调和后涂一层"过渡层"(俗称"混罩光")再用清漆罩光。

7.13 咬起

7.13.1 现象 涂面漆后出现下面涂层被咬脱离,多呈皱纹胀起的现象。

7.13.2 产生原因

(1)涂层未干透,就涂下一道漆;

(2)底面漆不配套,面漆的溶剂能溶胀底漆;

(3)涂得过厚。

7.13.3 预防措施

(1)涂层应干透后再涂下一道漆;

(2)面漆采用溶解力弱的溶剂;

(3)为防止咬起,第一道应涂得薄些,稍干后涂第二道。

7.14 发白、变白、白化

7.14.1 现象 多发生在挥发性涂料(如硝基漆等)施工的成膜过程中,使漆膜变成白雾状,严重失光,涂抹上出现微孔和丝纹。

7.14.2 产生原因

(1) 空气中湿度太大或者在干燥过程中由于溶剂挥发涂膜表面局部空气温度降至"露点"以下,此时空气中的水分凝结渗入涂层产生乳白色半透明膜;

(2) 所用有机溶剂沸点太低,而且挥发速度太快;

(3) 被涂物表面温度太低;

(4) 涂料或稀释剂中混入了水;

(5) 喷涂用压缩机的净化器失效,水分进入漆中而发白;

(6) 溶剂和稀释剂配合比例不当,强溶剂迅速挥发,弱溶剂对基料溶解性差,造成析出而使涂层变白。

7.14.3 预防措施 选用沸点高挥发速度慢的有机溶剂。

7.15 浮色、色浮

7.15.1 现象 在含混合颜料的漆膜中由于颜料颗粒子的大小、形状、密度、分散性、内聚力等不同,使漆膜表面和下层的颜料分布不匀;各断面的色调有差异的现象,与颜色发花的差别;浮色在水平方向的漆膜外观表色调仍一样,但湿膜和干膜的颜色相比有很大不同。

7.15.2 产生原因

(1) 调制复色漆使用2种以上颜料,由于涂层溶剂不均匀蒸发,发生了对流现象而产生了浮色;

(2) 颜料的密度相差很大;

(3) 使用的涂装器具不同。

7.15.3 预防措施

(1) 选用不易浮色的涂料及改进制造工艺(如分散方法);

(2) 使用同一涂装器具涂装;

(3) 添加硅油(一般成为润湿剂)防浮色发花的助剂等助剂,对防止浮色有效果。

7.16 金属闪光色不匀

7.16.1 现象 因金属粉(主要是铝粉)的流挂或漆膜厚薄不匀,致使漆膜面色不均匀;是金属闪光色涂料的独特缺陷。

7.16.2 产生原因

(1) 铝粉含量低,遮盖力差;

(2) 涂料中稀释剂密度大;

(3) 涂料中树脂的分子量低;

(4) 涂料的面干时间过长;

(5) 喷涂时黏度过低或过高;

(6) 漆膜过厚,且膜厚不均匀;

(7) "湿碰湿"工艺中两层的间隔时间短;

(8) 喷涂时空气压力过高或过低,喷枪与被涂物面的间距过小;

(9) 环境湿度偏低。

7.16.3 预防措施

(1) 使用配套的稀释剂;

(2) 施工黏度比一般涂料要稍微低些;

(3) 喷涂压力比通常情况要高些,喷涂距离要适当;

(4) 喷薄一点,往返涂布;

(5) 使用喷涂金属闪光漆的专用喷枪。

7.17 渗色

7.17.1 现象 底涂层或底材料的颜色被融入面漆膜中,而使面漆涂层变色。

7.17.2 产生原因

(1) 底涂层的有机颜料或沥青被面漆的溶剂所溶解使颜色渗入面漆涂层中;

(2) 底材(如木材)含有有色物质;

(3) 面漆涂层中含有溶解力强的溶剂(如酯类、酮类),底涂层未完全干透就涂面漆。

7.17.3 预防措施

(1) 涂防止渗色的封底涂料后,再涂面漆;

(2) 在中间涂层或面漆涂层中添加片状颜料(如铝粉),防止面漆溶剂的渗色;

(3) 采用挥发速度快、对底层漆膜溶解能力小的溶剂。

7.18 光泽不良,光泽发糊

7.18.1 现象 面漆涂面膜干燥后没有达到应有的光泽,或涂装后数小时、长至两三个星期内产生光泽下降的现象。

7.18.2 产生原因

(1) 涂料中几种树脂的混溶性差,溶剂的选择不恰当,涂料中颜料体积浓度过高；

(2) 在高温、高湿的环境或极冷的环境下涂装；

(3) 被涂面粗糙，如打磨不充分，打磨用砂纸太粗；

(4) 面漆涂膜薄，被涂物面对面漆吸收量大；

(5) 过度烘干如烘温高而倒光，或烘干时换气不充分；

(6) 硝基漆层未干透就抛光。

7.18.3 预防措施

(1) 应仔细打磨，并注意打磨的方向，选用砂纸牌号应适宜；

(2) 严格遵守指定的干燥条件，烘干室换气要适当；

(3) 使用指定的配套稀释剂；

(4) 注意喷涂程序，确保面漆层喷涂厚度适当；

(5) 涂相应的封底涂层，防止底层吸收面漆；

(6) 硝基面漆一定要干透后才能抛光打蜡。

7.19 砂纸纹

7.19.1 现象 面漆涂装和干燥后仍能清楚地见到砂纸打磨纹，且影响涂层的外观（光泽、光滑和丰满度）。

7.19.2 产生原因

(1) 打磨砂纸粗；

(2) 底涂层没干透或漆膜不冷却就打磨；

(3) 被涂物表面状态有较深的锉刀纹或打磨纹。

7.19.3 预防措施

(1) 应按工艺要求选用打磨砂纸，涂面漆前采用 360－500 号水砂纸打磨，高装饰性涂层采用 500－600 号水砂纸；

(2) 底涂层应干透和冷却至室温后再打磨；

(3) 提高漆前被涂物表面质量或刮腻子填平。

7.20 出汗、发汗

7.20.1 现象 无光的油性漆和磁漆在打磨后再出现光彩，硝基漆在 60℃ 以上烘干时增塑剂呈汗珠状析出。

7.20.2 产生原因

(1) 再打磨前漆膜没完全干透（或溶剂未完全挥发掉）；

(2) 硝基漆采用了蓖麻油、樟脑等非溶剂型增塑剂；

(3) 漆膜中含有蜡、矿物油或润滑油脂时可能逐渐渗出表面。

7.20.3 预防措施

(1) 确认涂层干透后再打磨;

(2) 选用溶剂型增塑剂。

7.21 丰满度差

7.21.1 现象 在漆膜涂得很厚的情况下,外表看上去仍很薄,显得干瘪的现象。

7.21.2 产生原因

(1) 使用高聚合度的漆基以及涂料的丰满度差;

(2) 颜料含量少,涂料过稀;

(3) 被涂面不平滑,且吸收涂料。

7.21.3 预防措施

(1) 与固体树脂并用,选用丰满度好的涂料;

(2) 增加颜料量,采用高不挥发分的涂料;

(3) 用细砂纸打磨。

7.22 缩边

7.22.1 现象 被涂面的边端、角等部位的涂层薄,严重时露底,这部位的色、光泽等的外观与其他平坦部位有差异现象。

7.22.2 产生原因

(1) 所使用的溶剂挥发速度缓慢;

(2) 涂料黏度低;

(3) 漆基的内聚力大。

7.22.3 预防措施

(1) 选用挥发速度适当的溶剂;

(2) 添加阻流剂。

7.23 起泡

7.23.1 现象 漆膜的一部分从底板或底涂层上浮起,且其内部充满着液体或气体,其大小由小粒到大块状浮起。

7.23.2 产生原因

(1) 被涂面有油、汗、指纹、盐碱、打磨灰等亲水物质残存;

(2) 清洗被涂面的水中有杂离子;

(3) 涂层固化干燥得不充分;

(4) 干漆膜在高温下长期放置;

（5）所用涂料的耐水性或耐潮湿性差，成膜后透气性不足；

（6）木质件上涂氨基烘漆，在烘干时易起大泡。

7.23.3 预防措施

（1）被涂面应清洁；

（2）被涂前的最后一道水洗应该用去离子水；

（3）漆膜应干透；

（4）避免在高温度的环境下放置；

（5）选用耐水性和透气性优良的涂料。

7.24 拉丝

7.24.1 现象 涂料在喷涂时雾化不好而成丝状，致使漆膜呈丝状模样。

7.24.2 产生原因

（1）涂料的黏度高，或涂料用合成树脂分子量大，按普通涂料施工黏度喷涂时仍出现拉丝现象；

（2）所用稀释剂不配套，溶解性不好；

（3）树脂含量超过无丝喷涂含固量。

7.24.3 预防措施

（1）通过实验选择最适宜的施工黏度，或最适宜的施工含固量（即无丝喷涂含固量）；

（2）选用溶解性好的稀释剂；

（3）使用分子量分布均匀的树脂，以提高无丝喷涂含固量。

7.25 干燥性差

7.25.1 现象 涂装后按产品技术条件规定的干燥时间自干或烘干，漆膜不干，发黏，硬度低或表干里不干。

7.25.2 产生原因

（1）在底材上残存有蜡、硅油、油、水等物质；

（2）喷涂时压缩空气中有油；

（3）稀释剂不配套；

（4）一次涂得太厚（尤其是氧化固化型涂料）；

（5）干燥场所（或烘房中）换气不良，湿度高，温度低；

（6）催干剂失效，干性减退，或表干催干剂（如钴干料）过多；

（7）烘房中被烘物过多，热容量不同工件（厚薄不同）在一起烘干；

(8) 烘房的技术状态不良,烘干时间不够。

7.25.3　预防措施

(1) 把被涂物表面处理干净,过滤除去压缩空气中的油和水分;

(2) 使用规定的配套稀释剂;

(3) 对氧化固化型涂料不宜一次涂得太厚,应分几次涂;

(4) 确保烘干设备技术状态良好,加强干燥场所通风、换气;

(5) 不同热容量工件应有不同烘干条件,装载量应控制一定范围;

(6) 补加催干剂。

7.26　裂缝、开裂

7.26.1　现象　在漆膜上产生裂缝。根据裂缝的形状可分为:细裂纹像龟甲状称之为龟裂;像鳄鱼皮状称为鳄皮裂纹;像松叶状称为针状裂纹(或发状裂纹);裂纹达到凭肉眼能见到底涂层或底材的程度而呈玻璃开裂状称为玻璃裂纹。

7.26.2　产生原因

(1) 底涂层漆膜比面涂层涂膜软,如涂层配套不适当,在长油度底漆上涂短油度面漆易开裂;

(2) 底涂料涂得过厚;

(3) 面漆层涂得过厚,且耐寒性(或耐温度性)不佳(特别是在修补场合和新涂层早期暴露在严寒之中);

(4) 底涂层未干透就涂面漆;

(5) 面漆层的耐候性差或将内用漆当外用漆用。

7.26.3　预防措施

(1) 底涂层和面涂膜的伸缩性能应相接近;

(2) 按工艺要求严格控制底漆、面漆的涂层厚度;

(3) 底涂层必须干透方能涂面漆;

(4) 选用耐寒性和耐候性优良的面漆;

(5) 应避免将涂漆的工件(尤其是涂得厚的硝基面漆)早期暴露在严寒之中。

7.27　生锈

7.27.1　现象　黑色金属件涂装后不久在漆膜下出现红丝或透过漆膜出现锈点的现象。

7.27.2 产生原因

(1) 底材表面质量差,有锈未除净就涂漆;

(2) 漆前处理质量差,如磷化处理不完全;

(3) 涂层不完整,如有针孔、漏涂等缺陷;

(4) 漆膜的耐蚀性差,如漆前未经磷化处理的阳极电泳漆膜耐蚀性差,易产生红丝;

(5) 空气潮湿,且湿度高。

7.27.3 预防措施

(1) 漆前被涂表面一定要清理干净,有可能的应进行磷化处理(或涂磷化底漆);

(2) 确保涂层的完整性,力争使整个工件的内外表面(包括焊缝)都涂到漆;

(3) 选用耐腐蚀和耐潮湿性优良的涂料;

(4) 电泳涂漆前必须进行磷化处理。

7.28 回黏

7.28.1 现象 已干燥固化的漆膜又软化发黏。

7.28.2 产生原因

(1) 含鱼油、半干性油的涂料,干燥后通风不足,湿度高;

(2) 水泥浆、混凝土的碱质使油性漆膜皂化而软化;

(3) 底层的挥发成分逐渐透过面漆层引起回黏和软化。

7.28.3 预防措施

(1) 更换涂料品种;

(2) 加强干燥场所的通风;

(3) 涂防止碱质的密封层。

7.29 变脆、发脆

7.29.1 现象 漆膜失去弹性或弹性变差。它是漆膜开裂或剥落的前奏。

7.29.2 产生原因

(1) 过度烘干,烘干温度过高,烘干时间过长使漆膜变脆;

(2) 涂层配套不合理,如在低温烘干的底涂层上涂高温烘干面涂层;

(3) 附着力不良,漆膜易变脆;

(4) 硝基漆涂得过厚；

(5) 漆膜在过低的温度条件下使用。

7.29.3　预防措施

(1) 按工艺规定的烘干条件进行烘干；

(2) 通过试验正确地选择配套性良好的涂层。

第三章　各种涂料介绍

1. 油脂涂料(油性涂料)

油性涂料是以具有干燥功能的油脂制造的涂料的总称,它是一种较为古老而又是最基本的涂料品种,具有悠久的历史。

这种涂料的干燥是靠脂肪酸碳链上的不饱和双键自动氧化聚合,使之成为体型结构固化成膜。不饱和脂肪酸的结构中双键的个数和位置不同,性能也就不同。双键愈多(不饱和度愈大),植物油也就愈容易干燥。例如桐油有 3 个双键又共轭,所以化学性质活泼,很容易干燥。

油脂涂料干燥过程的化学反应复杂,一般认为在最初诱导期之后,氧被吸收在邻近双键碳原子上,形成过氧化物,经过一系列反应交联成网状结构,形成高分子涂料。

油脂涂料是由干性油及其加工产品、催干剂、颜料,有时也加溶剂等制成。

1.1　油性涂料

1.1.1　清油　也称熟油或鱼油。精制干性油经氧化聚合或高温热聚合后加入催干剂制成。可单独涂于木材或金属表面作防水防潮涂层。多数情况下是供调制厚漆、红丹、腻子以及其他涂料用。其优点是施工方便,价廉,气味小,贮存期长,具有一定防护性能;缺点是干燥慢,漆膜软,只能用于一般要求不高的涂层。

1.1.2　厚漆　由着色颜料、体质颜料与精制干性油经研磨而成的稠厚浆状物,故名厚漆,是古老的涂料品种。使用时可按用途、黏度、干性加入清油,可以自由着色,施工方便;其缺点是厚漆中体质颜料较多,加之用清油调制,故涂层耐久性不理想。

1.1.3　调和漆　涂料已基本调制得当,用户使用时不需要加任何材料即能施工应用。调和漆时以颜料、体质颜料与油性漆料经研磨后加入溶剂、催干剂及其他辅助材料制成。施工方便,干后漆膜附着力较好,质量较厚漆好一些;但漆膜仍较软。

1.1.4　防锈漆　以精炼干性油、各种防锈颜料以及体质颜料经混合研磨后加入溶剂、催干剂而制成。其特点是渗透性较好,干后漆膜附着力柔韧性较好;缺点是清膜软干性慢。

1.1.5　油性电泳漆与水溶性漆　以干性植物油与少量顺丁烯二酸酐反应,以胺类或氨水中和,用蒸馏水稀释,与颜料研磨而成。其中电泳漆可采用电泳方法施工涂层要经高温烘干。

2. 天然树脂涂料

该涂料是以干性植物油与天然树脂经过热炼后制得的涂料,加入颜料、催干剂、溶剂制成。可分为清漆、磁漆、底漆、腻子等。从其成膜物质组成来看,主要是干性油和天然树脂。其中干性油赋予漆膜柔韧性;树脂则赋予漆膜硬度、快干性和附着力。因此天然树脂涂料较油性涂料质量要高一些。

天然树脂包括松香及其加工产品、虫胶、大漆(生漆)及其改性物、沥青(沥青涂料单列为一个品种见后面介绍)。

天然树脂涂料及后面的酚醛涂料、沥青涂料,有时合称油基涂料,和油性涂料合称为传统性涂料,俗称低档漆,其他涂料合称合成树脂涂料俗称高档涂料。

3. 酚醛树脂涂料

以酚醛树脂或改性酚醛树脂为主要成膜物质的涂料称为酚醛树脂涂料,其品种有清漆、调和漆、磁漆、底漆、防锈底漆等。

3.1　醇溶性酚醛树脂涂料

3.1.1　热塑性酚醛树脂涂料　一种挥发性自干漆,干燥很快,漆膜有一定的耐油性,耐酸和绝缘性;但较脆,应用较少。

3.1.2　热固性酚醛树脂　经加热干燥后漆膜坚硬,有较好的耐油、耐水、耐热和绝缘性,耐稀无机酸和浓有机酸;但漆膜较脆且不耐强碱,一般多用于防潮绝缘涂料,用量也不大。

3.2　油溶性酚醛树脂涂料

一般酚醛树脂不能与干性油混融,不溶于一般油漆用溶剂(200号溶剂汽油,二甲苯)。必须加以改性,才能使其具有油溶性,溶于油漆常用的溶剂当中。

3.2.1　松香改性酚醛树脂涂料　是酚醛涂料的主要品种。松香改性酚醛树脂是用热固性酚醛缩合物与松香反应,再用甘油和季戊四醇等多元醇酯化而制得的红棕色透明固体树脂。用它与干性油等熬炼制成各种酚醛涂料,再加入溶剂、催干剂颜料等,可制成各种酚醛清漆、磁漆、底漆等品种。

3.2.2　丁醇醚化酚醛树脂　系用热固性酚醛树脂与丁醇醚化反应,加二甲苯、丁醇溶解成50%溶液,可用与环氧树脂配成环氧酚醛耐腐蚀烘漆。

3.2.3　油溶性纯酚醛树脂　由对位叔丁酚和对位苯基苯酚与甲醛溶聚而成的固体树脂,能与干性油混融。与干性油热炼成的纯酚醛漆料制成的酚醛树脂漆有较好的耐水性、耐酸性、耐溶剂性和电绝缘性。

3.2.4　腰果酚甲醛树脂涂料(腰果漆)　腰果酚是由腰果壳榨取而得的液体中的主要成分,其结构是酚基间位上有一个 $C_{15}H_{27}$ 的长碳链。它具有油溶性。由于长碳链平均含2个以上双键类似油,可看作含有油的酚。由它合成的腰果酚甲醛树脂,不加油熬炼即可加催干剂干燥(当然加部分油熬炼会具有较好的柔性)。所作成的涂料具有很高的硬度、光泽和耐水性,具有良好的开发前景。

4.　沥青涂料

以沥青作为基料的涂料称为沥青涂料。利用沥青作涂料在我国已有悠久的历史,开始是用来涂木桩、船底、篱笆,后来又用来涂刷金属以防腐蚀。沥青是一种热塑性材料,受热熔化,遇冷变硬成膜。其耐化学药品性较好,漆膜光亮平滑,有独特的防水防酸性能,再加上价格低,原料广,施工简便,所以尽管合成材料不断出现,沥青在涂料工业上仍占有一定的地位。

4.1　沥青涂料

沥青涂料的品种很多,有挥发型自干,有加热烘干的。

4.1.1　沥青溶液　也称黑沥青涂料、黑凡立水。在常温下因溶剂挥发而干燥,漆膜耐水性好;但耐候性保光性差。

4.1.2　沥青树脂涂料　沥青加入酚醛树脂等可提高硬度和光泽,耐水性也好;但仍较脆,不耐日晒。

4.1.3　干油性改性沥青涂料　沥青用干性油改性(一般为沥青量的50%~100%)其耐候性、耐光性比无油沥青涂料好;但耐水性有所降低。

4.1.4　干性油改性的沥青树脂涂料　所用树脂有松香改性酚醛树脂、氨基树脂等。这类涂料可使涂层在柔韧性、附着力、机械强度、耐候性和外观装饰性方面得到较大改进。主要用于缝纫机、自行车表面涂装。其黑度、装饰性高于氨基烘漆,需要高温烘烤。

5. 醇酸树脂涂料

醇酸树脂(alkyd resin)是植物油(或脂肪酸)改性的聚酯树脂。按所用植物油的干性(碘值大小)分为干性醇酸树脂和不干性醇酸树脂;根据树脂含油量多少可分为长油度醇酸树脂(含油量60%以上),中油度醇酸树脂(含油量50%~60%)和短油度醇酸树脂(含油量在50%以下)。

醇酸树脂涂料的品种很多,根据使用情况不同,归纳如下。

5.1　外用醇酸树脂涂料

典型的外用醇酸树脂涂料是桥梁面漆。它由长油度醇酸树脂制造,属于自干型涂料。其漆膜最大特点是耐候性优良,与同类油性涂料比较它的耐气候性高出一倍以上。漆膜硬度不高,但柔韧性优良,耐伤损性好;缺点是漆膜光泽不强,装饰性不是很好。一些船用醇酸漆(如船壳漆)和钢结构用醇酸漆(如无线电发射塔漆)也属于这个类型。

5.2　通用醇酸树脂涂料

典型品种是醇酸磁漆和醇酸清漆。它用中油度干性醇酸树脂制成,属于自干和低温烘干两用涂料。其漆膜最大特点是综合性能较好。它们有较好的户外耐久性,又具有较高的硬度、较强的光泽,而漆膜柔韧性也保持较好水平,具有较好的装饰性。适用于不能进行烘干作业的大型机床、农业和工程机械、大型车辆等机械产品的涂装,也适用在建筑行业作门窗、室内木结构用涂料。

5.3 各种底漆和防锈漆

醇酸树脂的特点之一是对钢铁和一些有色金属木材等表面有良好的附着力,因此被广泛应用于各种底漆的制备。醇酸底漆有自干和烘干等不同类型。

5.4 快干醇酸涂料

以苯乙烯改性的醇酸树脂涂料,可满足快干的需要,适合施工环境狭窄、工件不能适应烘干工艺的场合。

5.5 醇酸树脂绝缘涂料

与一般油基绝缘漆比,在耐油、抗弯曲、附着力、耐热性能方面有显著改善。尤以间苯二甲酸制成的醇酸树脂为基础的绝缘漆耐热性为好,属于 F 级绝缘涂料。

5.6 醇酸皱纹涂料

在中油度干性醇酸树脂的基础上较多加入催干剂,可制得烘干性醇酸皱纹漆,供仪表、仪器、小五金等装饰使用。

6. 氨基树脂涂料

氨基树脂涂料时以氨基树脂和醇酸树脂为主要成膜物质的一类涂料,烘烤干燥(一般称烘漆、烤漆)成膜后在光泽、硬度、耐水、耐油、保色、耐抗及绝缘等性能方面都很优异,因此,是很重要的一类涂料品种,在很多工业产品中得到广泛应用。

氨基树脂主要有三聚氰胺甲醛树脂、脲素甲醛树脂、苯代三聚氰胺甲醛树脂。醇酸树脂一般用短油度蓖麻油、椰子油改性的醇酸树脂、中油度蓖麻油、脱水蓖麻油醇酸树脂、豆油醇酸树脂,有时也用长油度脱水蓖麻油醇酸树脂改性氨基树脂制造涂料;但所用醇酸树脂酸值不宜过高,因为氨基树脂对酸不稳定。(有加酸固化氨基树脂清漆)。

氨基漆中由于氨基树脂与醇酸树脂的用量比例不同,所得产品的性能有差异,大致可分为 3 类,一般以中氨基含量的氨基漆用量较多:

(1)高氨基漆 氨基树脂与醇酸树脂比例为 1:1~2.5;

(2) 中氨基漆　氨基与醇酸比例1∶2.5～5;

(3) 低氨基漆　氨基与醇酸比例1∶5～9。

7. 硝基涂料

硝基漆是一类开发较早、比较重要的涂料,由于它干燥迅速,漆膜光泽较好,坚硬耐磨,可以擦蜡打光,便于整饰,而且调整组分比例能制出多种规格产品,故适应金属、木材、皮革、织物等各种材料的涂饰,一般应用在交通车辆、机床、电动机、木器家具、电缆等器材上最适宜。

硝基漆是以硝化棉为主体,再加上合成树脂、增塑剂、溶剂与稀释剂组成一种基料(漆料、清漆),然后再添加颜料,经过机械研磨、调配、过滤而成。

7.1　硝酸纤维素酯(硝化棉)

硝化棉用脱脂的短绒棉经浓硝酸与硫酸的混合液浸湿进行硝化作用而成。根据消化程度的不同(含氮量的多少),具有不同的用途:作为涂料用硝化棉含氮量在11.2%与12.2%之间;含氮量低的高黏度硝化棉(120秒)多用于皮尺、皮革等软性表面;中黏度硝化棉(5秒,10秒)多用于一般工业用涂料;含氮量高的低黏度硝化棉(2秒,½秒,¼秒,⅛秒)固体含量高,漆膜坚硬,多用于汽车、木器用涂料。

7.2　合成树脂

硝基漆中加入合成树脂可以提高漆膜的附着力、光亮度、耐候性及某些特殊的性能,如耐水、耐化学性、耐热性等。所用合成树脂有松香甘油酯、顺丁烯二酸酐松香甘油酯、醇酸树脂、氨基树脂、丙烯酸树脂等。

7.3　增塑剂

单独用硝化棉制成漆,漆膜脆而易裂,漆膜干燥后收缩,易于剥落,必须加入增塑剂。增塑剂的作用为改善漆膜柔韧性,改进对底层的附着力,促进漆膜中各组分更均匀地混合,提高光泽。用作碾磨色浆的基料。

增塑剂分为两类:① 溶剂型增塑剂——邻苯二甲酸二丁酯、二辛酯、磷酸三甲酚酯、己二酸二丁酯、癸二酸二辛酯等,它们能与硝化棉无限混融;② 植物油类增塑剂——常用蓖麻油,用量过多易从漆膜中渗出,往往与溶剂型增塑剂合用,使用氧化蓖麻油其渗出性较小。

7.4 溶剂,助溶剂及稀释剂

常用溶剂有酮类、酯类、醇醚类、如丙酮、甲乙酮、甲基异丁基酮、环己酮、醋酸乙酯、醋酸丁酯、乙二醇乙醚、乙二醇乙醚醋酸酯、丙二醇甲醚醋酸酯等。

助溶剂一般为醇类,如乙醇、正丁醇,它们本身不能溶解硝化棉,和溶剂在一定范围内混合能溶解硝化棉。

稀释剂为苯、甲苯、二甲苯、芳烃溶剂,与溶剂、助溶剂混合起稀释剂作用,降低成本。

7.5 颜料及填料

硝基漆所用颜料因漆膜较薄的缘故,应具有相对密度小、遮盖力强、性能稳定、不渗色、不易褪色等特点。常用颜料有钛白粉、甲苯胺红、酞菁蓝、铬黄、铁蓝、炭黑、氧化铁红等,填料常用碳酸钙、沉淀硫酸钡、滑石粉等。

由于硝化棉所用棉花及用量大,还要消耗较大量的溶剂,目前已部分用过氯乙烯漆、氯化橡胶漆特别是丙烯酸漆代替。硝基漆主要用作清漆、磁漆、底漆、腻子等品种。

8. 过氯乙烯涂料

过氯乙烯漆是以过氯乙烯树脂为主要成膜物质的涂料,具有良好的耐化学性及耐燃性等优点。过氯乙烯树脂是聚氯乙烯树脂经氯化反应而制得的,其含氯量一般为 $61\%\sim65\%$,而聚氯乙烯的含氯量在 56% 左右。过氯乙烯树脂和硝化棉一样,需要加合成树脂、增塑剂、溶剂。由于它在热和光作用下会分解放出氯化氢,故需要加入稳定剂,阻止树脂分解延长使用寿命。常用的稳定剂有低碳酸钡、环氧氯丙烷及 UV-9(紫外线吸收剂)等。

颜料的分散常用"轧片工艺"进行(硝基漆有时也用轧片工艺制成色片再溶解混合)。过氯乙烯树脂与颜料,增塑剂及稳定剂混合后,用双辊炼塑机轧炼,使颜料均匀地分散到过氯乙烯分子中去,得到各种颜色的"色片"。利用色片溶解配制涂料得到的漆膜外观光泽,附着力、耐候性比一般"轧浆工艺"(用过氯乙烯树脂溶液作为漆料加颜料用砂磨机等研磨)好。

过氯乙烯漆干燥快,施工方便,具有良好的大气稳定性、优良的化学稳定性、良好的耐水性、耐寒性及突出的抗菌性,不会燃烧;其缺点是附着力差,耐热性差,溶剂释放性差,完全干燥慢,固体含量低,需要喷多层才有一定的漆膜厚度。

过氯乙烯漆主要用于防腐涂料(底漆、磁漆、清漆)及外用涂料(主要涂饰车辆、农机、建筑用涂料、木器涂料、机床涂料等)。

9. 乙烯类涂料

乙烯类涂料是指含双键的乙烯及其衍生物的聚合物或共聚物作为成膜物质制成的涂料。由于乙烯衍生物种类很多,共聚方式不同,所以乙烯类涂料品种非常多。有的涂料如丙烯酸涂料和橡胶涂料虽然也属乙烯类范畴,但自成系统,本书另文分别加以介绍。

9.1 氯乙烯涂料

9.1.1 聚氯乙烯涂料 聚氯乙烯树脂(含氯量53%～56%)由于具有良好的耐化学性,可以制造防腐蚀涂料。它只溶于环己酮、异丙叉丙酮等少数溶剂,固体含量只能达到10%左右。为了改进其溶解性和对金属的附着力常进行共聚加以改进。

9.1.2 氯乙烯-偏二氯乙烯共聚树脂 它是由45%～70%的氯乙烯与55%～30%的偏二氯乙烯共聚而成的热塑性树脂,能溶于酮类和苯类混合溶剂中。其附着力、柔韧性、拉伸性得到改进,所以由它制成的涂料可作金属、木材、建筑材料、纸张、皮革、织物和橡胶的防水与防腐涂料。

9.1.3 氯乙烯-醋酸乙烯共聚树脂涂料 除二元共聚外,为了改进附着力和溶解性还引入极性基团(羟基、酸酐基)还进行三元共聚。这两种三元共聚树脂制成的涂料具有耐化学药品和耐候性,可用作化工厂外用仪表、耐海水的构筑件、船舶以及食品罐头等的涂料。

9.1.4 高氯化聚乙烯涂料 耐腐蚀漆。

9.2 醋酸乙烯树脂涂料

9.2.1 醋酸乙烯乳胶漆 作为室内涂装。

9.2.2 聚乙烯醇缩丁醛涂料 聚乙烯醇缩丁醛的丁醛基含量一般为43%～48%。它具有较好的附着力、柔韧性、耐光性和耐热性,是防锈性、附着力良好的磷化底漆的主要成分。聚乙烯醇缩甲醛是绝缘优良的高强度漆包线漆的主要原料。

9.3　苯乙烯树脂涂料

单纯的聚苯乙烯树脂由于太脆，很少在涂料中应用。常用苯乙烯与丁二烯共聚树脂乳液来制造丁苯乳胶漆，以及用苯乙烯改性醇酸树脂制造快干醇酸漆。苯乙烯也用作不饱和聚酯涂料的活性稀释剂。

10. 丙烯酸涂料

丙烯酸漆一般是应用丙烯酸酯和甲基丙烯酸酯的共聚物制成的涂料，为了改进树脂的性能及降低成本，还可采用其他类型的单体，如醋酸乙烯、苯乙烯、丙烯酰胺、甲基丙烯酰胺、顺丁烯二酸二丁酯等。在制备热固性丙烯酸树脂时，还须加含有活性官能团的丙烯酸单体，如丙烯酸、甲基丙烯酸（含—COOH）、（甲基）丙烯酸羟乙酯和羟丙酯（含—OH）、（甲基）丙烯酰胺（含 $-\overset{\displaystyle O}{\overset{\|}{C}}-NH_2$）（甲基）丙烯酸缩水甘油酯（含有 $-CH_2-CH\underset{O}{\diagdown\diagup}CH_2$）。单体的选择对树脂性能影响很大。

丙烯酸漆根据选择的树脂不同可分为热塑性丙烯酸漆和热固性丙烯酸漆两大类。

10.1　热塑性丙烯酸漆

所用的丙烯酸树脂是一种线型结构的高分子，在它的分子结构上不含活性官能团，在加热的情况下不会自己固化或与其他外加树脂交联成体型结构。其受热时软化而在冷却后仍恢复其原来的性状。热塑性丙烯酸漆可制成清漆、磁漆和底漆。

热塑性丙烯酸漆相当于一般的挥发性漆，一般在常温下每层干燥1小时后再喷涂下一层漆；但也可采取"湿碰湿"的方法连续喷涂。最后形成的漆膜最好能在100℃左右烘干1～2小时最佳，否则应在常温放置彻底干燥后方可应用。

10.2　热固性丙烯酸漆

热固性丙烯酸树脂在主链上带有活性官能团，在加热情况下会自

己或与其他外加树脂进行交联反应,从而变成不溶、不熔的体型结构高分子。这类树脂可分为两类:

10.2.1　热固化丙烯酸树脂　这类树脂本身需在一定的温度下加热(有时需加入少量催化剂),使侧链活性官能团之间发生交联反应,形成网状结构而固化。

10.2.2　加交联剂固化丙烯酸树脂　交联剂在制漆时加入(如加氨基树脂等)为单包装,成膜后需加热烘干。交联剂与漆分双组分包装,在施工前加入(如多异氰酸酯固化剂)。可以在室温下干燥,如能低温(80～100℃)烘干效果更好。

热固性的丙烯酸氨基烘漆主要用于汽车工业以代替氨基醇酸烘漆,也用于轻工产品如仪表、自行车、罐头外壁等外部装饰用,还可制成水溶性烘干面漆。热固性的丙烯酸聚氨酯漆可用作汽车修补漆,室外用耐腐蚀、耐候性漆。

11. 聚酯漆

聚酯漆是以聚酯树脂为成膜物质的涂料。聚酯树脂是由多元酸与多元醇缩聚而成。选用不同的多元酸、多元醇和其他改性能剂合成不同类型性能不同的聚酯树脂,如不饱和聚酯树脂、饱和聚酯树脂(聚酯增塑剂)、油改性聚酯(醇酸树脂)、对苯二甲酸乙二醇聚酯树脂、多羟基聚酯树脂(又叫做无油醇酸树脂)。

11.1　不饱和聚酯漆

一般不饱和聚酯漆是由不饱和聚酯的苯乙烯溶液、有机过氧化物(如过氧化环己酮、过氧化甲乙酮)、引发剂、环烷酸钴促进剂、石蜡的苯乙烯溶液4个组成分分装而成,没有溶剂。一次涂刷可得到较厚的漆膜,漆膜光亮,耐磨,保光,保色性好,既可热固化也可常温固化,具有一定的耐热性、耐寒性和耐温度性,耐弱酸、弱碱和溶剂的性能,因此可作为家具漆、钢琴漆以及金属、砖石、水泥、电气绝缘的涂料。

11.2　对苯二甲酸聚酯漆

对苯二甲酸与乙二醇、甘油等进行酯交换并缩聚而成的树脂,以苯类、酮类稀释剂制成的对苯二甲酸聚酯漆。它的防潮性与绝缘性良好,适宜做湿热带的电机用浸渍绝缘漆和漆包线漆。

11.3 多羟基聚酯树脂漆

多羟基聚酯树脂是由多元酸(如苯二甲酸酐、己二酸、间苯二甲酸、1,4-环己烷二羧酸等)与多元醇(如甘油、三羟甲基丙烷、新戊二醇、二羟甲基丙酸、1,4-环己烷二甲醇、异丙基新戊二醇等)制成的含有多羟基的聚酯树脂。它可以和氨基树脂配合(单组分包装)作为聚酯氨基烘漆、聚酯氨基环氧烘漆,也可以和多异氰酸酯固化剂配合(双组分包装)作成聚氨酯漆,也就是市场上用于家庭装潢的"聚酯漆"。

12. 环氧树脂漆

环氧树脂漆突出的性能是附着力强,特别是对金属表面的附着力更强,耐化学腐性好,被广泛应用在工业上,发展很快,品种越来越多,产量也越来越大。在实际生产中并不是全部用纯的环氧树脂,因为环氧树脂还存在着一些不足的地方,例如抗粉化能力(耐候性)较差,耐酸性还不能令人满意等。为了更好地利用环氧树脂的性能,降低成本,提高某种性能,需要加入其他树脂进行交联和改性,以满足使用要求。

大多数环氧树脂是双酚—A型,即由环氧氯丙烷和二酚基丙烷(即双酚—A)在碱作用下缩聚成的高分子化合物。根据配比和操作条件的不同,可制得相对分子质量大小不一的环氧树脂。其平均相对分子质量一般在300～7000,双酚—A型环氧树脂的品种较多,有呈坚硬的固体树脂也有流动状的黏稠体。常用牌号有E-51(618),E-44(6101),E-42(634),E-20(601),E-12(604),E-03(609)。

环氧树脂漆是一种良好耐腐蚀涂料,广泛用于化学工业、造船工业和其他工业部门,供机械设备、容器和管道(包括工厂建筑物、包装容器、家用电器、交通车辆、船舶等)涂装,以及用做电工绝缘和各种防腐蚀涂料。

环氧树脂漆可分为未酯化环氧树脂漆、酯化环氧树脂(环氧酯)漆、水溶性环氧电泳漆、线型环氧漆、环氧粉末涂料、脂环族环氧树脂漆6大类。

12.1 未酯化的环氧树脂漆

这种漆种类很多,有单组分包装和双组分包装,有完全不含溶剂的无溶剂漆,更多是含溶剂的漆;有的是用胺类及其改性物作固化剂(双组分包装),有的是以其他树脂作固化剂(与其他树脂缩合改性,如酚醛树脂、氨基树脂、聚酯树脂、有机硅树脂、多异氰酸酯等)。多为单组分包装,用多异氰酸酯固化时为双组分包装。液态环氧树脂及固体环氧树脂都可以用。如果用胺类及其改性物作为固化剂,可选用平均相对分子质量为1000左右的环氧树脂(如E-20)。平均相对分子质量为3000~4000的环氧树脂一般用酚醛树脂固化(单组分包装),也有用多异氰酸酯固化的(可室温固化,采用双组分包装)。低相对分子质量环氧树脂可以单独使用,或与较高相对分子质量的环氧树脂配合使用。低相对分子质量特别是相对分子质量小于400的液体环氧树脂其环氧值较高,活性较大,分子链短,脆性较大,一般不常用,只在特殊涂料中或作稳定剂用。根据成膜时干燥形式的不同,环氧漆又分为常温干燥(双组分包装)和加热烘烤干燥(单组分包装)。

12.2　酯化的环氧树脂(环氧酯)漆

酯化常用的酸为桐油酸、脱水蓖麻油酸、亚油酸、蓖麻油酸。一般采用较高相对分子质量的环氧树脂进行酯化,其平均相对分子质量多在1500(E-12)左右。也有采用中等相对分子质量(900~1000,E-20)601环氧树脂,酯化后多用于制造水溶性电泳涂料。代表性品种619环氧酯用它制成的底漆H06-2铁红环氧酯底漆,加有催干剂,可以常温干燥,也可在100℃下1.5小时烘干。可作成环氧腻子,还可与其他树脂(如醇酸树脂、氨基树脂等)配合制成烘漆,适用于湿热带地区机电电器、仪器、仪表等表面涂装。

12.3　水溶性环氧电泳漆

分为阳极电泳漆与阴极电泳漆。

12.4　线型环氧漆

系用高相对分子质量环氧树脂溶于环己酮等强溶剂中,固体低20%左右,是一种挥发性漆,能耐一定高温,也有一定的耐腐蚀性,但耐候性尚需改进。

线型环氧漆的附着力比一般环氧漆更强些。能和聚氨酯、酚醛树脂等拼用制成热固性涂料,从而提高耐溶剂性和耐温性;但耐水性、耐盐水性较差,不宜用于室外。线型环氧底漆和磁漆可用于航空及化工设备做保护涂层。

12.5　环氧粉末涂料

这是最近发展起来的粉末涂料之一,其涂装工艺称为粉末涂装,还可以和静电喷涂结合起来。将环氧树脂、固化剂和颜料磨成粉末(挤出机加上粉碎机)即成环氧粉末涂料。它的外观如胶木粉一样,施工时采用沸腾床或静电喷涂的方法,将粉末吸附在已经预热的工件上,取出工件高温烘烤,使涂层交联固化,不用溶剂,也不用水,并能涂很厚的漆膜,附着力好,保护作用及机械强度都很高。已在机电设备,缝纫机头上应用。

12.6　脂环族环氧漆

它由氧化剂与环烯烃或聚丁二烯等碳一碳双键反应而得。此类树脂产量较少,近年来用于辐射固化的阳离子聚合涂料。这类环氧漆结构紧密,易和酸酐类固化,黏度低,工艺性能好,使用期长,耐高温。由于不含苯环,耐紫外光老化性好,可用于航空工业和防腐蚀方面;也可将它酯化,制成环氧酯类涂料,供各种要求高的部件使用。

13.　聚氨酯漆

聚氨酯涂料是聚氨基甲酸酯涂料的简称。它是由多异氰酸酯和多羟基化合物反应而制得的含有氨基甲酸酯的高分子化合物。

聚氨酯涂料在工业中使用已有40多年的历史。近几年来,随着聚氨酯泡沫塑料及人造革的应用,原料多异氰酸酯成本下降以及聚氨酯具有多方面的良好性能,聚氨酯涂料(PU涂料)在品种和数量上都增长很快,目前已成为极重要的涂料。

聚氨酯涂料漆膜坚硬耐磨,具有优异的耐化学腐蚀性能和良好的耐油、耐溶剂性,漆膜光亮,具有优异的装饰性能。漆膜的弹性可根据其成分配比的变化,从极坚硬调节至极柔性的弹性涂层;可以高温烘烤,也可低温($0\sim5$℃)固化;既能制成耐-40℃低温品种,也能制成耐高温的绝缘漆;因此,聚氨酯涂料在国防、化工防腐、电气绝缘、室外设备、木器家具等方面得到广泛的应用。

13.1　聚氨酯涂料主要原料

13.1.1　异氰酸酯　芳香族异氰酸酯有TDI(甲苯二异氰酸酯,常用2,4-体80%与2,6-体20%混合物),MDI(4,4-二苯基甲烷二异氰酸酯)、PAPI(多苯基多亚甲基多异氰酸酯)。

脂肪族异氰酸酯有 HDI(己二异氰酸酯),THDI(环己基二异氰酸酯),IPDI(异佛二酮二异氰酸酯)。

芳香族异氰酸酯保光保色性差,而脂肪族异氰酸酯保光保色性较好,它们都不是直接用于涂料中,而是经过加工后作为固化剂和多羟基组分配合成为双组分聚氨酯涂料。多异氰酸酯固化主剂主要有 3 种类型:① 预聚物——多异氰酸酯(过量)与蓖麻油及其醇解物醇酸树脂、聚酯树脂反应而得;② 加成物——典型的是三羟甲基丙烷与 TDI 的加成物,这是用量最多的品种,拜耳公司的 L-75 固化剂;③ 三聚体——TDI 三聚体,HDI 三聚体,IPDI 三聚体,HDI 缩二脲(三分子 HDI 与一分子水反应而成)。

13.1.2 多羟基化合物 常用的有醇酸树脂、聚酯树脂、聚醚、羟基丙烯酸树脂、环氧树脂及其他树脂(含羟基氯醋共聚物、醋丁纤维CAB 等)。

13.2 聚氨酯涂料的分类

根据成膜物质聚氨酯的化学组成及固化机制不同,大致分为 5 类。在生产上有单组分包装和双组分包装两种形式。

13.2.1 聚氨酯改性油及聚氨酯醇酸树脂涂料(单组分包装) 是干性油经过醇解后,用 TDI 全部代替苯酐(氨酯油)或部分代替苯酐(氨酯醇酸树脂)得到的产物。干性比醇酸漆快,增加了耐磨、耐碱、耐油性。与醇酸漆一样通过加催干剂干燥。

13.2.2 湿固化聚氨酯涂料(单组分包装) 是用过量多异氰酸酯与多羟基化合物反应制成含有活性 NCO 基的涂料,与空气中的水分作用形成脲键而固化成膜。

13.2.3 催化固化型聚氨酯涂料(双组分包装) 一组分为含活性NCO 基的预聚物,另一组分为催化剂(二甲基乙醇胺、二月桂酸二丁基锡、辛酸亚锡、环烷酸钴等)。由于加入了催化剂,比湿固化型品种干性强。

13.2.4 封闭型聚氨酯涂料(单组分包装) 本品种涂料时将多异氰酸酯的预聚物或加成物上的游离 NCO 根,用某种含活性氢的单官能化合物(如苯酚、甲酚等)将其封闭,然后与多羟基组分混合单组分包装。它在室温下不起反应。使用时将漆膜在 150℃ 以上烘烤,使其封闭物(如苯酚、甲酚等)分解出来而挥发,释放出的—NCO 根与多羟基组分反应,固化成膜。该漆由于游离的—NCO 被封闭,免除了毒性;贮存时不受潮气影响,能用普通工艺制造色漆;由于高温烘烤成膜,漆膜具有良好的物理机械性能和电绝缘性、耐腐蚀性;可得到高度耐磨、耐水、耐溶剂并有良好电绝缘性能的漆膜。可用作潜水电机防护漆,农药喷雾筒防护漆等。

13.2.5 羟基固化型聚氨酯(双组分包装) 一组分为多羟基化合物,另一组分为多异氰酸酯固化剂。使用时两组分按一定比例混合,由于—NCO 和—OH 基间的反应,漆膜固化。这类涂料有清漆、色漆、底漆等,是聚氨酯涂料中品种最多的一类。多羟基化合物包括聚酯、醇酸树脂、蓖麻油及其衍生物、环氧树脂、聚醚、羟基丙烯酸树脂及其他树脂(如含羟基氯醋树脂、醋丁纤维素 CAB 等)。羟基固化聚氨酯涂料可按需要制成从柔软到坚硬的光亮漆膜,具有优良的耐磨、耐溶剂、耐水、耐化学腐蚀性,适于用金属、水泥、木材、橡胶、皮革等材料的涂饰,应用范围很广。

14. 元素有机涂料

元素有机涂料是以有机硅、有机钛、有机锆等元素的有机聚合物为主要成膜物质的涂料,主要是有机硅涂料。由于有机硅树脂(含—Si—O 键的高分子化合物)具有耐高温、耐寒性、防水、防潮,对化学药品具有稳定性、良好的电绝缘性和对颜料的润湿性等,因此它在国民经济中占有一定的地位,其应用范围也越来越广泛。

有机硅树脂是由有机硅单体(一甲基三氯硅烷、二甲基二氯硅烷、一苯基三氯硅烷、二苯二氯硅烷等)经过水解(酯化)、浓缩、缩聚而得。有机硅涂料的性能与使用有机硅单体的种类、数量有很大关系。用多种单体以各种不同比例缩聚,能制得硬如玻璃或软如橡胶的树脂。一般使用的有机硅树脂、有机基团与硅原子的比例为 1.2~1.6。

有机硅涂料分为纯有机硅涂料和其他树脂改性的有机硅涂料(包括冷混型、共缩聚型和共缩聚冷混型)。

由于有机硅树脂中存在着比较稳定的类似于无机酸盐的硅氧键结构,因此,不论是液体、固体或弹性体树脂都具有很高的耐热性和化学稳定性、优良电绝缘性和非常好的憎水性、耐寒性、防霉性,表面张力小,可作为消泡剂。

有机硅涂料的施工,一般被涂物件表面处理好后,进行喷涂或浸涂。磁漆以喷涂为好,清漆以浸涂为好。

不论是自干或烘干的有机硅涂料,使用时一般经过烘烤的漆要好些,附着力机械强度、电气性能、耐化学性均有提高。清漆一般 200℃下,干燥 2 小时;磁漆一般为 150℃,干燥 2 小时。

稀释剂一般为甲苯或二甲苯,有时也可用甲苯二甲苯与丁醇混合物。

有机硅涂料由于具有上述的良好性能和使用价值,因此它已成为电气、仪表、国防工业等部门不可缺少的材料。

15. 橡胶涂料

橡胶涂料是以天然橡胶衍生物或合成橡胶作主要成膜物质制造而成。天然橡胶由于分子质量高,溶解性差,所生成的漆膜干燥慢,软而发黏,一般不直接用来制造涂料。经过加工处理之后,可使它的相对分子质量和黏度降低。处理方法:① 把橡胶在加热和酸性试剂下发生解聚反应;② 橡胶经深度氯化制成氯化橡胶。经过处理后的天然橡胶、氯丁橡胶、环化橡胶等很容易溶解在某些溶剂中,所生成的漆膜干燥快而硬,而且增加了耐化学药品等性能,因而可以用来制造涂料。各种合成橡胶都具有良好的物理与化学性能,例如柔韧性、耐化学腐蚀性、抗热老化和氧化老化性、耐水性等。

15.1 氯化橡胶涂料

氯化橡胶系由天然橡胶经过素炼解聚后溶于四氯化碳中,进行氯化处理而得到的白色多孔状固体,其含氯量在 62% 以上,化学式为 $C_{10}H_{11}Cl_7$,将氯化橡胶再溶于有机溶剂内并加入其他添加剂,便制成氯化橡胶漆。作为主要成膜物质的氯化橡胶单独形成的漆膜带有脆性,而且固体含量也不高,因此需要加入增韧剂和树脂以提高其柔韧性、附着力和固体含量。

常用的增韧剂为氯化石蜡、五氯联苯。常用的树脂为天然树脂、松香酯、醇酸树脂、酚醛树脂等,溶剂用重质苯、二甲苯。催干剂有金属氧化物、金属的环烷酸盐、亚油酸盐,它们能加速漆膜的干燥。若为外用时,还需加稳定剂,如低碳酸钡等。氯化橡胶属于挥发性漆,漆膜的干燥是靠溶剂的挥发而实现的。

氯化橡胶与其他含氯树脂(如氯醋聚物、过氯乙烯树脂)有许多类似的性能,此外它还具有耐化学性,水蒸气渗透性低、耐水性、耐久性、耐燃性、附着力好,有优良的绝缘性和防霉性。

利用上述优良性能,氯化橡胶可以用做船底漆、甲板漆、货舱漆、耐酸碱漆、水泥表面用漆、防火漆等。其缺点是不能耐受强硝酸、27%氢氧化铵溶液和动植物油酸的侵蚀,并且不能在110℃以上烘烤(会失去附着力而损坏)。

15.2　氯磺化聚乙烯橡胶

氯磺化聚乙烯橡胶是由高分子聚乙烯与氯和二氧化硫反应而成的可交联的弹性体。由于这种材料具有高度饱和的化学结构,故具有卓越的耐臭氧、耐天然老化能力。

氯磺化聚乙烯涂料的硫化系统由有机酸、金属氧化物和有机促进剂所组成。它抗臭氧,耐候性、耐热性优良,能在120℃或更高温度下使用;具有耐磨性和良好的挠曲性能,在不加增塑剂情况下−50℃下也不发脆;吸水性低,耐油性好,不需要补强剂;着色性能优良,能与各种橡胶并用。改善耐臭氧、耐磨、耐热、耐候性可增加硬度。

由于上述性能,氯磺化雾乙烯橡胶涂料可用于船舶、汽车及防腐蚀领域,因其漆膜柔软也可做织物、橡皮或泡沫塑料的表面涂层。

15.3　聚硫橡胶涂料

聚硫橡胶目前大部分产品都用二氯化合物(如二氯乙烷、二氯丙烷等)和多硫化钠为基本原料进行缩聚而得,有时还加入三官能团(如三氯丙烷)以便形成交联和支链。

使液态聚硫橡胶转化为弹性体的硫化剂很多,如二氧化锰、氧化锌、二氧化铅、三氧化锑等。最常用金属氧化物为氧化锌,常用多乙烯多胺做促进剂,可以常温或加温条件下固化。

液态聚硫橡胶有良好的耐低温性(−60℃能使用)、很好的耐溶剂性。为了改善涂层附着力,可以在配方组分中加入环氧树脂。用液态聚硫橡胶可做多种树脂的增塑剂或改性剂从而改善树脂的低温曲挠性、耐冲击强度、耐老化性等,其中用以改善环氧树脂涂层最为广泛。

聚硫橡胶和环氧树脂的配方比例可以按使用要求在很大范围内变化。

其他用来制造涂料的合成橡胶还有氯丁橡胶、丁基橡胶、丁腈橡胶、环化橡胶等。

16. 水性涂料(水溶性涂料,乳胶漆,水乳化涂料)

水性涂料以水代替部分有机溶剂的涂料,它有利于环境保护,防止火灾,改善劳动保护。

16.1 水溶性涂料(水稀释性涂料)

水溶性涂料是在成膜聚合物中引进亲水的或水可增溶的基团使之水溶,一般是引入羧基或氨基并成盐增溶。

16.1.1 电泳涂料 电泳涂料是一种仅适用于电泳涂装法的专用涂料。它是利用在水中带电荷的水溶性成膜聚合物,在电场作用下泳向相反电极(被涂物)表面而沉积析出。目前已广泛地应用于汽车、轻工、仪表、电器等工业部门。

阳极电泳涂料——成膜物是阴离子型树脂,常用多羧酸基的聚合物、氨水无机碱或有机胺成盐而溶于水,在水中离解成多阴离子的聚合物。

阴极电泳涂料——成膜物是阳离子型树脂,主要的是大分子链上含有 N 原子团,用有机酸(如甲酸、乙酸、乳酸)或无机酸(盐酸、磷酸)中和而成为水溶性。与阳极电泳涂料相比,其优点是沾污漆膜度轻,基材溶出量少,耐碱性、耐盐雾性能好;缺点是对原材料选择有局限性,价格较高,烘干温度较高。

16.1.2 水溶性烘漆 水溶性烘漆常作为底漆,以电泳涂装。作为面漆的有水溶性丙烯酸树脂类和聚酯树脂类,这两个品种具有良好的保光、保色性,耐污染,不集尘。

16.1.3 水溶性自干漆 应用最广的是水溶性醇酸树脂漆,有底漆、面漆和防腐漆等品种。水溶性醇酸漆可用刷涂、淋涂、浸涂等方法施工。可在低温或高温下干燥成膜,但干燥缓慢;作为工业用漆,需要温湿调节或低温烘烤以缩短干燥时间。

16.2 乳胶漆

乳胶漆是水分散聚合物乳液加颜料水浆、助剂制成。主要组成有聚合物乳液、颜料水浆成膜助剂(中沸点或高沸点的有机溶剂)、助剂(增稠剂、防冻剂、消泡剂、防霉剂、缓蚀剂等)。

乳胶漆施工环境温度一定要高于最低成膜温度(MFT 一般为10℃),一般应在 15℃ 以上。乳胶漆表干很快约 1 小时,实干约 2 小时,然而成膜过程完成时间长,可达 2 周左右。一般在施工后 24 小时内环境温度应保持在最低成膜温度以上,并不得受雨水淋刷,更不得在雨中或湿度接近露点时施工。如上所述,乳胶漆的成膜是依靠水的蒸发,所以湿度过大就影响了乳胶漆膜中水的蒸发,使乳胶漆干燥甚慢。降低湿度,加快空气流通,有利于水的蒸发,有利于乳胶的干燥。

乳胶漆应用较广的有以下 4 种:① 聚醋酸乙烯乳胶漆,一般用于内壁;② 全丙烯酸系乳胶漆,可用于内外壁;③ 醋丙乳胶漆,醋酸乙烯和丙烯酸醋共聚乳液为基料的乳胶漆;④ 苯乙烯丙烯酸系乳胶漆(苯丙乳胶漆)。

后两类乳胶漆在耐候性方面虽比全丙乳胶漆差,但比聚醋酸乙烯乳胶漆要优越得多,且价格比全丙乳胶漆便宜,故外墙也多采用。

这些乳胶漆也可制成厚浆型(如浮雕漆真石漆等),掺较多填料可用于处理不平的外墙。

全丙乳胶漆和苯丙乳胶漆加入防锈颜料等,可制成金属用乳胶防锈底漆,用于经过去油污、去锈的钢铁上作为底漆。

乳胶漆对镀锌钢板有优良的附着力,是未经转化处理的镀锌钢板上最合适的涂料之一。

乳胶漆主要用于墙面建筑涂料,现在已经在工业涂料中有一些应用。

16.3　水乳化漆

包括 40% STW320 水性环氧酯乳液—铁红底漆;42% STW310 水性醇酸乳液—清漆及色漆。

17. 非水分散体涂料

非水分散体(NAD)涂料是将较高分子质量的聚合物以胶态质点分散在非极性的有机溶剂中而不是水中,可在高固含量下而有低的黏度,施工时空气污染程度低。

非水分散体涂料的主要组成为:

(1) 分散质点聚合物 目前用得较多的是丙烯酸类聚合物,此外也有其他一些乙烯类单体进行共聚的。为了平衡漆膜的机械性能,也可适量使用低极性的单体,而使用含官能团的单体则是热固性非水分散体树脂所必需的。

(2) 分散介质 是 NAD 的连续相或挥发组分,目前以使用低极性的脂肪族烷烃为主。根据情况也可适量使用芳香族烃类或极性溶剂,如醇类等。

(3) 分散稳定剂 是 NAD 获得稳定分散的必要组分。它是由可溶于介质的部分(称可溶性链)及难溶于分散介质而与分散质点聚合物相近似的部分(称固定基团)两者组成的接枝或嵌段共聚物。常用的有聚1,2-羟基硬脂酸型接枝共聚物及甲基丙烯酸十二烷基酯型接枝共聚物等。

(4) 其他组分 如成膜聚结剂、交联剂、增塑剂、颜料及分散剂等。

由于 NAD 中的分散介质是低极性的脂肪烃,因此不能像水性乳液中质点以表面相同电荷的排斥作用而获得分散系统稳定。NAD 系统的稳定作用是由分散稳定剂所起的"空间稳定作用"而获得的。

NAD 涂料的成膜机制与乳胶漆相似,在成膜过程中加入的成膜聚结剂降低了聚合物质点的玻璃化温度,促成了成膜作用。成膜助剂除极性高沸点溶剂(如乙二醇丁醚、乙二醇乙醚醋酸酯等)外,也可用低分子量聚酯、环氧树脂、氨基树脂等。

目前使用的 NAD 涂料大多是热固性的,在烘干温度下能自行交联或交联剂交联。常用的交联剂为氨基树脂。

NAD 涂料有如下特点:

(1) 在较高固体分范围内,涂料的黏度对聚合物分子质量依赖性很小,可做到高固体分,低黏度。

(2) 与水性涂料比,其蒸发潜热低,可节省能源,而且挥发组分的沸点范围广,可根据施工要求选择调节。

(3) NAD 涂料有独特的成膜性能,能厚膜施工而不致流挂,因而能减少施工次数,节省工时。此外,还不易产生爆泡、缩孔等毛病。

(4) 由于 NAD 涂料的特殊流变性能,在配制金属闪光漆时成膜能使金属粉定向排列,从而使漆膜外观光亮,金属闪光效果显著。

根据 NAD 涂料的特点,主要用于配制金属闪光漆装饰面漆,也可用于配制各色面漆、罩光清漆。目前主要在汽车工业中应用,也可用于自行车、缝纫机等轻工产品的装饰面漆。

非水分散体涂料可以用于各种常用的涂料施工方法进行施工,如喷涂、浸涂、刷涂、滚涂等,在它的主要应用领域——汽车工业中还是以喷涂施工为主。因为它是分散状态的,所以喷涂时容易雾化,在喷涂过程中,低挥发度的脂肪烃很快挥发,涂料的固定时间较短,漆膜厚,适用于"湿碰湿工艺";而且它不要求特殊的施工设备和条件,可在喷涂溶剂型涂料所用的现成的喷涂设备和流水线上进行施工。

18. 高固体分涂料

高固体分涂料施工时固体分≥60%、70%〔一般涂料为 40%～50%挥发性漆(硝基漆)仅 20%～30%〕。

高固体分涂料是低挥发分涂料,就是一般涂料品种,它减少了有机物挥发的排放量,同时可用现有涂料生产和施工的设备,达到了节能、省能源和低污染的目的。高固体涂料必须使用分子质量分布很窄的低分子质量聚合物作为成膜物质,这是它与一般溶剂型涂料在结构上的不同之点。

为了降低高固体分涂料的施工黏度,常使用提高涂料施工温度的方法。这是因为高固体分中溶剂少,树脂多,黏度对温度比较敏感,温度高黏度下降比较多,因此加温是一个有效的手段。

常用的高固体分涂料有聚酯氨基烘漆、丙烯酸氨基烘漆和双组分聚氨酯漆。高固体分涂料含溶剂少,可大大减少环境污染,节省溶剂资源,降低施工成本。

高固体分可用一般的施工设备;但为了更好适应其特性,多采用无气静电喷枪和高速转盘式和杯式静电喷枪。

19. 粉末涂料

粉末涂料是粉末状的无溶剂涂料,它是随各种粉末涂装方法的开发,在粉末塑料的基础上发展起来的。尤其是静电喷涂的出现,更促进了粉末涂料的发展。它与传统的液体涂料相比,在涂料性能、制造方法和涂装方法等方面都存在着很大差异。粉末涂料是一种低污染的涂料,完全符合环境保护和节省资源的社会需要;但在漆膜外观、薄膜化、降低烘烤温度、粉末涂装方法等方面需要进一步研究改进。粉末涂料主要应用于金属器材表面,如汽车部件、输油管道、机电、仪器仪表、钢制家具、建筑材料、自行车、灭火机筒以及化工防腐、电气绝缘等方面。

粉末涂料总的可分为热固型和热塑型两大类:

(1)热固性粉末涂料 主要组成是各种热固性的合成树脂,如环氧、聚酯、丙烯酸、聚氨酯等。其中环氧和环氧改性的粉末涂料用途最广。丙烯酸粉末涂料近年来无论在产量和质量方面均有所发展,其外观、厚度、干燥时间和条件以及物理机械性能等将接近溶剂型丙烯酸涂料水平。

(2)热塑性粉末涂料 由热塑性合成树脂作为主要成膜物质。特别是某些不能为溶剂溶解的合成树脂,例如聚乙烯、聚丙烯、氟树脂以及氯乙烯和其他工程塑料的粉末均可作为粉末涂料的原料。此外,醋丁纤维素、聚酰胺、氯化聚醚等均属于热塑性粉末涂料的成膜材料。

热塑性粉末涂料经过熔化、流平、冷却和凝固而成膜,配方中不加固化剂。它具有较高的物理机械性能;但在施工烘烤时熔融黏度高,涂层流平性较差,涂层表面容易产生小气孔,附着力比热固性粉末要差些,所以工件最好事先打好底漆。通常适用于做厚涂层的保护和防腐蚀涂层。

20. 辐射固化涂料

辐射固化涂料是借高辐射能引发漆膜内的含乙烯基成膜物质和活性溶剂进行自由基或阳离子聚合从而固化成膜的涂料。

电子束的能量较高,使用 $150\sim300$ keV 的加速电压已足够产生自由基。紫外线的能量约为电子束的 1/10,不足以产生自由基,因此光(紫外)固化涂料中必须加入光敏剂,这种光敏剂在紫外线能量的辐射下可以离解形成自由基或路易斯酸,从而引发了自由基或阳离子聚合而固化成膜。

20.1 光固化涂料

光固化涂料是应用光能(紫外线)引发而固化成膜的涂料。用紫外光固化时不需加热空气和被涂物件,几乎全部靠涂层吸收光能而固化。它不使用溶剂(或含少量挥发性成分),挥发量小,减少了大气污染并节省了资源;光固化时间短,温度低,适于流水线涂装,生产效率高,占地面积小;可用于不宜高温烘烤的材料(如木材、塑料、织物、纸张、皮革和玻璃等)和热容量大的物件的涂装。

光固化涂料由高分子聚合物、光敏剂和活性稀释剂等组成,此外还加入能透过紫外线的体质颜料、着色颜料及其他助剂(催化剂效率促进剂、流平剂、稳定剂等)。

因为大多数着色颜料对紫外光的透过率低,所以难于制成色漆。目前已工业化生产的光固化涂料多为清漆,其中以木材涂装为主体,其次在塑料、纸张、金属涂装方面也有应用。

20.2 电子束固化涂料

电子束固化涂料的结构和品种大致和光固化涂料相同,只是不加光敏剂。因电子束能量大,足以使漆膜中的含乙烯基低聚物产生自由基,并且穿透颜料,所以可加颜料制成色漆,这是与光固化涂料主要不同之处。电子束固化的设备比紫外光固化的设备要复杂得多,价格也贵得多。

电子束固化涂料的固化程度与所受的电子束剂量有关,一般电子束固化涂料的完全固化约需数个兆拉德($1 \text{ rad} = 10^{-2} \text{ Gy}$)以上。电子束固化涂料的固化速度与剂量率成正比。电子束固化涂料的漆膜在一定剂量的电子束辐照下,可以达到完全固化。

目前电子束固化涂料大多用于产量大的木器、塑料、金属、纸张等。

21. 无机高分子涂料

主要有硅酸盐类、有机/无机复合类和磷酸盐类。主要用作重防腐涂料、耐高温涂料和建筑涂料。

22. 功能涂料

按其功能和用途可分为六大类:
(1) 光学功能 荧光,反射和吸收阳光,吸收紫外线、红外辐射等

及防辐射、伪装、隐身等;

  (2) 电磁功能　绝缘,导电,导磁,抗静电等;

  (3) 热功能　耐热,防火,示温,温控,烧蚀,隔热,保温等;

  (4) 抗械功能　防碎裂,润滑,可剥性,隔音防震,阻尼等;

  (5) 界面功能　防粘,防露水,防止冰雪附着,防蜡等;

  (6) 生物功能　防污,防虫,防霉等。

23. 涂料和涂膜的性能测试

涂料虽属于精细化工产品,但按组成,它是由不同的化工产品组成的混合物,而不是化合物,更不是纯化工产品。

涂料是为被涂物件服务的配套材料,应用于被涂物件表面,由于被涂物件是多种多样的,使用条件千变万化,因而涂料与漆膜必须具备被涂物件所需求的性能,也就是以被涂物件的要求作为确定涂料和涂膜性能的依据。因此,涂料的性能表示的是它的使用价值,而且是综合性的、广泛的和长期的使用价值,是它的涂装效果。

涂料的性能虽然是以涂料和漆膜的基本物理和化学性质为依据,但并不是全面的表示。通常提到的涂料的性能只表现了涂料和涂膜的基本性质中的某一部分,即主要技术指标。涂料性能包括涂料产品本身的性能和涂膜的性能。

——涂料产品本身的性能　① 涂料在未使用前应具备的性能,或称涂料原始状态的性能,所表示的是涂料作为商品在贮存过程中的各方面性能和质量情况,如结皮情况、沉底情况等;

② 涂料使用时应具备的性能,或称涂料施工性能,所表示的是涂料的使用方法、使用条件、形成涂膜所需求的条件以及在形成涂膜过程中涂料的表现等方面情况。

——涂膜的性能　即涂膜应具备的性能,也是涂料最主要的性能。涂料产品本身的性能只是为了得到需要的涂膜,而涂膜性能才能表现涂料是否满足了被涂物件的使用要求,亦即涂膜性能表现出的涂料的装饰作用、保护作用和其他特殊作用。涂膜性能包括范围很广,因被涂物件要求而异,主要有装饰方面、与被涂物件附着方面、机械强度方面、抵抗外来介质和大自然侵蚀以及自身老化破坏等各种性能。

23.1　涂料产品本身的性能测试

它包括两方面即涂料原始状态的测试和涂料使用性能的测试。

涂料原始状态的检测的目的是说明涂料在生产后装入容器和在容器中贮存后的质量状态,考查其是否符合预定要求。原始状态的质量情况对以后涂料使用产生影响,是涂膜质量好坏的基础。它包括3方面:① 涂料物理性状的检查,如密度、黏度、清漆的透明度和颜色以及色漆、细度等;② 涂料中经受时间、温度等变化可能发生的状态改变情况的考查,如容器中状态、结皮性、贮存稳定性、水性漆的冻融稳定性等;③ 涂料组成的分析,除了最通用的和必须控制的不挥发含量(固含量、固体分)以外,还有灰分、不皂化物、溶剂不溶物、酸值、胺值、羟值、异氰酸根含量、游离异氰酸酯含量等一般通性的检测。属于组分含量的检测项目有苯酐含量、脂肪酸含量、氯含量、有毒物质(如砷、铅、铬、镉、酚、硝基化合物)的定性和定量分析,还有各种挥发有机物含量(即VOC)、三苯含量、游离甲醛含量分析检测。这些项目的检测方法通常多用化学分析和仪器分析,由专业的检测单位进行检测。

涂料使用性能的检测主要是为了涂料施工的需要,从涂料的研制开始就应该考虑涂料的施工条件、施工方法,从而确定所研制的涂料的最佳应用条件。为了使用者的方便,保证所生产的涂料产品的质量,也要对其施工性能进行检测。

23.1.1　涂料原始状态的检测

(1)清漆的透明度　测定方法一般按《清漆、清油及稀释剂外观和透明度测定法》(GB/T 1721－2008)进行。

(2)清漆的颜色

① 铁钴比色法　按照《清漆、清油及稀释剂颜色测定法》(GB/T 1722－92);

② 铂钴比色法　等效采用《透明液体—以铂-钴等级评定颜色》(ISO 6271－1981)制定了《透明液体—以铂-钴等级评定颜色》(GB/T 9282－88)的国家标准;

③ 加氏颜色等级法　等效采用 ISO 4630－1998 标准制定了《色漆和清漆用漆基　加氏颜色等级评定透明液体的颜色》(GB 9281－88)的国家标准。

此外,还有碘液比色法、罗维邦比色计法,但应用不普通。

（3）密度　测定方法按照《色漆和清漆　密度的测定比重瓶法》（GB/T 6750-2007)进行。

（4）细度　测定方法按照《涂料细度测定法》(GB/T 1724-79(89))。

（5）黏度　对透明清漆和低黏度色漆的黏度检测以流出法为主，对透明清漆的黏度检测还有气泡法和落球法。对高黏度清漆或色漆通过测定不同剪切速率下的应力的方法来测定黏度。采用这种方法还可测定其他的相应流变特性。

液体涂料黏度测定方法有流出法采用标准有 GB/T 1723-93 中的"涂-1和涂-4黏度计"及 GB/T 6753.4-1998 中的"ISO 3 号、4 号、6 号流出杯"，落球法采用标准为 GB/T 1723-93"气泡法(用加氏气泡黏度计)，设定剪切速率测定法(采用旋转黏度计、斯托默黏度计)"。

厚漆腻子的稠度测定按照《厚漆、腻子稠度测定法》(GB/T 1749-79(89))。

（6）不挥发分含量　测定方法按照《涂料固体含量测定法》(GB 1725-79)和《色漆和清漆——挥发物与不挥发物的测定》(GB/T 6751-86)。

（7）容器中状态和贮存稳定性　容器中状态的检查通常在涂料取样过程中进行。检查项目有：结皮情况分层现象；色漆有无液体上浮或颜料上浮现象；用搅棒插入容器检查有无沉淀结块，沉淀是否容易搅起，经过搅拌是否均匀，颜色是否上下一致。贮藏稳定性测试按照《涂料贮存稳定性试验方法》(GB 6753.3-86)进行。

（8）结皮性　有密闭试验和开罐试验两种方法，可参照日本工业标准 JIS K5400 中所述的结皮性试验方法。

（9）冻融稳定性　测定方法按照《乳胶漆耐冻融性的测定》(GB/T 9268-2008)。有的乳胶漆产品还规定检测方法进行多次冻融循环。

（10）稀释剂的性状检测　这方面适用 6 个国家标准《清漆、清油及稀释剂外观和透明度测定法》(GB/T 1721-2008)《清漆、清油及稀释剂颜色测定法》(GB/T 1722-92)《稀释剂、防潮剂水分测定法》(HG/T 3858-2006)《稀释剂、防潮剂白化性测定法》(HG/T 3859-2006)《稀释剂、防潮剂挥发性测定法》(HG/T 3860-2006)《稀释剂、防潮剂胶凝数测定法》(HG/T 3861-2006)。

（11）乳胶漆游离甲醛，VOC，重金属含量。

（12）粉末涂料粉体性能检测。

23.1.2　涂料施工性能的检测　涂料施工性能包括从涂料施工到被涂物件开始至形成涂膜为止，其中包括施工性（刷涂性、喷涂性及刮涂性），双组分涂料的混合性能，活化时间和有效使用时间，使用量和标准涂装量，湿膜和干膜厚度，流平性和流挂性，最低成膜温度干燥时间，遮盖性能。电泳漆、粉末涂料则各有其特定的施工性能。对涂料施工性能的检测是对涂料能否符合被涂物件需要的一个重要方面，它的检测结果在一定程度上说明这种涂料产品最佳的施工条件。

（1）使用量　测定方法按照《涂料使用量测定法》（GB/T 1758-79(88)）进行。

（2）施工性　依据施工方法对施工性分别称为刷涂性、喷涂性或刮涂性（对腻子的施工）等。这方面国家标准有《涂料产品的大面积刷涂试验》（GB 6753.6-86）。

（3）流平性　测定方法按照《涂料流平性测定法》（GB/T 1750-79(89)）。

（4）流挂性　检验方法按照《色漆流挂性的测定》（GB/T 9264-88)进行。

（5）干燥时间　干燥过程习惯上分为表面干燥、实际干燥和完全干燥3个阶段。由于涂料湿膜的完全干燥所需时间较长，一般只测表面干燥（表干）和实际干燥（实干）两项。测定方法参照《漆膜、腻子膜干燥时间测定法》（GB/T 1728-79(88)）和《涂料表面干燥试验，小玻璃球法》（GB/T 6753.2-86）。

（6）漆膜厚度　测定漆膜厚度有多种方法和仪器，选用时应考虑测定漆膜的场合（实验室或现场）。底材（金属、木材、玻璃），表面状况（平整、粗糙，平面、曲面）和漆膜状态（湿膜、干膜）等因素，这样才能合理使用检测仪器和提高测试的精确度。测定湿膜厚度有轮规，梳规，Pfund湿膜计，测定干膜厚度有磁性测厚仪和杠杆千分尺，千分表。采用的标准有《色漆和清漆，漆膜厚度的测定》（GB/T 13452.2-2008）和《漆膜厚度测定法》（GB/T 1764-79(89)）。

（7）遮盖力　测定遮盖力用单位面积质量法和反射率对比法，前者用黑白格玻璃板（或标准的黑白格纸），采用标准《涂料遮盖力测定法》（GB/T 1726-79(89)）。利用反射率仪测定白色和浅色漆的对比率,采用标准《浅色漆对比率的测定,聚酯膜法》(GB/T 9270 - 88)。

(8)多组分涂料的混合性与使用寿命 多组分涂料希望各组分混合后最好能很快混合均匀,不需要很长的熟化时间;混合好的涂料要有较长的使用寿命,即在较长的时间内涂料性能不发生变化(如变稠胶化等)而保证所得涂膜质量一致。

23.2 涂膜性能检测

专用涂料的检测,各有一套方法,包括:① 粉末涂料的检测;② 防腐涂料的检测;③ 水性涂料的检测;④ 特种涂料检测(如防火、绝缘、船舶、航空、航天、军工涂料)。

涂膜性能检测主要包括4个方面:① 基本物理性能的检测,其中有表观及光学性质、机械性能和应用性能(如重涂性,打磨性等);② 耐物理变化性能的检测,如对光、热、声、电的抵抗能力的检测;③ 耐化学性能的检测,主要是检查漆膜对各种化学品的抵抗性能和防腐蚀(锈蚀)性能;④ 耐久性能的检测。这些检查项目主要是对涂在底材上的涂膜进行的。要使涂膜检测的结果准确可靠,就需要制备符合要求的标准漆膜。按照产品标准在指定的底材上制得具有指定厚度的均匀的漆膜是涂膜检测的基础。

我国国家标准《漆膜一般制备法》(GB 1727 - 92)中分别列出刷涂法、喷涂法、浸涂法和刮涂法的涂膜制备方法。采用仪器制备涂膜广泛用旋转涂漆法[见《均匀漆膜制备法(旋转涂漆器法)》(GB 6741 - 86)]和刮涂器法(刀片式刮涂漆和槽棒式刮涂器)。试验用样板见《色漆和清漆标准样板》(GB/T 9271 - 2008),试验条件参见《涂料试样状态调节和试验的温度》(GB/T 9278 - 2008)。

23.2.1 涂膜的表观及光学性质的检测

(1)涂膜的外观 通常在日光下用肉眼观察,可以检查出涂膜有无缺陷,如刷痕、颗粒、起泡、起皱、缩孔等。

(2)光泽 关泽的测定基本上采用两种仪器,即光电光泽计和投影光泽计。测定方法根据有关国家标准《漆膜光泽测定法》(GB/T 1743 - 79(89))和《色漆和清漆 不含金属颜料的色漆漆膜的 20°、60°和 85°镜面光泽的测定》(GB/T 9754 - 2007)。

(3)鲜映性 鲜映性是指漆膜表面反映影像(或投影)的清晰程度,以 DOI 值(Distinctness of Imaga)表示;采用鲜映性测定仪测定。

（4）**雾影**　雾影系高光泽漆膜由于光线照射而产生的漫反射现象。雾影只有在高光泽条件下产生，且光泽必须在 90 以上（用 20°法测定）。用雾影光泽仪测定，测定范围 0～250，一般涂料的雾影应在 20 以下。

（5）**颜色**　测定漆膜颜色一般方法是按《色漆和清漆，色漆的目视比色》（GB/T 9761‐2008）的规定。对颜色进行定量测定用光电色差仪，按照《漆膜颜色的测量方法》（GB/T 11186.2‐89）。

（6）**白度**　白度是指在某种程度上白色涂膜接近理想白色的颜色属性，用白度计测定。

23.2.2　涂膜机械性能测试

（1）**硬度**　涂膜的硬度测定方法很多，目前常用的有 3 种方法，即摆杆阻尼硬度计法、划痕硬度法（铅笔硬度法和划针硬度法）和压痕硬度法。这 3 种方法表达涂膜的不同类型阻力。相应的国家标准为《色漆和清漆　摆杆阻尼试验》（GB/T 1730‐2007）、《色漆和清漆铅笔法测定漆膜硬度》（GB/T 6739‐2006）和《色漆和清漆巴克霍尔兹压痕试验》（GB/T 9275‐88）。

（2）**耐冲击性**　或称冲击强度。用冲击试验仪测定，按照《漆膜耐冲击测定法》（GB/T 1732‐1993）进行。

（3）**柔韧性**　测定柔韧性的仪器主要有 3 种，执行相应的国家标准：轴棒测定器采用《漆膜柔韧性测定法》（GB/T 1731‐1993）；圆柱轴弯曲试验仪《色漆和清漆弯曲试验（圆柱轴）》（GB/T 6742‐2007）；形拱曲实验仪采用《色漆和清漆弯曲试验（锥形轴）》（GB/T 11185‐2009）。

（4）**杯突试验**　杯突试验（也叫顶杯试验或压陷试验）所使用的仪器系头部有一球形冲头，恒速地推向涂漆方式板背部，以观察正面漆膜是否开裂或从底材上剥离。按照《色漆和清漆，杯突试验》（GB/T 9753‐2007）进行。

（5）**附着力**　一般采用两种方法测定漆膜的附着力：综合测定法（十字划格法，划圈法，交叉切痕法，划痕法）和剥落试验法（扭开法，拉开法）。采用标准为《漆膜附着力测定法》（GB/T 1720‐1979(1989)）、《色漆和清漆，拉开法附着力试验》（GB/T 5210‐2006）和《色漆和清漆，漆膜的划格试验》（GB/T 9286‐1998）。

（6）耐磨性　测定方法有落砂法、喷射法、橡胶砂轮法。按《色漆和清漆　耐磨性测定　旋转橡胶砂轮法》(GB/T 1768 - 2006)的规定，采用漆膜耐磨仪、橡胶砂轮法进行测试。

（7）磨光性　漆膜经特制的磨光后呈现平坦、光亮表面的性质，称为磨光性。一般用光泽度表示。目前用于硝基漆、过氯乙烯漆等。按照《漆膜磨光性测定法》(GB/T 1769 - 79(89))，采用 QG - 1 型漆膜磨光仪进行测试。

（8）打磨性　根据《底漆，腻子膜打磨性测定法》(GB/T 1770 - 79(89))进行。

（9）重涂性　系指在漆膜表面用同一种涂料进行再次涂覆的难易程度与效果。

（10）耐码垛性　或称耐叠置性、堆积耐压性。根据《色漆和清漆，耐码垛性试验》(GB/T 9280 - 2008)进行测定。

（11）耐洗刷性　对建筑涂料，根据《建筑涂料，涂层耐洗刷性的测定》(GB/T 9266 - 2009)进行检测。

23.2.3　涂膜耐物理变化性能检测

（1）耐光性　可分为保光性、保色性和耐黄变性。

（2）耐热性，耐寒性及耐温变性　按《色漆和清漆耐热性的测定》(GB/T 1735 - 2009)测定。

（3）电绝缘性　包括漆膜的表面电阻与体积电阻系数、电气击穿强度、介电常数、耐电弧性等。有关的检测方法可参考《绝缘漆漆膜制备法》(HG/T 3855 - 2006)、《电气绝缘用漆第 2 部分：试验方法》(GB/T 1981. 2 - 2003)、《绝缘漆漆膜体积电阻系数测定法》(HG/T 3331 - 2013)、《耐电弧性测定法》(HG/T 3332 - 1980)、《绝缘漆漆膜击穿强度测定法》(HG/T 3330 - 2012)、《绝缘漆膜吸水率测定法》(HG/T 3856 - 2006)、《绝缘漆膜耐油性测定法》(HG/T 3857 - 2006)、《石油罐导静电涂料电阻率测定法》(GB/T 16906 - 1997)。

23.2.4　涂膜耐化学及耐腐蚀性能的测试　通常包括 3 个方面：① 对接触化学介质而引起的破坏的抵抗性能的检测，如耐水性、耐盐水性、耐石油制品性、耐化学品性等；② 对大气环境中物质破坏的抵抗性能的测试，如耐潮湿性、耐污染性、耐化工气体性、耐霉菌性等；③ 对防止介质引起底材发生腐蚀的能力的检测，总的是耐腐蚀性和耐锈蚀性的检测,通常以湿热试验盐雾试验和水汽透过性试验来表示其能力。有关测试方法标准可参照《测定耐湿热,耐盐雾,耐候性(人工老化)的漆膜制备法》(GB/T 1765-1979(1989))、《漆膜耐化学试剂性测定法》(GB/T 1763-1979(1989))、《漆膜耐湿热测定法》(GB/T 1740-2007)、《漆膜耐霉菌测定法》(GB/T 1741-1979(1989))、《耐中性盐雾性能的测定》(GB/T 1771-2007)、《漆膜耐水性测定法》(GB/T 1733-1993)、《色漆和清漆,耐水性测定,浸水法》(GB/T 5209-1985)、《船舶漆耐盐水性的测定盐水和热盐水浸泡法》(GB/T 10834-2008)、《漆膜耐油性测定法》(HG/T 3343-1985)、《漆膜吸水率测定法》(HG/T 3344-2012)、《家具表面漆膜耐盐溶测定法》(QB/T 1950-2013)、《漆膜耐汽油性测定法》(GB/T 1734-1993)、《漆膜抗污气性测定法》(GB/T 1761-1979(1989))、《建筑涂料,涂层耐碱性测定》(GB/T 9265-2009)、《涂层耐液体介质的测定》(GB/T 9274-1988)、《色漆和清漆,耐湿性测定》(GB/T 13893-2008)。

23.2.5 涂膜耐久性能的检测 涂料对大气的耐久性(耐候性)代表了涂料的真正实用价值,是该涂料各种技术性能指标的综合表现。检测耐久性通常是进行大气老化试验(天然暴晒)和人工加速老化试验,有关试验方法标准为《测定耐湿热,耐盐雾,耐候性(人工加速)的漆膜制备法》(GB/T 1765-1979(1989))、《涂层自然气候曝露试验方法》(GB/T 9276-1996)、《色漆和清漆 涂层老化评级方法》(GB/T 1766-2008)、《机械工业产品用塑料、涂料、橡胶材料人工气候老化试验方法 荧光紫外灯》(GB/T 14522-2008)、《色漆和清漆,人工气候老化和人工辐射曝露过滤的氙弧辐射》(GB/T 1865-2009)、《海洋结构物大气段用涂料加速试验方法》(GB/T 16168-1996)。

第四章　涂料用原材料

1. 油类及其加工产物

涂料工业中广泛使用各种植物油,如桐油、亚麻油、梓油、豆油、蓖麻油、椰子油等,主要是人工种植的;也用一些野生植物油(如橡子油、苍耳子油等);动物油脂比较少用,主要用鱼油(如金枪鱼油、青条鱼油)。在油基漆中使用干性油及半干性油;在合成树脂漆中不仅使用干性油及半干性油,也使用不干性油及这3类油的脂肪酸。

1.1　油的组成及性能

植物油的主要成分为甘油三脂肪酸酯。其结构式可简单表示为:

$$\begin{array}{l} CH_2OOCR_1 \\ | \\ CHOOCR_2 \\ | \\ CH_2OOCR_3 \end{array}$$

式中 R_1、R_2、R_3 表示脂肪酸的烃基部分,可以相同,也可以不相同;RCOO—是脂肪酸基,是体现油类性质的主要部分。除甘油三脂肪酸酯外,油类中尚含少量磷脂,固醇、色素等杂质,应精制除去。油类中的脂肪酸多为直链脂肪酸,碳数目均为偶数,最低为六碳酸(存在于椰子油中),最高为二十四碳酸(存在于花生油中),大多数为十六碳及十八碳酸。脂肪酸有饱和的和不饱和的两种,而不饱和酸中又因为双键的数目(一般为1~3个)、双键位置(隔离双键与共轭双键)、双键的构型(顺式与反式)而有所不同。主要的植物油脂肪酸的名称、结构如下:

十二烷酸(月桂酸)　$CH_3(CH_2)_{10}COOH$;

十四烷酸(豆蔻酸)　$CH_3(CH_2)_{12}COOH$;

十六烷酸(棕榈酸,软脂酸)　$CH_3(CH_2)_{14}COOH$;

十八烷酸(硬脂酸)　$CH_3(CH_2)_{16}COOH$;

二十烷酸(花生酸)　$CH_3(CH_2)_{18}COOH$;

9-十八碳烯酸(油酸)　$CH_3(CH_2)_7CH=CH(CH_2)_7COOH$;

9,12-十八碳二烯酸(亚油酸)　$CH_3(CH_2)_4CH=CHCH_2CH=$
$CH-(CH_2)_7COOH$;

9,12,15-十八碳三烯酸(亚麻酸)　$CH_3CH_2CH=CHCH_2CH=$
$CHCH_2CH=CH(CH_2)_7COOH$;

9,11,13-十八碳三烯酸(桐油酸)(存在于桐油中)
$CH_3(CH_2)_3CH=CHCH=CHCH=CH(CH_2)_7COOH$;

12-羟基-9-十八碳烯酸(12-羟基油酸,蓖麻酸)(存在于蓖麻油中)
$CH_3(CH_2)_5CH(OH)CH_2CH=CH(CH_2)_7COOH$;

13-二十二碳烯酸(芥酸)(存在于菜油中)　$CH_3(CH_2)_7CH=$
$CH(CH_2)_{11}COOH$;

2,4-癸二烯酸(存在于梓油中)　$CH_3(CH_2)_4CH=CHCH=$
$CHCOOH$。

植物油的结构为酯,而脂肪酸部分基本上存在着不饱和双键,能够发生这两方面的化学反应。在酯结构上可发生水解、皂化、醇解、酯交换反应,而不饱和双键则可以发生聚合氧化、异构化、加成、共聚、氢化等反应。

油的组成和质量除受气候、产地的影响外,还受到榨取方法、提炼工艺、贮存条件的影响。为了表示油类的质量,常常用一些特性常数来表示:

1.1.1　颜色,气味及外观　油的外观应为清澈透明的浅黄色及棕红色液体,颜色越淡越好;油有其独特气味,不应有酸败味,不应发浑。常用铁钴比色计测定。见《清漆、清油及稀释剂颜色测定法》(GB/T 1722-92)。

1.1.2　密度　采用测定标准《植物油脂检验,比重测定法》(GB 5526-85)[①]密度在 $0.90\sim0.94$ g/cm^3。脂肪酸随其碳链增长而密度下降,随着不饱和度增加则密度上升。

1.1.3　折光指数(折射率)　每种油都有固定的折光指数,一般油

---

① 按现行国家标准,量名称"比重"已废弃,改用"体积质量,[质量]密度"。

脂的折光指数为 1.4~1.6,可以用测定折光指数来判断油的纯度。用阿贝折射仪进行测定,采用标准《动植物油脂折光指数的测定》(GB/T 5527-2010)。

1.1.4 黏度 大多数油在室温下黏度是相近的;桐油因含共轭三烯酸结构黏度较其他油高,蓖麻油因含羟基发生缔合故黏度特别高(涂-4黏度计测定≥140秒)。

1.1.5 酸值(酸价) 酸值是指中和 1 g 油脂中的游离脂肪酸所需氢氧化钾的毫克数。酸值高低标志油的质量高低。测试标准为《动植物油脂酸值和酸度测定》(GB/T 5530-2005)。

1.1.6 碘值 是指 100 g 油所能吸收的碘的克数,是测定油类不饱和度的主要方法,也是表示油类干燥性能的重要指标。按照碘值大小,把油类分为干性油(碘值 140 g 以上)、半干性油(碘值 100~140 g)、不干性油(碘值 100 g 以下)。测试标准为《动植物油脂碘值的测定》(GB/T 5532-2008)。

1.1.7 皂化值 指皂化 1 g 油中全部脂肪酸(游离的和化合的)所需 KOH 的毫克数。油的皂化值多在 200 mg 左右。测定方法标准为《动植物油脂皂化值的测定》(GB/T 5534-2008)。

1.1.8 热析物 豆油、亚麻油等含有磷脂加热至280℃会凝聚析出,这是鉴别这些油的质量的一个指标。测试方法采用《动植物油脂检验,加热试验》(GB/T 5531-85)。

1.1.9 桐油成胶点(华氏试验) 将桐油加热至280℃下胶化时间,一般要求 5~8 分钟。成胶物用刀切时,应不粘刀,硬脆。

1.1.10 蓖麻油的醇溶性 用 5 份 95% 与 1 份蓖麻油混合,应完全溶解,清澈透明。

涂料工业用植物油,按干燥成膜性能,根据碘值大小可以分为干性油(碘值 140 g 以上)、半干性油(碘值 100~140 g)和不干性油(碘值 100 g 以下)。

干性油碘值在 140 g 以上,油分子中平均双键数超过 6 个,它们在空气中就能氧化干燥成几乎不溶于有机溶剂、加热不软化的油膜。常用干性油有桐油、梓油、亚麻油、苏籽油等。

半干性油碘值在 100~140 g,分子中平均双键数在 4~6 之间。其涂膜在空气中虽能干燥成膜,但干燥速度慢,漆膜软,加热会软化甚至熔融,比较容易溶解于有机溶剂中。豆油、棉籽油、葵花籽油、橡子油、玉米油等属于这一类。

不干性油碘值在 100 g 以下,平均双键数在 4 个以下,在空气中不能氧化干燥成膜。如蓖麻油、椰子油、米糠油、菜油等。

涂料中常用植物油特性常数见表 4-1。

表 4-1 涂料中常用植物油特性常数

油类	碘值	皂化值	酸值	色泽（铁钴法挡）	密度/g·cm^{-3}	折光指数	当量
桐油	160～173	190～195	6～9	9～12	0.9360～0.9395	1.5185～1.5220	293
梓油	165～187	200～212	4～6	9～12	0.9350～0.9395	1.4825～1.4885	282
亚麻油	175～195	184～195	1～4	9～12	0.9270～0.9375	1.4795～1.4835	293
苏籽油	190～205	188～195	2～5	9～12	0.9260～0.9350	1.4810～1.4840	290
豆油	120～140	185～195	1～4	9～12	0.9210～0.9250	1.4720～1.4770	293
棉籽油	100～116	189～198	1～5	9～12	0.9170～0.9245	1.4690～1.4750	293
葵花籽油	112～135	189～194	2～5	7～12	0.9180～0.9230	1.4600～1.4760	293
蓖麻油	81～91	173～188	2～4	5～10	0.9550～0.9645	1.4765～1.4810	310
椰子油	7.5～10.5	253～268	5	≤4	0.917～0.919	1.448～1.450	228
菜油	97～108	167～180	4～6	9～12	0.909～0.914	1.4710～1.4735	293
花生油	86～103	188～195	1～4	9～12	0.889～0.897	1.450～1.460	293

1.2 油类的精制和加工

粗植物油中除含有脂肪酸甘油酯这一主要成分外,还含有约 1%～3%非脂肪杂质(桐油中含量较少,一般不经精制直接用于熬制漆料)。这些杂质对于生产中的工艺过程和漆膜性能带来不利的影响，如不除去，会使油的颜色深，酸值高，干燥慢，耐久性较差而且增加制漆困难，影响漆料的细度和漆膜外观；因此植物油在使用前应进行精制处理。

一般油漆厂对植物油进行碱漂处理，使油的酸值降至 0.6 以下，色泽有所改善。树脂厂对植物油颜色要求更高，还需要进行土漂，用活性白土进行脱色(一般用油量 2% 的活性漂土与油一起加热至 100～110℃ 1 小时然后过滤)。对于食用油，油脂厂要用活性炭吸附脱臭，提高油的品质。

经过精制处理的油还需经过加热聚合、氧化，得到聚合油、氧化油，再用于各种涂料的熬炼或直接用于制漆。如亚定油(桐油 20%，亚麻油 80%，于 240～260℃下加热至涂-4 黏度计黏度 140～200 秒)，氧化蓖麻油(蓖麻油在吹入空气情况下在 130～140℃保温至加氏管黏度 24 挡)，亚氧化油(亚麻油在 270～280℃吹入空气下保温至黏度加氏管 100 秒以上)。

1.3 油酸及合成脂肪酸

油类除了直接用于制造油基漆、醇酸树脂等合成树脂涂料外，还加工成油酸，用于制造环氧酯、醇酸树脂、催干剂等。蓖麻油含有羟基，经过催化脱水后制成含共轭双烯的结构，某些性能比桐油、亚油还好。脱水蓖麻油醇酸树脂具有良好的耐冲击性及柔韧性。

此处的油酸系指植物油用酸碱等皂化分解制得的混合脂肪酸的总称，而不是指化学结构为 9-十八碳烯酸的油酸。涂料工业中习惯上把亚麻油、豆油、桐油、蓖麻油、椰子油制得的相应的混合脂肪酸称为亚油酸、豆油酸、桐油酸、蓖麻油酸、椰子油酸。

$$C_3H_5(OCOR)_3 + 3H_2O \longrightarrow C_3H_5(OH)_3(甘油) + 3RCOOH(植物油酸)。$$

植物油脂肪酸(俗称油酸)，由植物油经过皂化-酸化法制得，近年来逐渐采用催化水解法和加压水解法制取植物油酸。这两种方法成本较低，工艺简单；但设备一次性投资比较大。如要制取优质的油酸，应先对油脂进行碱漂与脱色处理；为了提高油酸质量，还可进行真空蒸馏加以精制。

制取脱水蓖麻油酸，先将蓖麻油在催化剂作用下加热脱水成脱水蓖麻油,再制成脱水蓖麻油酸。

油酸的质量指标一般有色泽、酸值、碘值、皂化值。测定方法见植物油相应指标的测定方法。

合成脂肪酸是用石蜡经氧化、皂化、管式炉除去不皂化物,然后酸化,精馏所得的各馏分合成脂肪酸。主要馏分有 $C_{5~9}$、$C_{10~16}$、$C_{12~16}$、$C_{10~12}$ 等,由其中制得纯粹的十二烷酸(月桂酸)、十六烷酸(软脂酸、棕榈酸)、十八烷酸(硬脂酸)。此外,2-乙基己酸,异壬酸等由其他方法制得。

在亚硫酸法制木浆时所得的一种副产品,外观为红棕色油状物,俗称松浆油又叫溚油、妥尔油(tall oil)。其外观似油,但其结构不是油脂,主要含有脂肪酸及松香酸。如将粗松浆油经过精馏可得到松香含量为 1% 左右的脂肪酸,其碘值 120~140 g,可用于制造醇酸树脂及环氧酯;也可以将粗馏溚油(松香含量较高)加适量甘油或季戊四醇酯化,使其转为油与松香酯的混合物用于油基漆中。

2. 天然树脂及加工产物,氯化聚烯烃

2.1 松香及加工产品

松香按其采集方法和来源大致有 3 种:脂松香(胶松香)、木松香、松浆油松香(溚油松香)。松香的主要成分为树脂酸,其中最有代表性的是松香酸,在松香中占 50% 以上。松香酸是一个含有共轭双键的不饱和一元酸,可以氧化、氢化,可以和顺酐进行 1,4-加成;作为酸可以和碱性氧化物反应生成皂,可以和醇类酯化生成松香酯,可以和酚醛缩合物反应生成松香改性酚醛树脂;用于酯胶树脂漆及酚醛树脂漆,如100 石灰松香(皂)、138 甘油松香、422 顺酐松香甘油酯、424 顺酐松香季戊四醇酯,210 松香改性酚醛树脂等。

在涂料工业中特别是油基漆中一般不直接使用松香,因为脆性大,发黏,易失光,耐水性、耐候性差。在脂胶贴花清漆中为增加湿膜的黏结性使用部分松香,在燥液制造中为增加金属皂在溶剂中的稳定性可加入生松香溶液。此外,在醇酸树脂制造中为增加溶解性、涂刷性及降低成本,在某些牌号醇酸树脂中(如 3139 醇酸树脂等)也使用生松香。松香大多数制成石灰松香、甘油松香、季戊四醇松香、顺酐松香酯、松香

改性酚醛树脂,然后用于制造油基漆或其他漆中作为改性剂。

松香试验按《松香试验方法》(GB/T 8146 - 2003)进行。

2.2 虫胶

虫胶又称紫胶。它是由亚热带的一种寄生昆虫产生的胶质分泌物累积在树上,经收集加工而成,主要产于印度、马来西亚、泰国和中国。由树枝上剥取得分泌物(原胶)经过粉碎、过筛、洗涤、干燥、溶解、过滤、轧成薄片,即为市售的紫色至棕红色胶片。深色的虫胶片溶液用漂白粉脱色,再用硫酸中和使其沉淀,经过洗涤、烘干,可得白色虫胶片。

虫胶是一种天然动物胶,能溶于醇类,制成的虫胶清漆(虫胶:工业酒精1:(4～5)俗称"泡立水")主要用于木器家具封底。

除虫胶外,天然产的动物胶尚有牛皮胶、骨胶、鱼胶、干酪素等,植物性胶有石花菜、鸡脚菜、玉米蛋白、淀粉等。它们的水溶性胶具有胶黏性,可作为水性漆的成膜物质。

2.3 沥青

沥青是黑色的硬质热塑性固体或呈无定型黏稠状物质,可溶于二硫化碳、四氯化碳、三氯甲烷以及苯类有机溶剂中。沥青是极为复杂的有机物质,主要成分为碳氢化合物。根据来源不同,分为3种沥青:

2.3.1 天然沥青 也叫地沥青(bitumen),由沥青矿采掘得到,是固体。

2.3.2 石油沥青 由石油原油炼制出汽油、煤油、柴油和润滑油等产品之后的剩余物或再经过加工处理而得到固体沥青(asphalt)。

2.3.3 焦油沥青 系黏稠状液体或质脆的固体(pitch),将煤及某些有机物质干馏(破坏蒸馏)时所得到的焦油再经过蒸馏后所得剩余物,如煤焦油沥青、木焦油沥青和骨焦油沥青等。

天然沥青为黑色光亮的块状物;软化点 120～180℃;油溶性:全溶;针入度:0.5。软化点测定采用《沥青软化点测定法(环球法)》(GB/T 4507 - 2014)。针入度测定法根据《沥青针入度测定法》(GB/T 4509 - 2010)。油溶性测定:80 g 样品和 80 g 亚麻油加热至 270～280℃全部溶解。溶解度测定:10 g 样品加 200 号溶剂汽油 20 g 在水浴上加热 1 小时,应全部溶解,无胶冻现象,无反粗现象。天然沥青用于制造自行车用黑烘漆和其他沥青漆。

石油沥青的特性指标有软化点、针入度、溶解性、油溶性,检测方法同天然沥青;用于生产沥青漆与绝缘漆。

煤焦沥青用于环氧沥青防腐蚀漆,外观为黑色膏状物;软化点(环球法)45～75℃;溶解度:无显著沉淀;黏度:(涂-4杯)≤50秒。软化点测定根据《沥青软化点测定法(环球法)》(GB 4507—2014)。溶解度测定:沥青与重质苯1∶1(质量)溶解后放置24小时后,无显著沉淀。黏度的测定:70%沥青加30%重质苯(质量)以间接加热使之完全溶解后,无显著渣子,再按《涂料黏度测定法》(GB/T 1723)进行。

2.4 大漆(生漆)

生漆又称国漆、土漆,是我国特产之一。漆树在我国分布很广。大漆是生长着的漆树割开树皮后从韧皮层内流出来的一种乳白色黏性液体。从漆树上收集的液体用细布过滤,除去杂质即为生漆。它是乳白色或灰黄色黏稠液体,与空气接触颜色会逐渐变成深红棕色。

大漆开始主要用于抗大气及耐土壤腐蚀的涂料,坚固耐抗,保光性好;目前除了用于房屋建筑、木器家具、工艺美术品制造外,也用于海底光缆、纺织机械、交通运输、石油化工和化工设备防腐蚀方面。

生漆的主要成分是漆酚,能溶于有机溶液,不溶于水;在生漆中含

量达30%～70%,含量越高,质量越好。其结构式为 (结构式：苯环上带 OH、OH 和 R)。

其中,R因产地不同而结构式也各异,大多为 C_{15},也有少量 C_{17};有饱和的单烯的、双烯的、含共轭双键三烯、含非共轭键的三烯。

除漆酚外,生漆中还含有约10%的漆酶。它是一种氧化酶,漆酶的活性在40℃相对湿度80%左右时最大。漆酶是生漆在室温干燥时不可缺少的成分之一。漆酚内含有铜、锰等元素,其催干性能与这些金属的含量有关。

生漆中约含3.5%～9%的树胶质,其含量影响生漆的稠度。水分在生漆中含量达20%～40%,其中包括了生漆中所有能挥发的部分。

生漆具有独特优良的耐久性、耐酸性、耐水性、耐溶剂性(常温下)、耐油性、耐土壤腐蚀性,附着力强,漆膜坚硬而光泽好,丰满度好;缺点是不耐强碱及强氧化剂,漆膜干燥条件要求苛刻(30～40℃,相对湿度80%左右),时间较长,毒性较大,施工时易引起致人皮肤过敏。

简单的改性是将大漆常温脱水、活化、缩聚后,用有机溶剂稀释成清漆,如 T09－11 漆酚清漆;比生漆干燥快,含水少,施工方便,减少了毒性。

可以用有机溶剂将大漆里的漆酚提取出来与甲醛缩聚,再加入顺酐松香季戊四醇树脂制成涂料,供漆器罩光,也可以配成色漆涂刷家具、纱管、漆筷以及各种车船内外涂装。如 T09－12 漆酚缩甲醛清漆。还可以用有机硅树脂、环氧树脂、沥青对大漆进行改性,再加入桐油、亚油、顺酐树脂制成不同的改性大漆涂料,具有不同的特性,适用于多种物品的表面涂装。

2.5 纤维素衍生物

纤维素是一种天然高分子化合物,广泛存在于自然界中。它的化学结构是 β-葡萄糖为基环的多糖大分子,分子式一般写成$[(C_6H_7O_2)(OH)_3]_n$。在每个基环上有一个伯羟基和两个仲羟基,它们可以发生化学反应,从而对纤维素加以改性。其中以酯化和醚化所生成的纤维素酯和纤维素醚在涂料工业中用途较广,是挥发性涂料中的主要成膜物质。

纤维素衍生物总的分子式可以写成$[(C_6H_7O_2)(OR)_x(OH)_{3-x}]$,其中 $X=0\sim3$。用硝酸、醋酸、丙酸、丁酸酯化可得相应纤维素酯,用某些含氯试剂醚化可得到纤维素醚。纤维素酯及纤维素醚是链状的热塑性高分子化合物,按酯化或醚化基团的不同而溶于不同的溶剂。涂料施工后,溶剂挥发形成漆膜,由于它们的溶剂释放性好,所以是生产挥发性涂料较理想的原料。

涂料工业常用的纤维衍生物主要是硝酸纤维素,其次是醋丁纤维素、乙基纤维素等。此外,带活性官能基的纤维衍生物,如羧甲基纤维素、羟乙基纤维素以及水溶性的甲基纤维素等在涂料上常用作助剂(如乳胶漆的增稠剂等)。

2.5.1 硝酸纤维素(硝基纤维素,硝化棉) 纤维素与浓硝酸反应,用不同配料比例及工艺条件可制成一硝酸酯、二硝酸酯以及三硝酸酯,其含氮量为 6.76%、11.11% 及 14.14%。涂料中所用硝化棉一般含氮量为 11.5%～12.3%,具有较好的溶解性,漆膜有良好的防潮性及机械强度。

除含氮量外,黏度也是硝化棉的一个重要技术指标。黏度反映分子质量的大小。黏度的单位是帕斯卡秒(Pa•s);过去用 P(泊)或 CP(厘泊),它们是非法定计量单位。硝化棉的黏度习惯上用落球法测定。

测定硝化棉黏度采用混合溶剂(醋酸乙酯20％,95％工业酒精25％,甲苯55％)对不同黏度硝化棉采用不同浓度：黏度1 s以上,浓度为12.2％;黏度1/2 s,浓度20％;黏度1/4 s、1/8 s、1/16 s,浓度为25％。

高黏度的硝酸纤维素机械强度、抗张强度、柔韧性以及延伸性好,在硬度以及耐打磨性方面则以低黏度好;但是低黏度较脆,在冷热交替以及低温时容易开裂。在实际生产中,常将黏度高低不同的硝化棉拼合使用,如用1/2 s与5 s硝化棉搭配生产硝基漆。

反映硝化棉质量和性能的指标还有游离酸、发火点、耐热度、溶解度、湿润剂含量、灰分、水分等。一般硝化棉润湿剂(95％工业酒精)含量为28％～32％。

2.5.2　醋丁纤维素(CAB)　纤维素同时被醋酸及丁酸酯化得到醋丁纤维素。以它作主要成膜物质,加入不同品种、不同规格的改性树脂、颜料以及有机溶剂混合调配成挥发性漆。醋丁纤维素漆一般适宜飞机、汽车、塑料件、纸张、木材、轻工金属制品、电缆等方面的应用,还可以做其他成膜物质的改性添加剂,如作为流平剂等。

国产醋丁纤维素按丁酰基含量分为4种型号：CDS-15,CDS-25,CDS-35,CDS-45。

美国Eastman chemicals公司的醋丁纤维素规格牌号很多,常用的有CAB 381-0.1、381-0.5、CAB 551-0.01、CAB 551-0.2等。

2.6　氯化橡胶

天然橡胶是由异戊二烯所构成的线型高聚物,经过氯化反应后生产固体粉末状的物质,即为氯化橡胶。

氯化橡胶自20世纪30年代开始用于涂料,经过多年发展才逐渐成熟并扩大应用,形成品种繁多,配套齐全,广泛用于造船、建筑、防腐蚀等许多领域的一大类涂料品种。

氯化橡胶是由天然橡胶或合成的异戊二烯橡胶溶于四氯化碳中,通入氯气反应而成。在氯化反应过程中有加成、取代和环化反应。为了使橡胶中的双键饱和以避免老化降解,必须通入足够多的氯气使其含氯量达到65％左右,通常含氯量在65％～68％。20％甲苯溶液黏度在5～180 mPa·s,它可以溶于芳烃、氯化烃、酯类,不溶于水、酒精。

氯化橡胶按黏度分为以下几种：(20％甲苯溶液,以毛细管黏度计在25℃下测定)见表4-2。

表 4-2　氯化橡胶按黏度分类及其用途

类　型	黏度范围/mPa·s	用　　　途
CR-5	4～7	厚浆型流动性高级印刷油墨用
CR-10	8～13	高固体分漆,醇酸漆或油性漆加强剂
CR-20	15～23	一般保护涂料用
CR-125	115～180	纸张涂料,织物涂料以及黏合剂用

氯化橡胶漆膜化学稳定性高,耐酸、碱、盐等化学品侵蚀,与大多数合成树脂相比水,水蒸气渗透率低,抗渗透性好,无毒,快干,单组分,不受施工湿度限制,附着力好,无层间附着问题。氯化橡胶和多种树脂(如醇酸、环氧酯、煤焦沥青、热塑性丙烯酸树脂以及 EVA 等)混溶性好,以改进其柔韧性、耐候、耐腐蚀性。漆膜较脆,需加入增塑剂或塑性好的树脂,如氯化石蜡、五氯联苯、醇酸树脂等。

我国环保部已经正式将用四氯化碳做溶剂制造氯化橡胶的工艺列为"双高"(高污染、高环境风险)工艺,禁止使用。这对氯化橡胶生产企业和涂料行业是个冲击,所以必须积极寻求氯化橡胶新的生产工艺或者新的代用品。

2.7　氯化聚烯烃树脂(CPR)

氯化聚烯烃树脂泛指主链为氯原子部分取代的聚烯烃树脂,主要品种除氯化橡胶外还有氯磺化聚乙烯(CSPE)、高氯化聚乙烯(HCPE)、过氯乙烯(HPVC)、氯化聚丙烯(CPP)、氯乙烯-醋酸乙烯共聚物(CEVA)以及氯乙烯-乙烯基异丁基醚共聚物等。含氯聚合物大分子中引入了氯元素构成了极性较大的 C-Cl 键以及一定的耐脂肪烃溶剂和成品油、润滑油性等,具有优良的耐候性,耐臭氧、耐化学介质(酸、碱、盐)性。它可用于制备单组分涂料,施工方便,不受施工环境影响,因此,广泛应用于防腐涂料;同时,CPR 对低表面能的塑料具有优良的附着力,也适合一些装饰涂料领域。

2.7.1　氯磺化聚乙烯树脂(CSPE)　氯磺化聚乙烯是由相对分子质量为20000左右的高压聚乙烯溶解于四氯化碳,在偶氮二异丁腈的作用下与氯、二氧化硫进行氯化和磺化制得。

CSPE 含硫量 1.2%～1.5%,氯量 26%～29%,密度 1.12 g/cm³。杜邦公司商品名海泊隆(Hapolon)。聚乙烯主链上每 7 个碳原子才有

1个氯原子,大约每84～90个碳原子有1个氯磺酰基。分子结构中有氯原子可增强涂膜的抗油性、阻燃性、耐溶剂性及提高力学性能等,而氯磺酰基的存在可以使聚合物在铅或其他金属氧化物作用下易于发生交联。由于CSPE是聚乙烯的衍生物,不含双键,耐气候性、抗老化性、耐臭氧性以及耐化学品性好,尤其是耐氧化剂的性能远优于含有双键结构的不饱和型橡胶,在低温下也能形成柔软的薄膜,其透湿性和透气性明显地低于其他大部分弹性体,因此可以配成涂料,涂装于各种织物、纤维制品、泡沫制品等表面作为防护涂层。

氯磺化聚乙烯树脂和固化剂按配方制漆,二者分别包装,使用前混合均匀,然后施工,由树脂中的氯磺酰基和固化剂反应而固化成膜。固化剂一般为氧化铅、氧化锡、氧化镁、二酚基丙烷(双酚- A)等。

2.7.2　高氯化聚乙烯树脂(HCPE)　HCPE是我国在20世纪90年代率先开发并产业化的CPR。早先采用固相法氯化工艺制备HCPE,1997年水相法HCPE产品问世后固相法工艺即退出市场。

水相法HCPE产品的主要指标:氯量:55％～65％;数均相对分子质量M_n＝1万～2.5万;白色粉末;热分解温度＞110℃;残留酸值＜0.2 mg/100 g。

与氯化橡胶结构不同,HCPE主链是直链型大分子。氯原子取代碳原子上的氢,不带侧键取代基,因此极性较低,与金属底材附着力较差,与其他改性树脂的混溶性不如氯化橡胶。为此可选用改性的带极性基团的PE为原料制备高性能的HHCPE。

HCPE是国内最早替代溶剂法氯化橡胶在涂料中应用的氯化树脂。普通的HCPE性价比优于氯化橡胶,但是在防腐底漆中必须使用酮醛树脂、环氧树脂、二甲苯树脂、芳烃石油树脂、古马隆树脂等改性以及增强其对底材的附着力。其他增塑剂、颜填料等要求与氯化橡胶涂料基本相同。

近年来HCPE广泛用于船舶涂料、防火涂料、防腐涂料,装饰涂料等领域取代氯化橡胶,出现丙烯酸树脂、环氧丙烯酸树脂改性等众多新产品,配制的涂料性能指标可以达到或超过溶剂法生产的氯化橡胶同类产品的水平。

2.7.3　过氯乙烯树脂(HPVC)　过氯乙烯是将聚氯乙烯溶解于氯苯中再通入氯,使含量达到64％左右,即每3个氯乙烯分子中添1

个氯原子。原先的聚氯乙烯不溶于酯类等溶剂,经再氯化后降低了聚氯乙烯的规整性,使过氯乙烯能溶在酯、酮及芳烃等溶剂中便于制成涂料。过氯乙烯不含双键,而其侧基氯原子的体积小,高分子之间距离近,所以其膜致密,耐化学腐蚀优良,耐大气老化性也好;但因它的结构较氯化橡胶规整,所以漆膜的附着力差,必须有配套的底漆。过氯乙烯的溶解度低,溶剂含量太高,是逐步被代用和禁用的品种。

2.7.4 氯化聚丙烯树脂(CPP) 氯含量 20%~25%的 CPP 仍采用四氯化碳法生产,其生产工艺所用四氯化碳已列入国家环境保护部履约办的第二期工作目标。CPP 主要用于塑料油墨的基料,在涂料行业中仅限于做聚乙烯或聚丙烯等低表面能树脂的附着力促进剂或做底涂层,用量较少。

2.7.5 氯醚树脂 氯醚树脂由德国 BASF 公司于 20 世纪 70 年代开发并推向市场,其商品名 LAROFLEX MP 树脂简写为 LMP 树脂。它是 75%氯乙烯和 25%乙烯异丁基醚经悬浮乳胶液聚合而得的共聚物,含氯 44%。LMP 易溶于芳烃、氯化烃、酯类、酮类溶剂,脂肪烃和醇可作为稀释剂。

由于分子中引入 25%的乙烯异丁基醚结构,LMP 树脂除具有氯化橡胶等 CPR 共有的耐臭氧、耐大气老化、耐化学介质和良好的施工性能外,还可内增塑而不必使用外加增塑剂即可达到足够的柔韧性。LMP 树脂极性高,与底材附着力甚佳。

氯醚树脂可与聚丙烯酸树脂、不饱和聚酯、马来酸改性醇酸树脂、环己酮树脂、古马隆树脂、石油树脂、氨基树脂、煤焦油沥青等混溶或部分混溶;可以和其他树脂合用,也可单独用于制漆。

3. 乳液(合成树脂乳液)(乳胶)

3.1 乳液的特性和作用

合成树脂乳液是由乳液聚合法制取的合成树脂在水中的稳定分散体。乳液是乳胶漆的核心。涂料用的乳液聚合物具有很好的成膜性和黏结性。干燥成膜后,它把涂料的各组分黏结在一起,形成一层薄膜,并牢牢地附着在基层上。

乳液聚合物相对分子质量高,大约 $10^5 \sim 10^7$,同时乳液固含量处在比较高的水平,一般为 50% 左右,而黏度又比较低。高分子质量赋予涂膜优良性能。低黏度给乳胶漆的生产、施工应用带来便利。涂料用乳液实际上应该叫乳胶(不溶于水的聚合物固体粒子分散在水中)。

尽管乳液以水为分散介质,但乳液聚合物本身不溶于水,它仅以固体微粒形式分散在水中,并借助乳化剂而处于稳定状态。当水分蒸发,干燥融合成膜后,涂膜不溶于水;随着表面活性剂等亲水物质被水冲去后,涂膜憎水性还会有所提高。

用于乳胶漆的乳胶粒径一般为 $0.05 \sim 0.5~\mu m$。当处于偏细端时乳液呈半透明,更细时甚至可能是透明的,但通常是零点几 μm;呈乳白色,其中较细时带蓝光,较粗时带红光。

目前大多数乳液聚合物都是线型热塑性聚合物,就是说,其干燥成膜后涂膜会受热变软,遇冷变硬;因此,耐沾污性、抗粘连性和最低成膜温度之间存在难以调和的矛盾。目前的趋势是乳胶聚合物玻璃化温度向较高方向发展;当然,开发常温交联型乳液也是解决此问题的方法之一。

3.2 乳液分类

3.2.1 醋酸乙烯系聚合物乳液 该类乳液有醋酸乙烯酯均聚物乳液(简称醋均乳液)、醋酸乙烯-丙烯酸酯共聚物乳液(简称醋丙乳液或乙丙乳液)、醋酸乙烯-叔碳酸乙烯(VAc - VeoVa110)共聚物乳液(简称醋叔乳液)、醋酸乙烯-乙烯共聚物乳液(EVA 乳液)等。这类乳液基本上用于生产室内乳胶漆。叔碳酸乙烯含量等于或大于醋酸乳液总量的 25% 时,醋叔乳液可用于外用乳胶漆生产。EVA 乳液常用于生产可再分散乳胶粉。

3.2.2 丙烯酸共聚物乳液 这类乳液有苯乙烯-丙烯酸共聚物乳液(简称苯丙乳液),纯(甲基)丙烯酸酯共聚物乳液(简称纯丙乳液),有机硅改性丙烯酸乳液(简称硅丙乳液)等。这类乳液都可用于外用乳胶漆的生产,苯丙乳液也大量用于内用乳胶漆生产。

3.2.3 其他乳液 如聚氨酯乳液、含氟聚合物乳液等。

3.3 乳液检测

3.3.1 乳液残留单体的测定 用直接滴定法测定醋酸乙烯乳液残留单体,用气相色谱法测定乳液中残留单体。

3.3.2 乳液中粗粒子的测定 用孔径为 $74~\mu m$ 和 $44~\mu m$ 的平织不锈钢滤网。

3.3.3 乳液粒径的测定 采用光学显微镜法和浊度法。

3.3.4 乳液黏度测定 用 QLNX 型或 NDJ‑79 型旋转黏度计，测定结果为动力黏度(mPa·s)。用斯托默(stomer)黏度计，测定结果以克雷布斯单位(krebs unit，KU)表示。见《涂料黏度的测定，斯托默黏度计法》(GB/T 9269‑2009)。

3.3.5 乳液不挥发分测定 (105±2)℃烘(60±5)分钟，然后在干燥器中冷却到室温，称量。

3.3.6 乳液成膜性测定 将试样用湿膜制备器在清洁的玻璃板上涂布成一个平整的薄层，湿膜厚度控制在 100 μm 左右；干燥后立即观察有无缩孔、缩边，并查看其透明性、光滑性以及是否发黏。

3.3.7 乳液最低成膜温度(MFT)的测定 用最低成膜温度测试仪测定，采用国家标准《涂料用乳液和涂料、塑料用聚合物分散体白点温度和最低成膜温度的测定》(GB/T 9267‑2008)。

3.3.8 乳液膜吸水率的测定 乳胶漆的耐水性与乳液吸水率的大小有关，本方法就是将乳液膜浸入到保持一定温度的蒸馏水中，观察其浸入前后的质量变化来判断其吸水率。

3.3.9 乳液钙离子稳定性 测定乳液在钙离子类电离物质作用下，保持其分散性不被破坏的能力。

3.3.10 乳液机械稳定性的测定 测定乳液在高剪切或高速搅拌(转速 4000 r/min)0.5 小时，保持其分散体系稳定不被破坏的能力。

3.3.11 乳液低温稳定性的测定 测定乳液在低温(−5±2)℃环境下其分散体系保持稳定不被破坏的能力。

3.3.12 乳液热稳定性的测定 测定乳液在高温环境下(50±2)℃其分散体系产生的变化。本方法也可作为储存稳定性的加速方式验，在(50±2)℃下放置 30 天，相当于自然条件下储存 0.5~1 年。

3.3.13 乳液耐冻融性的测定 参照国家标准《乳胶漆耐冻融性的测定》(GB/T 9268‑2008)，将试样在低温箱中放置 17 小时(温度保持−18±2℃)后取出放于恒温室中，静置 6 小时和 48 小时之后分别测定黏度和观察试样有无沉淀、絮凝，结块等情况。黏度变化值不大于20%为轻微，不大于 40%为严重。

3.3.14 乳液中游离甲醛的测定 根据国家标准《室内装饰装修材料内墙涂料中有害物质限量》(GB 18582‑2008)进行测定。

3.3.15　乳液中挥发有机化合物（VOC）的测定　根据国家标准GB 18582-2008测定。

3.3.16　乳液中可溶性铅、镉、铬、汞的测定　测定方法标准参考GB 18582-2008、GB/T 9760-1988、GB/T 9758.1-1988、GB/T 9758.4-1988、GB/T 9758.5-1988、GB/T 9756.6-2001、GB/T 9758.7-2001、ISO 3856、ISO 6713、ISO 3856-1、ISO 3856-5、ISO 3856-7等测定。

4. 合成树脂（溶液及固体）

上海及华东地区过去曾对合成树脂溶液及固体用数字表示其型号；虽然现在很多生产厂家已不用这种方法，但仍有一些生产厂家沿用原来型号：

首数字 1 代表松香皂、松香酯，如 100 石灰松香（松香钙皂）、138 甘油伸松香。

首数字 2 代表酚醛树脂，如 210 酚醛树脂、2112 酚醛树脂、284 酚醛树脂、2123 酚醛树脂。

首数字 3 代表醇酸树脂、聚酯树脂，如 344-2 醇酸树脂、389-9 醇酸树脂、310 聚酯树脂、307-3 不饱和聚酯树脂。

首数字 4 代表顺酐松香酯，如 422 树脂、424 树脂。

首数字 5 代表氨基树脂，如 582-2 氨基树脂、590-3 氨基树脂、561 氨基树脂、5303-98 氨基树脂。

首数字 6 代表环氧树脂，如 618、6101、634、601、604、609 环氧树脂（现分别命名为 E-51、E-44、E-42、E-20、E-12、E-09 环氧树脂）。

首数字 7 聚氨酯树脂，如 7110-甲树脂（固化剂）、7110-丁羟基树脂。

首数字 8 丙烯酸树脂，如 810 丙烯酸树脂、814 丙烯酸树脂、819 丙烯酸树脂、830 丙烯酸树脂。

首数字 9 有机硅树脂，如 955、956、957 有机硅树脂。

4.1　酚醛树脂

酚醛树脂是酚类与醛类在催化剂存在下缩合生成的产物。根据原材料种类、酚醛摩尔比、催化剂种类（酸、碱、盐）及反应条件（pH、温度）

可以得到各种性能的酚醛树脂。涂料工业中主要用油溶性酚醛树脂,也少量用一些醇溶性酚醛树脂。酚醛树脂是最早使用的合成树脂。

醇溶性酚醛树脂分为热塑性和热固性酚醛的树脂,一般仅用于耐腐蚀涂层及胶泥,很少用作其他涂料。这类酚醛树脂广泛用作黏结剂,在塑料工业中制造模压塑料及层压板塑料。

油溶性酚醛树脂包括松香改性酚醛树脂、纯酚醛树脂、丁醇醚化酚醛树脂和腰果酚醛树脂。用它们做成的涂料比天然树脂涂料性能好,干燥快,漆膜坚硬、光亮、耐水性好,具有一定耐化学腐蚀性及绝缘性。

酚类包括苯酚、甲酚、二甲酚、对位叔丁酚、腰果酚,醛类包括甲醛、糠醛等,最具代表性的是苯酚和甲醛的缩聚反应。在碱性催化剂(pH>7)下,酚醛摩尔比＝(1:1)～(1:2);pH 值控制为 7～11,控制条件可得到热固性酚醛树脂。常用的催化剂有 NaoH、Ba(OH)$_2$、Ca(OH)$_2$、氨水,用量一般为酚量的 1%～3%。在酸性催化剂(pH<3)下,酚醛摩尔比＝(1:1)～(1:0.7),得到热塑性固体酚醛树脂。常用的酸性催化剂有盐酸、磷酸、草酸、对甲苯磺酸,一般用量为酚量的 0.1%～0.5%(对有机酸、用量在 1%以上)。此外,如果用锌、镁、铝等的碱性盐,特别是铜、锰、铅、的氢氧化物作催化剂,使 pH＝4～7,采用酚醛摩尔比小于 1:1,可得到线型结构的高邻位酚醛树脂 。

酚类化合物的官能团数量取代基的位置,数量与定位效应都对酚醛树脂合成反应有影响,既影响反应速度,也影响反应产物的结构与性能。各种酚与甲醛相对反应能力如表 4-3:

表 4-3　各种酚与甲醛的相对反应能力

酚类名称	相对反应能力
苯　酚	1.00
3.5-二甲酚	7.75
间甲酚	2.88
对甲酚	0.125
腰果酚	0.41

腰果酚(卡丹酚,Cardanol,anacardol)是腰果壳液的主要成分,其

结构为 $\underset{OH}{\bigcirc}\text{—}C_{25}H_{31-n}$,$n=0,2,4,6$(平均 $n=4$ 左右)。该取代基虽

在间位上,但由于链较长,空间阻碍大,所以其反应能力并不比苯酚强。

4.1.1 醇溶性酚醛树脂

(1)碱催化制成的热固性树脂 将该树脂加热或加酸性催化剂,可得到坚韧的涂膜,主要用作防腐蚀涂层,也可以作层压板,胶合板的黏结剂及其他黏结剂,如罐头内壁涂料用 2126 酚醛树脂、铸造用黏结剂 2124 酚醛树脂、用作制刷工业用黏结剂的 2127 酚醛树脂、制造时酚醛摩尔比为 $1:1\sim1:2$,催化剂常用氢氧化钠、氢氧化钡、碳酸钠、氨水等,除氨水外,反应到达终点后,一般都需用酸中和,使达到中性。

(2)酸催化制成的热塑性树脂 使用时在加热条件下,在碱性物质和甲醛存在下(例如用六亚基四胺、加热会分解出甲醛及氨)使之固化,主要用作胶木粉,刹车片用黏结剂等。常用催化剂为盐酸、草酸、磷酸等,酚醛摩尔比一般在 $1:0.7\sim1:1$ 之间。如 2123 固体酚醛树脂,软化点 $105\sim120℃$。

制造醇溶性酚醛树脂的设备一般采用密闭式搪瓷反应釜,装有锚式搅拌和回流冷凝装置,反应釜夹层用水蒸气加热,也可通入冷水冷却。将酚、甲醛、催化剂投入反应釜内,升温(一般 $50\sim100℃$)进行反应,具体温度及时间根据酚醛摩尔比,催化剂种类,树脂性能等条件而定,到达反应终点(根据发浑点,软化点,拉丝等方法测定)后立即中和、水洗、脱水,用常压法或减压法脱水,水分脱尽后,直接出料冷却为固体或加入醇类等溶剂溶解为溶液后出料。

4.1.2 油溶性酚醛树脂

(1)松香改性酚醛树脂 在油基漆中大量使用的松香改性酚醛树脂是将酚与醛在碱性催化剂存在下生成的可溶性酚醛树脂与松香共熔反应后,经甘油酯化而得到的红棕色透明固体树脂,软化点一般在 $130℃$ 以上,酸值 20 以下。如 210 酚醛树脂、2112 酚醛树脂。

(2)油溶性纯酚醛树脂 这类树脂不用松香改性,采用对位叔丁酚,对位基苯酚制造酚醛树脂,具有油溶性,它是透明,硬而脆的固体,一般用碱催化,反应后用酸中和,具有较好的油溶性、保色性,其干性硬

度、耐水性都比松香改性酚醛树脂为优,品种有2402纯酚醛树脂等。

(3) 丁醇醚化酚醛树脂　用醇类(丁醇以上)去醚化醇溶性热固性酚醛树脂,能改进树脂的油溶性,使其溶解在丁醇二甲苯溶剂中,常用丁醇醚化,如284丁醇醚化酚醛树脂。丁醇醚化树脂的固化过程(即干燥过程)是通过未醚化的羟甲基和已醚化的羟甲基(析出丁醇)的自行缩合,或与其他含羟基的树脂(如醇酸树脂,环氧树脂等)的缩合反应,大部分用作绝缘漆,罐头漆,环氧酚醛防腐漆,容器内壁涂料。

丁醇醚化酚醛树脂可利用一般醇溶性酚醛树脂的反应釜制造,一般分两步,先将酚与甲醛在碱性条件下缩合(酚醛摩尔比为1:1.5)。然后洗涤,用酸调节 pH=5~6,加丁醇,在回流温度下醚化脱水,然后用二甲苯调整不挥发份含量为$(50\pm2)\%$,得到树脂溶液。

(4) 腰果酚甲醛树脂　在腰果的壳中含有一种橙棕色到红棕色的黏液,称为腰果壳液(cashew nut shell liquid, CNSL)(也有称腰果壳油、腰果油),它不是油脂,而是含有间位取代酚的混合物。

腰果壳经压榨或溶剂萃取得到的天然腰果壳液中含有约90%腰果酸和约10%的卡酚(强心酚),其结构如下:(平均组成)

将天然的腰果壳液,经过加热进行脱羧,得到腰果酚,同时侧链上双键发生部分聚合,得到工业腰果壳液。

腰果酚(cardanol, anacardol)

据资料介绍,莫桑比克产的工业腰果壳液组成如下:腰果酚88.0%,卡酚10.0%,腰果酸0.6%,聚合物质7.9%。各国产的工业腰果壳液其组成有所不同,这和产地加工方法都有关系。一般工业腰果壳液的规格如下:外观,橙褐色至红棕色透明液体,密度0.950~0.965 g/cm³,黏度(涂-4 杯)30~80 秒(≤200 mPa·s)杂质≤1%,水分≤1%,灰分≤1%。固化时间:加8%乌洛托品,150℃,20~30分钟,凝胶时间(用硫酸二乙酯)9～11 分钟。

腰果酚系一元酚,沸点 350℃/760 mmHg, 225℃/10 mmHg,间位取代基—$C_{15}H_{27}$,结构如下:—$(CH_2)_7$—CH＝CH—CH_2—CH＝CH—CH_2—CH_2—CH_3。

上述结构系平均组成,侧链组成有单烯烃,双烯烃,叁烯烃,还含少量 C_{17} 碳链。

将工业腰果壳液进行高真空蒸馏(用薄膜蒸馏器及短程蒸馏器)可得到纯腰果酚,如在 10～20 Pa 压力下,在 140～160℃ 蒸馏得到纯腰果酚。

腰果壳液和甲醛在碱催化剂作用下缩合得到的腰果酚树脂,可做成腰果酚醛漆,具有光泽高、硬度高、丰满度好、耐水性好等优点,超过一般松香改性酚醛树脂作成的酚醛漆。但颜色较深,不适于作白漆及淡色漆,最宜作铁红、棕色、黑色、大红、深灰、咖啡色。可以制成高固体低黏度腰果酚醛树脂,配制高档黑色家具漆。

纯腰果酚与甲醛在碱性催化剂下缩合制成的腰果酚醛树脂,适于代替一般的 2126 酚醛树脂及 284 丁醇醚化酚醛树脂,制成相应的环氧酚醛防腐漆,具有柔韧性好,耐水性好,成本低的优点,值得进一步开发利用。还可作淡色腰果漆。

4.2 二甲苯甲醛树脂,石油树脂,氧茚-茚树脂

4.2.1 二甲苯甲醛树脂 它是混合二甲苯(主要是其中间位二甲苯发生反应)与甲醛在酸催化剂(一般用浓硫酸)存在下缩合而成的黏稠树脂,相对分子质量 350～550,本身不能干燥成膜,可用作增塑剂和树脂的改性剂,二甲苯甲醛树脂中的含氧键,在酸性催化剂存在下,可与苯酚、腰果酚、松香、醇、胺、失水苹果酸酯等具有活性氢的化合物进一步反应制成改性二甲苯甲醛树脂,广泛用在涂料中。

4.2.2 石油树脂 它是以深度裂化的石油馏分(C_5 和 C_9)为原料,用三氟化硼、三氯化铝作催化剂进行阳离子聚合,得到黏稠的液体树脂到脆性的固体树脂,即所谓 C_5 树脂及 C_9 树脂,有浅色及深色品种,浅色的 C_5 树脂,用于热熔型路线漆,深色的石油树脂常用在酚醛漆料中代替部分油溶性酚醛树脂,降低成本,现在市场上一些价格低的醇酸树脂也掺有价廉的石油树脂。淡色石油树脂可用配铝粉漆。

4.2.3 氧茚-茚树脂 俗称古马隆树脂,也叫苯并呋喃树脂,在煤

焦油蒸馏过程中,得到沸点 160～200℃的馏分,其中含有茚,氧茚及其衍生物,其结构如下。

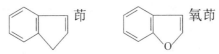

它们在酸性催化剂(硫酸、三氯化铝、三氟化硼等)存在下聚合成氧茚—茚树脂,可得到软的黏性树脂到硬脆性固体,颜色从淡琥珀色到深棕黑色。有一定抗酸碱性,在高温下可分散在干性油中,制成的漆具有良好的绝缘性和耐酸碱性,也常用于制造铝粉漆。

4.3 醇酸树脂

醇酸树脂是由多元醇,多元酸和一元酸(植物油)缩聚而成的一种线型树脂,可以看做是一元酸(植物油)改性的聚酯树脂,反过来,聚酯可看作无油(一元酸)醇酸树脂,其分子结构为多元醇与多元酸生成的酯键为主链,以一元酸为侧链的线型树脂。树脂分子具有极性主链和非极性侧链的特点,由于树脂分子具有酯基、羟基、羧基和不饱和链,能与各种官能性单体及树脂反应而被多方面改性,可以开发出种类繁多,各具特色的品种,这些特点决定了醇酸树脂具有多功能、多用途和进一步发展的生命力。

醇酸树脂主要原料是植物油、植物油酸、混合植物油酸、合成脂肪酸、多元醇、多元酸,在生产过程中还需加少量助剂(醇解催化剂,酯化催化剂,减色剂等),并用适当溶剂稀释成树脂溶液。

用于性油和半干性油(及相应的油酸)做成的醇酸树脂叫干性油醇酸树脂,用不干性油(及相应的油酸)叫不干性油醇酸树脂,此外还有各种改性的醇酸树脂如苯乙烯改性醇酸,聚氨酯改性醇酸,有机硅改性醇酸,丙烯酸改性醇酸树脂等。

每类醇酸树脂又按含油多少或苯酐含量多少,分为短油度、中油度与长油度。见表 4－4。

表 4－4 醇酸树脂按含油及苯酐含量分类

油度	含油量/%	苯酐含量/%	用 量 计 算
短	35～45	>35	油度(或苯酐含量)$= \dfrac{\text{油(或苯酐)用量}}{\text{树脂的理论产量}}$
中	46～60	30～34	
长	60～70	20～30	油度 $= \dfrac{1.04 \times \text{脂肪酸用量}}{\text{树脂的理论产量}}$

树脂理论产量等于苯酐、甘油、油（或脂肪酸）用量总和减去酯化时所生成的水量。

4.3.1　醇酸树脂的原料　所用植物油有干性油（桐油、梓油、亚麻油、苏籽油、大麻油），半干性油（豆油、棉籽油，葵花籽油）及不干性油（蓖蔴油、椰子油、菜油、棕榈油）。其相应性能见本章第一节"油类及其加工产物"。

与制造醇酸树脂有关的一元酸的物理性质见表4-5。

表4-5　一元酸物理性质

品　名	当量值	碘值	酸值	品　名	当量值	碘值	酸值
正辛酸（C8酸）	144	0	389	松香（酸）	340		165
正葵酸（C10酸）	172	0	325	苯甲酯	122		
月桂酸（C12酸）	200	0	280	对叔丁基苯甲酸	178		
豆蔻酸（C14酸）	228	0	245	合成脂肪酸	144	C5-C9	360～385
棕榈酸（C16酸）	256	0	218	合成脂肪酸	200	C10-C16	240～270
硬脂酸（C18酸）	284	0	197	合成脂肪酸	246	C10-C20	220～246
椰子油脂肪酸	205	7～10	274	2-乙基己酸	144	0	389
油　酸	282	90	199	脱水蓖蔴油酸	297		189
亚油酸	280	181	200	松浆油酸	288		195
亚麻酸	278	273	202	松浆油酸	292		192
蓖蔴油酸	297	80～90	189				

醇酸树脂常用多元醇的物理性质，甘油用量大，其次是季戊四醇。见表4-6。

表4-6　多元醇物理性质

多元醇名称	相对分子质量	当量值	状态	熔点/℃	沸点/℃
乙二醇	62	31	液体		198℃
1,3-丁二醇	90	45	液体		205℃
新戊二醇	104	52	固体	125℃	204℃
二乙二醇	134	67	液体		232
2,2,4-三甲基-1,3戊二醇	146	73	固体	46～55	215～235
甘油	92	31	液体	17.9	290
三羟甲基丙烷	134	45	固体	60℃	295
季戊四醇	136	34	固体	262	
二季戊四醇	272	45	固体	222	

生产醇酸树脂的有关多元酸及其物理性质见表4-7。

表4-7 生产醇酸树脂的多元酸物理性质

多 元 酸	当量值	熔点/℃	沸点/℃
己二酸	73.1	152	
反丁烯二酸(富马酸)	58	升华	
顺丁烯二酸酐(顺酐)(失水苹果酸酐)	49	55	200℃
邻苯二甲酸酐(苯酐)	74	131	284℃
间苯二甲酸	83	354	
癸二酸	101	135	
偏苯三甲酸	70	216	
偏苯三甲酸酐	64	165	
均苯四甲酸酐	55	286	400

国内生产的醇酸树脂主要是溶剂性醇酸树脂,溶剂占树脂的50%左右。长油度醇酸树脂可以全部用200号溶剂汽油;中油度则需用少量的芳烃和200号溶剂汽油配合使用;短油度树脂则很少用200号溶剂汽油,多用二甲苯和少量丁醇、醋酸丁酯等。

4.3.2 醇酸树脂的配方计算 计算醇酸树脂的原料配方比较复杂,因为要求树脂性能好,在理论上就要求其酸值低、分子质量大,但另一方面又要求反应安全平稳,不致因为黏度过高甚至胶化。目前理论上还没有精确的配方拟订方法,制订出配方后还必须通过反复实验加以修改。

我们知道,在体型缩聚中,能够到达的最高反应程度(凝胶点)是和体系的平均官能度有关。根据卡洛塞斯方程

凝胶点 $P_g = 2/F_{A_V}$(式中,F_{A_V} 为体系的平均官能度),

3 mol 苯酐与 2 mol 甘油系等当量反应为

$$F_{A_V} = \frac{3 \times 2 + 2 \times 3}{2 + 3} = 2.4; \quad P_g = \frac{2}{2.4} \times 100\% = 83.3\%。$$

大多数醇酸树脂配方中都是采用过量的甘油。例如,当 2 mol 苯酐和 2 mol 甘油反应,此时醇超量达 50%,反应程度可达到 100% 不致胶化。

$$F_{A_V} = \frac{2(2 \times 2)}{2 + 2} = 2; \quad P_g = \frac{2}{2} \times 100\% = 100\%。$$

引入一元酸也能降低体系的平均官能度。例如：1 mol 甘油，1 mol 苯酐和 1 mol 脂肪酸反应，也是等当量反应：

$$F_{A_V} = \frac{1 \times 3 + 1 \times 2 + 1 \times 1}{1 + 1 + 1} = 2; \quad P_g = \frac{2}{2} \times 100\% = 100\%.$$

设 m_o 为醇酸树脂体系中总 mol 数（酸和醇的 mol 数），由于一般采用醇超量，所以总的有效官能团数实际上就是酸官能团数的 2 倍。用 e_A 表示酸的官能团数也就是其当量数，e_B 表示醇的官能团数也就是其当量数。

$$F_{A_V} = \frac{2e_A}{m_o}; \quad P_g = \frac{2}{F_{A_V}} = \frac{m_o}{e_A}; \text{醇超量} = \frac{e_B - e_A}{e_A}.$$

设 $K = \dfrac{m_o}{e_A}$（K 称为醇酸树脂常数，实际上就是凝胶点），理论上应使 $K = 1$，即酯化程度 100% 而不胶化；小于 1 容易胶化，大于 1 则树脂性能不够满意。一般情况下，控制 K 值为 1 ± 0.05。根据经验，对不同油度的醇酸树脂有一个供参考的实际醇超量，见表 4-8。

表 4-8 不同油度的醇酸树脂的实际醇超量

油度/%	用甘油时醇超量	用季戊四醇时的醇超量
>65	0	5
62~65	0	10
60~62	0	18
55~60	5	25
50~55	10	30
40~50	18	35
30~40	25	

（1）60% 油度 用季戊四醇，参考醇超量 18%，固含量 60%。以下计算均以苯酐量为 148 作基础，见表 4-9。

表 4-9 60% 油度醇酸树脂配方

项　目	分子质量	当量	用量	e_A	e_B	m_o
亚油酸	280	280	315.3	1.126		1.126
苯酐	148	74	148	2.0		1.0

项　　目	分子质量	当量	用量	e_A	e_B	m_o
季戊四醇	136	34	① 80.2 ② 45.2		3.69	0.88
总计				3.126		3.01
树脂理论得量	550					
200 号溶剂汽油量	366					
60%树脂总量	916		$K=\dfrac{3.01}{3.126}=0.96$			
羟值	35					

$$油量=\frac{油度}{1-油度}\times(苯酐+季戊四醇-水量)$$

$$=\frac{0.6}{1-0.6}(148+80.2-18)=315.3。$$

此处油量是脂肪酸还得增加季戊四醇 38.3＋6.9,生成水 20.3。

（2）50%油度（亚油）　参考醇超量 10%,固含量 55%。见表 4-10。

表 4-10　50%油度醇酸树脂配方

项　　目	分子质量	当量	用量	e_A	e_B	m_o
亚油		293	198.2	0.676	0.676	甘油 0.225 油酸 0.676
苯酐	148	74	148	2.0		1.0
甘油	93	31	68.2		2.20	0.73
总计				2.676	2.876	2.7
树脂理论得量	396.4		$K=\dfrac{2.63}{2.676}=0.98$			
二甲苯用量	324.3					
55%固体树脂	720.7		羟值$=\dfrac{(2.2-2.0)\times56100}{720.7}=15.6$			
羟值	15.6					

$$油量=\frac{0.5}{0.5}(148+68.2-18)=198.2。$$

（3）35%油度　用甘油的参考醇超量 25%,固含量 50%。见表 4-11。

表 4 - 11　35%油度醇酸树脂配方

项　目	当量	分子质量	用　量	e_A	e_B	m_o
混合油酸	280	280	112	0.4		0.4
苯酐	74	148	148	2		1
甘油	31	93	① 62+15.5 ② 12.4+3.1		3	1
总计				2.4	3	2.4
树脂理论得量 二甲苯用量	327.8 327.8		$K = \dfrac{m_o}{e_A} = \dfrac{2.4}{2.4} = 1.00$			
50%醇酸树脂 羟值	655.6 51.3		羟值 $= \dfrac{(3-2.4) \times 56100}{655.6} = 51.3$			

油量 $= \dfrac{0.35}{0.65}(148+62+15.5-18) = 112$，油酸 112，增加甘油 12.4+3.1 生成水 7.2。

4.3.3　醇酸树脂的制造方法　制造醇酸树脂是将多元醇、多元酸、油或脂肪酸进行酯化。使用油时采用醇解法，不用油而用脂肪酸采用脂肪酸法。从工艺上又分为溶剂法和熔融法。目前几乎都采用溶剂法。

（1）脂肪酸法　将脂肪酸、多元醇、多元酸在一起酯化，它们能够互溶成均相体系。有两种方式：

① 常规法　将全部反应物加入反应釜内混合，在不断搅拌下升温；在规定温度（200～250℃）下保持酯化，中间不断测定酸值与黏度；达到要求时停止加热，将树脂用适当溶剂溶解成溶液。

② 高聚物法　先加一部分脂肪酸（总投量的 40%～90%）与多元醇、多元酸进行酯化，形成链状高聚物，再外加余下的脂肪酸，将酯化反应进行完全。此法形成的树脂分子质量较大，改进了物理性能，较常规法所得树脂干性快，柔韧性、附着力、耐碱性有所提高。

（2）醇解法　用油类生产醇酸树脂，先将油与甘油进行醇解，一般加 0.01%～0.05%（油量）的催化剂（LiOH、CaO、PbO 等），在 200～250℃下进行醇解反应，生成甘油的单甘油酯及二甘油酯；再用苯酐酯化，形成均相系统。醇解终点常采用容忍度测定：取 1 ml 醇解物于试管中，在规定温度下用 95%乙醇（或无水甲醇）进行滴定，至开始浑浊作为终点,所用醇的 ml 数即为容忍度。

(3) 溶剂法 利用有机溶剂(一般用二甲苯)作为共沸液体,帮助酯化脱水,加速酯化反应速度。与熔融法相比,该法制得的醇酸树脂色淡,结构比较均匀,损耗小,酯化温度低,反应时间短。溶剂法与熔融法相同,都是采用不锈钢反应釜,装有搅拌器、温度计、惰性气体通入管、取样加料口等。溶剂法则使反应釜水气的出口与冷凝器(通过分馏柱则更好)连接,经油水分离器使冷凝下来的液体达到分离的目的,上层为二甲苯由溢流管流回反应釜,下层的水可以放掉。

醇酸树脂的质量控制指标有酸值、黏度(加氏管法或用涂-4 杯测定)。固化时间(在铁板中心处,加热至 200℃,测定树脂成胶时间)一般要求大于 10 秒,小于 10 秒树脂比较不稳定。

4.3.4 醇酸树脂的性质和用途

(1) 干性醇酸树脂 碘值 125～135 或更高的油都能生产室温下自干的醇酸树脂。碘值高的油类制成的醇酸树脂不仅干性快,而且漆膜硬度较大,光泽较强;但易变黄。若要求快干,但对变黄性要求不高,可采用亚麻油;桐油反应太快,常与其他油拼用以提高干性、硬度。若不要求干性快,但要求变黄性小,则采用豆油,用松浆油酸则保色性及干性都比较满意。用季戊四醇比甘油可以提高干性,60%油度豆油季戊四醇醇酸树脂与亚麻油甘油醇酸树脂干性基本相似。

干性醇酸树脂可以烘干,制成的漆膜比常温干燥漆耐久性好。一般烘漆所用醇酸树脂油度在 40%～50%,聚酯含量提高,耐久性也相应提高。344 醇酸树脂,油度 44%,用豆油,广泛用做氨基醇酸烘漆,用于轻工产品(如自行车、缝纫机等)涂装。

油度 35%～45%的短油度干性醇酸树脂由豆油、松浆油酸,脱水蓖麻油和亚麻油制成。这种树脂自干能力一般,弹性中等,有良好的附着力、耐候性、光泽及保光性,烘干干燥迅速,用于制造各种工业用烘漆。烘干后比长油度干性醇酸树脂的硬度、光泽、保色、抗摩擦等方面都好,用于汽车、玩具、机器配件、金属工业产品等做面漆。可全部用醇酸树脂,还可加入少量氨基树脂,也可用以制造金属底漆。

中油度醇酸树脂油度 46%～60%是醇酸树脂中最主要品种,也是用途最多的一种。主要以亚麻油、豆油制得。它制得的漆可以刷涂、喷涂,干燥很快,有很好的光泽、耐候性、弹性。它可以自己烘干,也可加入氨基树脂烘干,烘干时间要长一些。但它们保光、保色性要比短油(同类油)度醇酸树脂差。中油度干性醇酸树脂用于制造自干或烘干磁漆、底漆、金属装饰漆、机械用漆、建筑用漆、家具用漆、卡车用漆。

长油度干性醇酸树脂油度 60%～70%,具有较好的干燥性能,漆膜富于弹性,有良好的光泽、保光性与耐候性;但在硬度、韧性、抗摩擦性等方面较中油度醇酸树脂差。长油度干性醇酸树脂有良好的涂刷性,它用于制造钢结构涂料、房外建筑用漆。因它与某些油基树脂漆能混容,所以可用来增强油基树脂漆,也可用来增强乳胶漆。

油度大于 70%的极长油度醇酸树脂干性慢,易刷涂,主要用于油墨及调色基料。

(2)不干性油醇酸树脂　不干性油醇酸树脂是使用不干性油(如蓖麻油、椰子油及合成脂肪酸中 C_{10}～C_{20} 脂肪酸等)来改性聚酯制成的醇酸树脂。不干性油醇酸树脂都是中、短油度树脂。椰子油与合成脂肪酸较其他脂肪酸为短,饱和度高,耐氧化性较好,适于做短油醇酸树脂。合成脂肪酸比椰子油的保光保色性略好些,但机械强度较差。

不干性油醇酸树脂自己不能制成膜,需要与其他涂料成分合用。例如:与硝基纤维素(硝化棉)、氯化橡胶、过氯乙烯树脂等合用,以增加光泽、附着力,并起增塑与提高耐候性的作用;与氨基树脂合用,在烘干时产生共缩聚而固化,同时醇酸树脂还起增塑与增加附着力的作用。

不干性油醇酸树脂与氨基树脂合用,可以制得硬而坚韧的烘漆漆膜,具有良好的保光性、保色性,并且具有一定的抗潮、抗中等强度酸碱溶液的能力。短油度醇酸提供较好的保光性、保色性及较高的硬度;中油度醇酸树脂则提供较短油者为好的弹性。

4.3.5　其他改性醇酸树脂

(1)三羟甲基丙烷的应用　它是一个三元醇,有 3 个伯羟基易于酯化。它有 1 个烃基支链,增加了它所制醇酸树脂在烃类溶剂的溶解度;但此支链带来了常温下漆膜软与干得慢的缺点。三羟甲基丙烷用于醇酸树脂一般可采用与甘油等当量置换。三羟甲基丙烷醇酸树脂具有下列优点:烘干时间短,漆膜耐碱性较好,漆膜的保光、保色性好,漆膜耐烘烤性能也较好;缺点是黏度低,反应时间长,因此处理配方时 K 值要减 0.01。

(2)乙二醇与季戊四醇的合用　乙二醇能调整季戊四醇的官能

度,乙二醇与季戊四醇摩尔比1∶1时可以代甘油制备短油醇酸树脂,基本维持油度不变,产品性能较甘油醇酸树脂略好。但乙二醇沸点低(198℃),所以在醇酸树脂生产时应采取措施,不使之挥发损失;也有用二乙二醇代替乙二醇的。

(3)松浆油酸与间苯二甲酸的应用 松浆油(妥尔油)内含有油酸及大量松香,必须经过分馏除去松香才能得到较纯净的松浆油酸。要求其松香含量愈少愈好,最好不超过0.3%,一般都在1%左右。用它制成的醇酸树脂性能可与豆油醇酸树脂相近,可制烘漆与自干漆。

间苯二甲酸可以代替苯酐制醇酸树脂,干性有改进,并在耐热性方面更为优越。间苯二甲酸在酯化时表现出官能度大于苯酐,在处理配方时 K 值应增加到1.05。

间苯二甲酸与苯酐在酯化时表现得不同。它的熔点高,在脂肪酸(或油)与甘油中不易溶解,开始酯化慢,所以酯化时需用高温(240~260℃),而且还可以采用酸解法(即间苯二甲酸和油在280℃下酸解40 min后再加甘油在230℃下酯化)。

(4)松香改性醇酸树脂 松香的主要成分是松香酸,可将其作为一元酸来使用。它可以减缓胶化,所以 K 值要减小一些,一般如取代一半当量的脂肪酸 K 值可减0.02。松香可使醇酸树脂易溶于脂肪烃溶剂,增加漆膜的附着力,提高漆膜光泽,减少漆膜起皱,提高漆膜耐水性、耐碱性,还可降低成本。加入松香可使醇酸树脂黏度降低,漆膜释放溶剂快,干性提高;但松香本身具有共轭双键,不耐老化,用量多了会影响耐久性。

(5)酚醛树脂改性醇酸树脂 采用对位取代酚(对位叔丁基酚等),以碱为催化剂得到的低分子质量缩合物可与醇酸树脂反应。改性时,酚醛树脂用量一般为5%,最多不超过20%。虽然用量不大,但能明显改进漆膜的抗水性、抗酸性、抗碱性与抗烃类溶剂等,耐候性没有明显降低,但黏度较未改性前增加很多。

(6)苯乙烯改性醇酸树脂 能提高醇酸树脂的耐水性、耐碱性、干性、硬度,但降低了柔韧性、耐候性及耐烃类溶剂性。可制造快干、耐水、光亮美观的装饰用与防护用磁漆。生产方法多是先制成醇酸树脂,然后再加苯乙烯改性;如用不含共轭双键的脂肪酸,可加入一些顺酐,使之与苯乙烯共聚。

　　(7)丙烯酸改性醇酸树脂　用丙烯酸酯(主要是甲基丙烯酸酯)改性后的醇酸树脂,干性快,保光、保色及耐候性都有提高。改性的方法分为共聚法与酯化法:醇酸树脂中含共轭双键,可用共聚法;如无共轭双键,就必须采用酯化法,先制出分子质量较小的丙烯酸酯聚合物,使其含有羟基或羧基,再与醇酸树脂酯化。

　　(8)有机硅改性醇酸树脂　用少量有机硅树脂与醇酸树脂共缩聚得到改性树脂,仍做原来各种磁漆使用;但提高了漆膜的保光性、抗粉化性、耐候性,也就提高了户外使用价值。

　　(9)苯甲酸改性醇酸树脂　用苯甲酸或对位叔丁基苯甲酸代替部分脂肪酸来制造醇酸树脂,可使漆膜快干,但又不像苯乙烯改性醇酸树脂那样不耐溶剂。它不怕咬起,比未改性者光泽高,硬度大,耐水性、耐盐雾性、保光性、耐候性均好;但耐冲击性及柔韧性较差些。它与其他醇酸树脂或氨基树脂混溶也好,与氨基树脂使用可以快干,同时还可以减少氨基树脂用量。

　　苯甲酸是一元酸,按一定当量比例取代脂肪酸即可,一般取代30%。所制醇酸树脂是中短油度醇酸树脂,用来制造各种磁漆,使用于卡车、拖拉机、机械部件等物品,性能坚固,美观耐久。

　　此外,还有环氧树脂改性醇酸树脂(提高附着力、耐碱性、耐溶剂性,但易变色粉化),异氰酸酯改性醇酸(提高耐水性、快干、附着力、抗磨性,但易变黄粉化),触变型醇酸树脂以及水溶性醇酸树脂等。

4.4　聚酯树脂

　　聚酯是多元醇和多元酸缩聚而得。改变各种醇类和酸类的品种和相对用量可以得到一系列性能不同的聚酯树脂,包括有线型的饱和聚酯(饱和的二元酸与二元醇制得)、有形成交联的饱和聚酯(由二元以上的酸和二元以上的醇反应制得)和不饱和聚酯(二元醇与全部或部分不饱和二元酸反应制得)。

　　4.4.1　不饱和聚酯树脂　不饱和聚酯树脂可在常温下固化是其优点,它是一种线型结构的聚酯树脂(含有不饱和基如—CH＝CH—,CH_2＝CH—CH—等)与另一不饱和单体(如苯乙烯、丙烯酸酯、邻苯二甲酸二丙烯酯 DAP,三聚氰酸三丙烯脂等)的混合物在引发剂(一般是过氧化物)与促进剂(一般为环烷酸)的存在下,在常温下变成不溶不熔的材料。

不饱和聚酯是一种无溶剂树脂,它由不饱和二元酸与二元醇经缩聚制成直链型的聚酯树脂,再以不饱和单体稀释而成的。在引发剂和促进剂存在的情况下,能交联成不溶不熔的漆膜,所用的不饱和单体同时起着成膜物质及溶剂的双重作用。

聚酯中所用的二元醇的链愈长则固化后漆膜的柔韧性愈大。常用的是1.2-丙二醇,其他可采用乙二醇、一缩及多缩乙二醇、丁二醇等。

不饱和聚酯所用的不饱和二元酸是顺丁烯二酸酐(失水苹果酸酐)及反丁烯二酸酐、甲叉丁二酸(衣康酸)。为了提高树脂的伸缩率,还可加入饱和二元酸,如苯酐,己二酸,癸二酸等。

在不饱和聚酯中广泛使用的交联单体是苯乙烯,它不能含有微量的聚苯乙烯,否则与树脂混溶性不好,发生浑浊。

制备光敏性印刷板用不饱和聚酯还可采用乙二醇和多缩乙二醇的二丙烯酸酯或甲基丙烯酸酯。

制备不受空气氧阻聚的不饱和聚酯时,采用的二元酸有四氢邻苯二甲酸酐、间苯二甲酸、二元醇可用氢化双酚-A、1,4-环己二醇、甘油及失水甘油的烯丙醚、丁烯醚或苯甲醚。

不饱和聚酯树脂通常在不锈钢反应釜中制造。反应釜装有搅拌器、竖冷凝器及横冷凝器、加热及冷却设备、滴加液料设备及惰性气体通入口。酯化反应可采用熔融法或溶剂法。溶剂法是酐加甲苯或二甲苯共沸脱水,所得产品比熔融法的黏度低,在共沸过程中有少量二元醇带出,因此需多加一些以补偿损耗。

投料后通入惰性气体,升温、搅拌。升温至160℃,开直冷凝管,每0.5小时测酸值一次。在160℃保持酸值达200左右,改用横冷凝管使水分蒸出;升温至175℃,使蒸汽出口温度(即冷凝管进口处)为105℃以下,使水尽量蒸出而二元醇很少带出,在175℃保持酸值达135以下;升温至190~210℃,保持酸值达50左右,移入稀释罐内开动搅拌;冷却至80~90℃,加入阻聚剂(对苯二酚或叔丁基邻苯二酚,用量为聚酯的0.02%),再加入单体苯乙烯,搅匀、过滤即得透明树脂。

也可以采用二次加料法,即先加入二元醇和邻苯二甲酸酐进行酯化,待酸值达到100时再加入顺丁烯二酸酐继续酯化至规定的酸值。这种二次加料法比一次加料法所得不饱和聚酯的硬度高,热变形温度高,弯曲模数较大。

不饱和聚酯树脂强度高,韧性好,光亮透明,耐溶剂、耐潮湿、耐化学药品、绝缘性好,广泛用于浇铸塑件、层压板、玻璃钢等,在涂料工业中常用来制造高级木器漆和绝缘漆。

4.4.2　饱和聚酯树脂　饱和聚酯树脂是一种线型结构的热塑性高聚物。由于是饱和树脂,一般需用氨基树脂、聚氨酯树脂为交联剂固化成膜。漆膜的耐候性、保光保色性优,这就是行业内用量大、性能优良的两大类工业涂料——氨基聚酯树脂烘干涂料和聚酯聚氨酯涂料,它们广泛用于轻工、家电、汽车、卷材、食品罐头以及粉末涂料中。

饱和聚酯树脂和醇酸树脂结构相似,也是以多元醇与多元酸的酯键为主链;不同之点是饱和聚酯树脂侧链上一般不含脂肪酸,业内多称之为无油醇酸树脂,而醇酸树脂可看作油(脂肪酸)改性的饱和聚酯,应用理论和工艺实践与醇酸树脂很相似。

(1)饱和聚酯所用材料　饱和聚酯树脂所用的基本原料是多元醇、多元酸、溶剂和助剂,和醇酸树脂相似。多元醇一般选用含有伯羟基的多元醇,活性一致,而且活性比较高。设计饱和聚酯配方时,若要满足性能的要求,应综合考虑树脂柔韧性、硬度弯曲性等性能的平衡,并结合成本因素,一般适用 2 种或 2 种以上的多元醇。常用多元醇及其参数见表 4 - 12。

表 4 - 12　常用多元醇及其参数

原料名称	简称	状态	相对分子质量	熔点/℃	官能度	当量	性能特点
新戊二醇	NPG	固	104.2	124~126	2	52	硬度
1,4-丁二醇	BD	液	90	19.7	2	45	韧性
季戊四醇	PENT	固	136.1	261~262	4	34	硬度
三羟甲基丙烷	TMP	固	134.1	57~59	3	44.7	韧性,硬度
1,4-环己烷二甲醇	CHDM	固	144.2	42~44	2	88	硬度,耐候性
1,6-己二醇	HDO	固	118.2	41~42	2	59	韧性
羟基特戊酸新戊二醇酯	HPHP	固	189.2	49.5~50.5	2	102	韧性,硬度
乙基丁基丙二醇	BEPD	固	161.0	42~44	2	80	韧性,硬度
2,2,4-三甲基-1,3-新戊二醇	TMPD	固	146.2	46~55	2	73	硬度
甲基丙二醇	MPD	液	90.2	-91	2	45	溶解性

对于多元酸,在设计树脂配方时,若要满足性能的要求,应综合考虑树脂柔韧性、硬度、耐候性、弯曲性等性能的平衡,并结合成本因素。一般适用2种或2种以上的多元酸。

饱和聚酯树脂用的多元酸及其参数见表4-13。

表4-13 饱和聚酯树脂用多元酸及其参数

原料名称	简称	状态	相对分子质量	相对密度	熔点/℃	酸值	官能度	当量	性能特点
己二酸	AD	固	146.15	1.360	153~154	768	2	73	韧性
癸二酸	SD	固	202	1.207	134~135	555	2	101	韧性
间苯二甲酸	IPA	固	166.18	1.507	345~347	676	2	83	硬度,耐候性
对苯二甲酸	PTA	固	166.18	1.510	>300℃升华	676	2	83	硬度,溶解性
偏苯三酸酐	TMA	固	192.13	1.680	165~167	876	3	64	硬度
1,4-环己烷二甲酸	CHDA	固	172.1	1.380	164~167	652	2	86	硬度,耐候性
邻苯二甲酸酐	PA	固	148.2	1.520	131	758	2	74	硬度

饱和聚酯中,酯化阶段也需要溶剂:一是共沸脱水,将酯化反应产生的水带出体系之外,使酯化反应得以继续进行;二是溶解与稀释树脂,和在醇酸树脂生产中起的作用一样。

饱和聚酯生产中常用的溶剂及其参数见表4-14。

表4-14 饱和聚酯生产中常用的溶剂及其参数

名称	外观	密度/g·cm⁻³	沸点/℃	闪点/℃	挥发速率
乙二醇丁醚	无色透明	0.9015	170.6	61.1	10
环己酮	无色透明	0.947	155.6	54	25
异佛尔酮	无色透明	0.923	215.2	96	3
醋酸丁酯	无色透明	0.8826	126.3	33	100
混合二元酸酯	无色透明	1.085~1.095	190~226	100	3
(DBE、DME-1)	无色透明	0.8109	117.7	35	45
正丁醇					

名　称	外　观	密度 /g·cm⁻³	沸点 /℃	闪点 /℃	挥发 速率
醋酸己酯	无色透明	0.875	162～176	54	16
醋酸庚酯	无色透明	0.874	176～200	66	7
二甲苯	无色透明	0.860	137～141	28	68
S-100 溶剂	无色透明	0.865～0.880	155～185	44	19
S-150 溶剂	无色透明	0.875～0.890	180～210	63	4
D40 溶剂	无色透明	0.770	164～192	43	12
二丙酮醇	无色透明	≥0.932	148～170	55	30

注：乙二醇丁醚可用丙二醇丁醚代替。

生产饱和聚酯树脂有时需用催化剂，以缩短工时，减少副反应。目前国内外酯化反应催化剂大多数是有机锡化合物，一般采用的是丁基氧化锡及其衍生物，是一类抗水解、用量少、催化活性高的酯化反应催化剂。目前国内常用以下两种：

——二丁基二月桂酸锡　浅黄色或无色油状液体，低温成白色结晶体，溶于甲苯、乙醇、丙酮等，有机溶剂，不溶于水，锡含量 17%～19%。一般使用量为反应物的 0.2%～0.25%。

——单丁基氧化锡　白色粉末，不溶于水和大部分有机溶剂，溶于强碱和矿物酸中，锡含量 56% 以上。一般使用量为反应物的 0.05%～0.10%。

目前市场价格单丁基氧化锡约为二丁基二月桂酸锡的 2 倍，但单丁基氧化锡在使用量为二丁基二月桂酸锡的 1/3～1/2 情况下，其酯化反应时间可比使用二丁基二月桂酸锡缩短 1/4～1/3。生产过程中可以根据饱和聚酯树脂的生产状况选择合适的催化剂，并确定加入量。一般情况下，以选择单丁基氧化锡为主；但有机锡类是要逐步禁用的产品，需要开发低高效品种来代替。

抗氧剂是一种可降低氧化速率进而减缓聚合物老化的化学助剂，通常只要加入微小量的抗氧剂就非常有效。树脂合成中加入抗氧剂可以减缓氧化反应速率，达到降低树脂色泽的目的；还可以提高树脂贮存稳定性，从而也提高了涂料的稳定性。

目前使用的抗氧剂类型有：

——酸性抗氧剂 主要有硼酸、亚磷酸、次磷酸等,以次磷酸的效果要好些。次磷酸抗氧效果明显,价格相对低廉;但酸性较强,要考虑设备材质的耐腐蚀性。另外,与单丁基氧化锡同时使用,有可能影响饱和聚酯树脂的透明度导致涂膜光泽下降。

——亚磷酸酯类 常用的有亚磷酸三苯酯、亚磷酸三[2,4-二叔丁苯基]酯,三壬苯基亚磷酸酯(TNPP)等。具有分解过氧化物,产生结构稳定物质的作用,有抗氧效果。

从实际生产情况看,将亚磷酸酯类抗氧剂、酸性抗氧剂单独共用或复配使用效果较理想。

(2)饱和聚酯树脂的合成和应用 酯化缩聚反应特点和醇酸树脂一样,即每一步反应的速率和活化能大致相同,反应过程中生成的二、三、四聚体及多聚体上的官能团等活性,反应体系中分子逐步聚合增长成大分子。为获得线形树脂,要控制体系的平均官能团。溶剂型醇酸树脂主要是用一元脂肪酸(植物油)调节平均官能度。如用四元醇,还要增加醇超量调节官能度。饱和聚酯主要用醇超量,调节官能度。醇超量 $R = e_B/e_A$。e_A 为配方中多元酸当量数;e_B 为配方中多元醇当量数。从理论上说,平均官能度为 2 的配方体系不会胶化;若有三官能团或以上的原料存在,理论平均官能度大于 2,试验时就应注意反应情况。对于卷材涂料用饱和聚酯树脂,面漆用树脂相对分子质量要小些,醇超量稍大些。一般 R 为 1.15~1.25,树脂羟值一般在 60~80(用于卷村快速线的面漆)和 45~65(用于卷材低速线的面漆和背面漆),体系平均官能度一般在 2.05~2.10;卷材底漆用树脂相对分子质量要大些,醇超量稍小些,一般为 1.05~1.10,树脂羟值在 5~20,而体系平均官能度一般为 2.0~2.05。

树脂的羟值是饱和聚酯树脂的关键参数:一是调节体系平均官能度,保证生产工艺稳定;二是树脂中的羟基要与氨基树脂或异氰酸酯树脂交联。羟值的大小、分布情况、种类是影响交联情况的关键因素。考虑到反应过程中多元醇的升华损耗等因素,理论设计时的羟值应大于上述推荐的实测羟值。通过大量的树脂生产积累了理论羟值与实测羟值的偏差,一般实测羟值/理论羟值=70%~80%:若升华损耗小些,实测羟值/理论羟值>80%;若升华损失大些,则实测羟值/理论羟值<70%。

从羟基分布来看,分子链两端的羟基具有更高的反应活性。从羟基的种类分析,伯羟具有更高的反应活性。根据树脂的应用方向,合理设计树脂的羟值,是我们在设计配方时要考虑的问题。

此外还要考虑多元醇的分子结构对树脂耐水性的影响。用支链醇如新戊二醇、2,2,4-三甲基-1,3-戊二醇合成的聚酯树脂耐水性好,是因为它们生成的酯键有取代基起屏蔽作用。

饱和聚酯树脂用氨基树脂为固化剂,制备烘干涂料(烘漆),用于卷材、家电、汽车的涂装;用聚氨酯树脂为固化剂制备常温固化涂料,用作汽车修补涂料、家具涂料等。羟基型饱和聚酯树脂已专业化生产,市场上不仅国外企业有许多商品化品种,国内企业聚酯树脂商品也不少,可根据用户要求选用合适的品种。

下面列举一个饱和聚酯树脂和一个醇酸树脂的生产配方及生产工艺。

可用于快速线卷材面漆的饱和聚酯树脂

表 4-15　饱和聚酯树脂配方

名　　　　称	配　　　　方
新戊二醇	3800
回流二甲苯	430　　(反应物的 5%)
己二酸	960
S-150 溶剂	2400
间苯二甲酸	2400
乙二醇丁醚(或丙二醇丁醚)	780
偏苯三酸酐	800
对苯二甲酸	480
S-100 溶剂	1300
单丁基氧化锡	5.0　　(反应物的 0.06%)
固体分	58%~62%
色泽(铁钴法)	≤1
酸值	2~5
加氏黏度(25℃·s)	15~20
计算醇超量	$R=1.21$
计算固体树脂羟值	85

操作工艺:

新戊二醇、间苯二甲酸、对苯二甲酸、偏苯三酸酐、己二酸投入反应釜,通氮气,升温。

加热到能搅拌时,开动搅拌,投入单丁基氧化锡,打开直冷凝器与横冷凝器冷却水,反应出水后停止通氮气。

逐步升温,控制气相温度≤105℃,釜内最高温度≤235℃。

当釜内温度到达230℃后,取样在玻璃板上,冷却到室温后,要达到透明;透明后维持30~45分钟,冷却到180℃以下,加二甲苯。

关闭直冷凝器冷却水边脱水边升温,进行回流酯化反应,控制反应温度≤220℃。

回流反应1小时后进行中控,检验黏度、酸值(注意反应后阶段黏度上升趋势)。取样比例为12.7 g样品+7.3 g稀释溶剂(稀释比1:0.575)。要求控制加氏黏度(25℃)为15~20秒,酸值2~5。

中控符合要求后,冷却到180℃以下,放料到对稀釜中(对稀釜先加入部分对稀溶剂),反应釜中加入剩余的对稀溶剂;回流一段时间后,放入对稀釜中,搅拌均匀后复测黏度,达到要求后过滤包装。

用于生产醇酸聚氨酯漆的醇酸树脂的配方和生产工艺

表 4-16　醇酸树脂配方

原料名称	百分比	投料量/kg	备　　注
豆油酸	10.8	324	醇超量 $R=\dfrac{e_B}{e_A}=1.436$
C16 酸	5.8	175	醇酸树脂常数 $K=1.07$
95％甘油	15.0	450	计算羟值=85.7
苯酐	19.2	575	油度36％
顺酐	0.8	25	技术指标:
二甲苯(回流)	3.0	90	外观及色泽:透明液体≤3 档
（对稀）	45.29	1358.75	黏度:(涂-4 黏度计)40~100
二月桂酸二丁基锡	0.01	0.3	酸值:≤15
			细度≤20 μm
50％亚磷酸三壬基苯酯(TNPP)	0.001	0.3	固体分48％~52％
			羟值60~70

操作工艺:

在反应釜内打入豆油酸、甘油、回流二甲苯,再投入C16酸、苯酐、顺酐、二月桂酸二丁基锡、50％ TNPP溶液,通氮气,加热升温。

逐步升温至 150℃左右开始回流,慢慢升温到 190～200℃保温酯化。

保温 3 小时以后开始测酸值,至酸值达到 20 以下,冷却、出料、对稀、搅匀。

过滤测细度≤20 μm,送检验科,化验合格后,入库备用。

用于生产聚酯聚氨酯漆的多羟基饱和聚酯树脂

表 4–17　多羟基饱和聚酯配方

原料名称	投料量/kg	技 术 规 格
己二酸	43.8	醇超量 $R = 1.75$
一缩乙二醇	31.8	$K = 1.25$
三羟甲基丙烷	20.1	固体含量(50±2)%
醋酸丁酯	48.0	色泽(铁钴法)≤12
二甲苯	48.0	酸值≤5
		羟值约 110

操作工艺:

先将己二酸 43.8 kg、一缩乙二醇 31.8 kg 和三羟甲基丙烷 20.1 kg 投入反应釜,升温到 150℃,保温 1.5 小时;继续升温到 180℃,约需 1.5 小时,再升温到 210℃,平均升速 10℃/h,在 210℃保温到酸值为 5 以下;降温到 130℃以下,加入二甲苯醋酸丁酯各 48 kg,搅拌 0.5 小时左右,过滤,包装。

4.5　氨基树脂

含—NH$_2$ 官能团化合物与醛类(主要为甲醛)加成反应得到含—CH$_2$OH 官能团的产物,再与脂肪族一元醇部分或全部醚化并同时缩聚得到的树脂,称为氨基树脂。可作为醇酸树脂、饱和聚酯树脂、丙烯酸树脂、环氧树脂、环氧酯等多种树脂的交联剂。

氨基树脂是一种多官能度的聚合物,如单独作涂料得到的涂膜附着力差,硬度高,涂膜发脆,没有应用价值。氨基树脂作交联剂的涂膜具有优良的光泽、保色性、硬度、耐化学性、耐水性及耐候性等,因此氨基树脂漆广泛用于汽车、工程机械、钢制家具、家用电器和金属预涂等领域。氨基树脂漆在酸催化剂作用下可大幅度降低烘烤温度,这种性能使其可用于二液型木材涂料和汽车修补涂料。

4.5.1　生产氨基树脂的原料　氨基化合物可看成 NH$_3$ 的衍生物,即 NH$_3$ 中的氢原子被烃基取代的衍生物。用于生产氨基树脂的氨基化合物有尿素、三聚氰胺、苯代三聚氰胺、甲代三聚氰胺。

醛类一般使用甲醛,形式有 37% 甲醛水溶液(福尔马林)、50% 甲醛水溶液、多聚甲醛(固体)、40% 甲醛丁醇溶液。使用 37% 甲醛水溶液较多。

生产涂料用氨基树脂时,需要将原料中带入的水分(主要为甲醛水溶液)与反应生成的水脱去,因此使用甲醛水溶液生产氨基树脂,工艺技术要求高,对环境造成很大压力。

采用多聚甲醛合成氨基树脂工艺技术要求高,成品树脂品质高,又可减少原料中带入的水分而减少废水总量;但由于原料成本较高一些,且不同产地的聚合甲醛的解聚工艺条件也有差异对生产工艺影响较大,同时目前国内氨基树脂市场利润很低,因此目前的氨基树脂生产还是采用甲醛水溶液为主。

氨基化合物与甲醛反应的产物含有大量羟甲基,有较强极性,不溶于有机溶剂,与其他树脂混溶性很差,无法配合使用,因此涂料用氨基树脂需要用醇类醚化改性。醚化后的氨基树脂能溶于有机溶剂,与匹配的树脂交联反应,形成有价值的涂膜。醚化采用脂肪族一元醇,可以采用正丁醇、异丁醇、甲醇、乙醇等,目前涂料行业采用最多的是正丁醇、异丁醇和甲醇。

4.5.2 氨基树脂的分类

(1) 按所用氨基化合物的不同分类 尿素甲醛树脂(简称脲醛树脂),三聚氰胺甲醛树脂(在塑料工业叫密胺树脂 melamine 树脂)、苯代三聚氰胺树脂,甲基三聚氰胺甲醛树脂。几种氨基化合物混合使用的称为共聚氨基树脂。

(2) 按醚化时所用醇类的不同来分类 见表 4-18。

4.5.3 氨基树脂合成
通用型氨基树脂多已专业化生产和商品化,涂料制造商需要了解每一品种的性能特点以及一般生产过程。传统溶剂型涂料用氨基树脂是丁醇醚化氨基树脂,高固体分与水性涂料用氨基树脂是甲醚化三聚氰胺树脂。

① 正丁醇醚化三聚氰胺甲醛树脂(582-2 与 590-3 氨基树脂)
1 个三聚氰胺分子上含有 3 个氨基,与尿素比多 1 个氨基,用以合成氨基树脂。与丁醇醚化的脲醛树脂相比,交联度大。而且三聚氰胺是杂环化合物,与其他基体树脂匹配时其交联速度、固化后涂膜的综合性能都优于脲醛树脂。

表 4-18 氨基树脂按醚化时所用醇类分类

正丁醇醚化
氨基树脂
{
脲醛树脂
三聚氰胺甲醛树脂(高醚化度,低醚化度)
苯代三聚氰胺甲醛树脂
共聚树脂(苯代三聚氰胺与三聚氰胺,尿素与三聚氰胺)
}

异丁醇醚化
氨基树脂
{
脲醛树脂
三聚氰胺甲醛树脂(高醚化度,低醚化度)
苯代三聚氰胺甲醛树脂
共聚树脂(三聚氰胺与尿素)
}

甲醇醚化
氨基树脂
{
脲醛树脂(部分甲醚化)
苯代三聚氰胺甲醛树脂(高甲醚化,部分甲醚化)
三聚氰胺甲醛树脂(高甲醚化,部分甲醚化)
}

氨基树脂生产工艺有一步法和两步法两种。一步法是在弱酸性的条件下,羟甲基化反应、醚化反应及缩聚反应同时进行,一步完成。一步法工艺简单,但 pH 控制严格,生产的树脂稳定性稍差。目前一般采用二步法生产工艺。两步法是先在弱碱性条件下进行羟甲基反应,然后在酸性条件下进行醚化和缩聚反应。

三聚氰胺与甲醛的摩尔比,其在反应物中的浓度、反应体系的酸碱性(pH)、反应温度、反应时间等条件的变化都会对三聚氰胺甲醛树脂的反应进程与结果造成影响。测定树脂的容忍度,一般采用芳烃含量 9%～11% 的 200 号溶剂汽油。容忍度反映树脂在脂肪烃溶剂中的溶解性,与醚化程度有关。582-2 氨基树脂(低醚化度)的容忍度指标为 1:(3～7);590-3 氨基树脂(高醚化度)的容忍度指标为 1:(10～20)。

② 甲醇醚化三聚氰胺甲醛树脂 在甲醚化氨基树脂中产量最大、应用范围最广的是高甲醚化三聚氰胺甲醛树脂(HMMM 或 HM3 树脂),它属于单体型高烷基化的三聚氰胺甲醛树脂,主要应用于涂料行业;其次是高亚氨基、高甲醚化氨基树脂,未醚化的羟甲基较少,醚化程度相对较高,有一定量亚氨基存在。树脂相对分子质量相对低些,在固化涂料时释放甲醛少。

HMMM 的生产也是采用两步法。第一步加成反应(羟甲基反应),三聚氰胺与甲醛的摩尔比一般在 1:10 以上,pH8.0～9.0(一般控制在 8.8～9.0),反应温度 55～65℃。其化学过程为

$$H_2N-C \cdots N \cdots C-NH_2 \quad +HCHO(过量) \xrightarrow[55\sim65℃]{pH8.8\sim9.0}$$

六羟甲基
三聚氰胺

第二步为醚化反应,在酸性条件下(pH 值 2～3)进行,使用过量的甲醇参加反应,醚化反应与缩聚反应同时进行,六羟甲基三聚氰胺与过量甲醇可以生成六甲氧甲基三聚氰胺。化学过程为

$$+CH_3OH(过量) \xrightarrow{pH2\sim3}$$

六甲氧甲基三聚氰胺简称 HMMM 或 HM3,是六官能团的单体化合物。纯的 HM3 是白色针状晶体,熔点 55℃,水中溶解度 25℃时 10%,40℃时 15%,可溶于大部分有机溶剂,有良好的热稳定性。由于合成氨基树脂发生的羟甲基反应、醚化反应、缩聚反应是可逆反应,反应的影响因素又很多,因此工业上难以制得纯净的 HM3,只能得到不同反应程度的混合物,其成分因反应条件和工艺配方的变化而有所不同。

4.5.4 氨基树脂的应用 氨基树脂主要用做含羟基、羧基、酰氨基、环氧基等的树脂的固化剂,涉及醇酸树脂(短油度)饱和聚酯、羟基丙烯酸树脂、环氧树脂、有机硅改性树脂、氟碳树脂等。氨基树脂参加反应的基因主要是烷氧基、羟甲基、亚氨基 3 种基因。

氨基树脂中的烷氧基甲基是主要的交联基因,与基体树脂的羟基之间进行醚化交联反应是主要的固化反应,需要在一定温度下完成交联反应固化成膜,羟甲基之间即会自缩聚,也能与基体树脂发生产交联。羟甲基的反应活性比烷氧甲基大。亚氨基主要是自缩聚基因,容易与羟甲基自聚,也能进行双烯加成反应。

部分烷基化氨基树脂结构中主要含有烷氧基甲基和羟甲基。高亚氨基、高醚化氨基树脂结构中主要含有烷氧基甲基和亚氨基。低亚氨基、高醚化氨基树脂结构中主要含有烷氧基甲基和极少量亚氨基、羟甲基。

从醚化氨基树脂可进行的交联反应看,能与大部分基体树脂进行交联,从而改善涂膜性能。不同的氨基树脂所含的官能团有所差异,对基体树脂的反应活性不同。采用亚氨基含量高的氨基树脂做交联剂能提高涂膜硬度,采用高醚化氨基比起低醚化度氨基树脂更能提高涂膜柔韧性,因此不同用途的烘漆应选择不同类型的氨基树脂做交联剂。

氨基树脂交联固化的涂料主要用于车辆、家电、卷材、机械等方面的涂装,是工业涂料中的主流产品。

4.6 环氧树脂

由碳-碳-氧三原子组成的环称为环氧基(epoxy, epoxide),含有 2 个或 2 个以上环氧基团的树脂属于环氧树脂,它主要是由双酚- A 和环氧氯丙烷在碱性催化剂(如 NaOH)作用下缩聚而成。环氧基因具有高度活泼性,使环氧树脂能与多种类型固化剂发生交联反应形成三维网状结构的高聚物。环氧树脂除用于涂料外,还用于黏结剂、灌封材料、层压板。环氧树脂多为专业化生产,品种系列化发展。

环氧树脂本身是热塑性树脂,依靠固化剂交联固化。环氧树脂的固化剂是配制其涂料的重要组分,品种较多,也已商品化,涂料行业自行合成的较少。

4.6.1 环氧树脂分、特性指标及牌号 环氧树脂分为缩水甘油类和非缩水甘油类两大类。

(1)缩水甘油类 有缩水甘油醚、缩水甘油酯、缩水甘油胺。缩水甘油胺由多元胺与环氧丙烷反应而得,涂料中不常用。缩水甘油酯典型代表是粉末涂料中的 TGIC(异氰尿酸三缩水甘油酯)。用途最广、用量最多的是缩水甘油醚类环氧树脂,它用环氧氯丙烷与多元酚或多元醇反应而得。双酚 A 型环氧树脂在所有的环氧树脂中产量最大,是由二酚基丙烷(俗称双酚-A,bisphenol A,BPA)与环氧氯丙烷(epichlorohydrin,ECH)缩合而成的树脂,其通式为

式中,丙烷基的 2 个甲基被氢取代,称为双酚 F 型环氧树脂;n 平均值的大小取决于 BPA:ECH=1:X,X 越大则 n 值小。按上述结构,结合在树脂中的比例为

$$\frac{ECH}{BPA}=\frac{n+2}{n+1},n \text{ 值越大,分子质量越大,} X \text{ 值越小。}$$

由多元醇和环氧氯丙烷缩合成的环氧树脂,黏度一般比双酚-A 型环氧树脂小,而且能溶于醇类和水中,固化后的产物有很好的韧性,也可作为活性稀释剂。

由多元酚或酚醛树脂中间体得到的多酚型环氧树脂,其环氧基多,固化后产物交联密度大,有很高的耐热性和机械强度,可用于制造耐热涂料。由高邻位酚醛树脂制成的环氧树脂 F-44 和 F-46 就是这类产品。

缩水类环氧树脂的牌号和特性指标见表 4-19。

表 4-19 缩水类环氧树脂的牌号和特性指标

国家统一牌号	旧名称	软化点/℃	环氧值	环氧当量	有机氯含量
F-44	644	≤40	≥0.44	≤227	≤0.1
F-46	648	≤70	≥0.44	≤227	≤0.08

(2)非缩水甘油类 非缩水类环氧树脂的环氧基不是由环氧氯丙烷提供,而是以过氧乙酸氧化环烯烃或聚丁二烯等碳—碳双键反应而得,代表性品种有 H-71 型环氧树脂和 W-95 型环氧树脂,其结构为

非缩水甘油类树脂的牌号和特性指标见表4-20。

表4-20　非缩水甘油类树脂的牌号和特性指标

国家统一牌号	旧名称	外　观	环氧值	环氧当量	密度/g·cm^{-3}	黏度(20℃)/mPa·s
H-71	6201	淡黄色液体	0.62~0.67	155	1.121	<2000
W-95	6400	淡色透明液体	≥0.95	≤105	1.153	38

（3）双酚-A型环氧树脂的特性指标和牌号　相关特性指标的定义如下：

环氧值——100 g环氧树脂中含有的环氧基mol数；

环氧当量——含有1 mol环氧基的树脂g数；

羟值——100 g树脂中含有羟基的mol数，这和醇酸树脂、饱和聚酯中羟值定义不同；

酯化当量——酯化1 mol单元酸(60 g乙酸或280 g脂肪酸)所需环氧树脂g数；

软化点——在规定条件(环球法)下测得树脂软化的温度，软化点高低可以表示树脂分子量的大小。按分子质量高低分类的特性指标及实例见表4-21。

表4-21　按分子质量高低分类的特性指标

类　　型	软化点/℃	聚合度n	实　　例
低分子质量环氧树脂	<50	<2	E-51,E-44,E-42
中分子质量环氧树脂	50~95	2~5	E-20,E-12
高分子质量环氧树脂	>100	>5	E-06,E-03

双酚-A型环氧树脂类主要品种的牌号及特性指标见表4-22。

表4-22　双酚-A型环氧树脂类主要品种的牌号和特性指标

国家统一牌号	旧名称	软化点/℃(黏度,Pa·s)	环氧值	环氧当量	平均缩聚度n	羟值mol/100 g	酯化当量
E-55	616	6~8	0.55~0.58	182	0.13	0.036	
E-51	618	8~10	0.48~0.54	196	0.18	0.04	85
E-44	6101	12~20	0.41~0.47	227	0.40	0.09	

续　表

国家统一牌号	旧名称	软化点/℃（黏度，Pa·s）	环氧值	环氧当量	平均缩聚度 n	羟值 mol/100 g	酯化当量
E-42	634	21～27	0.35～0.45	238	0.48	0.10	103
E-35	637	20～35	0.30～0.40	286	0.81	0.14	
E-20	601	64～76	0.18～0.22	500	2.32	0.23	130
E-12	604	85～95	0.09～0.14	833	4.67	0.28	175
E-06	607	110～135	0.04～0.07	1666	10.53	0.32	190
E-03	609	135～155	0.02～0.045	3333	22.27	0.33	220

4.6.2　环氧树脂的性能和用途　环氧树脂本身是热塑性树脂,是环氧树脂漆的原料,要使环氧树脂漆具有优良的性能,必须将环氧树脂与固化剂进行反应交联而成为网状结构的大分子。

(1) 环氧树脂漆的优点

① 漆膜对金属、陶瓷、玻璃、混凝土、木材等底材均有优良的附着力,可做优良的底漆。

② 耐化学品性能优良,耐碱性尤其突出,可做各种防腐蚀涂料。

③ 具有一定的韧性,不像酚醛树脂很脆。

④ 对湿表面有一定润湿力,尤其在使用聚酰胺固化剂时可制成水下施工涂料,能排挤物面的水而涂布,用于水下结构的抢修和水下结构的防腐蚀施工。

⑤ 环氧树脂本身的分子质量不高,能与各种固化剂配合制造无溶剂、高固体、粉末涂料及水性涂料,符合近年的环保要求,并能获得厚膜涂层。

⑥ 环氧树脂含有环氧基及羟基两种活泼基团,能与多元胺及其衍生物、聚酰胺树脂、酚醛树脂、氨基树脂、丙烯酸树脂、多异氰酸酯等配合制成多种涂料,有的可常温干燥,有的需要高温烧烤,以满足不同的施工要求。

⑦ 环氧树脂具有优良的电绝缘性能,用于浇注密封、绝缘浸渍漆等。

(2) 缺点　一是光老化性差,耐候性差;二是低温固化性差(一般要在 10℃以上固化)。

由于以上性能,环氧树脂用于底漆、防腐涂料、电沉积涂料、工业烘漆、粉末涂料。环氧树脂经脂肪酸酯化成环氧酯,可做有名的 H06-2 铁红锌黄环氧酯底漆;加氨基树脂可作工业烘漆;环氧树脂经丙烯酸(或甲基丙烯酸)酯化成为著名的乙烯酯树脂,可用作辐射固化涂料,也可类似于不饱和聚酯;加苯乙烯稀释,配合引发剂(过氧化甲酮、过氧化环己酮)及促进剂(环烷酸钴)。可做成耐腐蚀涂料。

4.6.3　环氧树脂固化剂　环氧树脂含有环氧基与仲羟基,能进行许多反应,凡是能与环氧树脂产生化学反应的化合物或树脂都可做环氧树脂固化剂。环氧基可与伯胺、仲胺、羧酸、叔胺、酚基、巯基、无机酸、异氰酸酯发生反应;仲羟基可与酚醛树脂、氨基树脂的羟甲基或烷氧基高温固化,可与多异氰酸酯反应,还可与硅醇的烷氧基缩合,可与脂肪酸反应制造环氧酯。

(1)胺类固化剂

① 脂肪族胺类　如乙二胺、二乙三胺、己二胺、异佛尔酮二胺、间二甲苯二胺等能在常温固化,固化速度快,黏度低,使用方便。其缺点是固化时放热大,使用期短,吸水性强,与环氧树脂混溶性差,挥发性大,毒性大,因此常常加以改性。

② 改性胺固化剂　环氧树脂与过量多元胺反应制成加成物固化剂。多元胺与二聚酸反应制成聚酰胺固化剂,这是目前用量最大的固化剂,但其低温固化性差(一般均在 15℃以上固化)。后来开发了低温固化剂,即酚醛胺固化剂。著名的 T-31 固化剂是用乙二胺苯酚、甲醛反应而成,但性能较脆。用腰果酚代替苯酚制成腰果酚醛胺固化剂,柔韧性得到改善,可在低温(0～-5℃)固化。

③ 芳香胺　有间苯二胺、苄基二甲胺、N,N-二甲基苯胺等,需加热固化,使用期长,固化后耐热性好。

(2)酸酐类固化剂　二元酸及其酸酐可以作为环氧树脂的固化剂。固化后树脂具有较好的机械强度和耐热性,但含有酯键容易受碱侵蚀。酸酐固化时放热量低,使用期限长,但必须在较高温度下烘烤才能固化完全。酸酐类易升华,易吸水,使用时不方便。涂料中主要用液体的酸酐加成物(如顺酐与桐油加成物),一般固体二元酸(如苯酐,顺酐等)很少使用,因其工艺性能不好。

(3)合成树脂类固化剂　环氧树脂可与多种合成树脂——如酚醛

树脂、氨基树脂、醇酸树脂、羟基丙烯酸树脂、聚硫橡胶、多异氰酸酯等——混溶,它们都含有能与环氧树脂反应的活性基团,能互相交联固化。这些合成树脂引入环氧树脂结构中,会赋予最终产物以某些优良性能,如:用酚醛树脂固化,提高耐热性及耐酸性;用氨基树脂固化时,可提高韧性,而色泽较淡;用多异氰酸酯可以低温固化,提高其韧性及耐腐蚀性;用聚硫橡胶固化可以室温固化,提高其韧性和耐冲击强度。

用合成树脂(如酚醛树脂,氨基树脂等)固化环氧树脂,所用环氧树脂多采用固体树脂(如 E－12,E－06 和 E－03)。树脂中含羟基较多,含环氧基较少,而且间隔较远,当和其他树脂的活性基因反应时,环氧树脂羟基容易反应;而环氧基不易反应,必须提高温度(160～180℃)才能固化交联反应完全。

4.6.4　双酚 A 型环氧树脂的制造　据报道,国内的双酚-A 型环氧树脂占环氧树脂总量的 90％以上,在全球约占总量的 75％～90％。双酚 A 型和环氧氯丙烷都是二官能度化合物,所以合成所得的树脂是线型结构,聚合度一般在 0～14。由于分子质量、分子分布及化学结构的不同,其生产方法也有差别,环氧树脂多由专业树脂厂生产,涂料生产企业一般不自己生产。

双酚-A 型环氧树脂是由双酚-A 与过量的环氧氯丙烷在 NAOH 存在下缩聚反应制成,NAOH 起催化作用。因为双酚-A 和环氧氯丙烷均为二官能度,为使用分子两端均成为环氧基,则环氧氯丙烷必须过量。最后的树脂通式为

$$CH_2{-}CH{-}CH_2O\!\!-\!\!\left[\!\!\begin{array}{c}CH_3\\ \vert\\ -C-\\ \vert\\ CH_3\end{array}\!\!-\!\!O{-}CH_2{-}CH{-}CH_2O\!\!-\!\!\right]_n\!\!\begin{array}{c}CH_3\\ \vert\\ -C-\\ \vert\\ CH_3\end{array}\!\!-\!\!OCH_2{-}CH{-}CH_2$$

上式中,n 平均值的大小取决于投料时环氧氯丙烷(ECH)与双酚 A (BPA)的比例,BPA：ECH 比例大则 n 值小,比例小则 n 值大,分子量大,可以得到中高分子量环氧树脂。

我国采用二步加碱法来制造低分子量环氧树脂,BPA：ECH＝1：(3～5),用二步法(扩链法)制中高分子量环氧树脂 BPA：ECH＝1：(1.1～2.0)。线型环氧树脂分子质量高达数万,BPA 和 ECH 必须采用等摩尔比。线型环氧树脂用做挥发型涂料。

4.7 乙烯类树脂

这类树脂的单体都具有 CH_2 =CRX 结构(R 为氢或烷基,X 为其他基团),经过聚合反应后生成各种树脂。此处介绍氯乙烯,包括醋酸乙烯共聚树脂、氯乙烯—偏氯乙烯共聚物和聚乙烯醇缩醛树脂。聚氯乙烯主要用在塑料工业上加工成各种制品,在涂料工业上仅用乳液聚合法制得的糊状树脂,制成搪塑玩具表面用涂料。聚醋酸乙烯主要品种是聚合成乳液,用在乳胶漆中,少量制成聚醋酸乙烯丙酮溶液用做黏结剂(即 PM‐2035)。

乙烯类树脂的原料来源于石油化工,资源丰富,价格较低,还具有各种优越性能。大部分乙烯树脂漆属于挥发性漆,具有快速自干的特点,在很多方面较硝基纤维漆为佳。

4.7.1 氯醋共聚树脂 聚氯乙烯分子结构规整,链与链间缔合力极强,玻璃化温度高,溶解性差。加入一定量的醋酸乙烯单体与之共聚可以起到内增塑作用,使聚合物的柔韧性增加溶解性改善,较易与增塑剂及其他树脂相容;但仍然在不同程度上保留聚氯乙烯的特点,如耐腐蚀性、不燃性、坚韧耐磨和对热的不稳定性。

氯乙烯:醋酸乙烯(质量比)=87:13(相当于摩尔比 9:1)是一个比较适中的比率,它大大改善了树脂的溶解性和柔韧性,又不显著降低硬度和耐化学腐蚀性。但它作为主要成膜物质仍有两个较大的缺点:自干的涂膜附着力差;与其他树脂的混溶性不好。为了克服这些缺点在二元共聚物中引进羧基或羟基成分,形成三元共聚物。

由于氯醋共聚树脂分子结构规整,链与链之间的缔合力极强,玻璃化温度高等特点,所制成的漆具有良好的防腐蚀性与耐候性能。

4.7.2 氯乙烯偏氯乙烯共聚树脂 偏氯乙烯含量为 35%~65%的共聚树脂可供涂料工业用,它的防潮性、耐化学性、不燃性、柔韧性、溶解力和附着力都很好,若制成乳胶漆同样具有上述优良性能。

漆用氯偏共聚物一般采用 40%偏氯乙烯和 60%氯乙烯的共聚物,它能溶于芳烃溶剂中,可制成 30%~40%的树脂液,因此,制成涂料后的不挥发分高,施工涂漆遍数可减少。它和过氯乙烯比,除坚韧性、光稳定性和溶剂释放性略差外,耐腐蚀性、耐寒性和不燃性基本上是一样的;但附着力、柔韧性、溶解性及不挥发含量等方面都优于过氯乙烯涂料。

4.7.3 聚乙烯醇缩醛 聚醋酸乙烯水解得到聚乙烯醇。聚乙烯醇在水、醇、酸介质中与醛类缩合可制得聚乙醇缩醛,由于它具有多种优良的性能,如硬度高,电绝缘性,耐寒性好,黏结性好,透明性佳等优点,因此广泛用于涂料、合成纤维、黏合剂、安全玻璃夹层和绝缘材料等生产中。根据和聚乙烯醇缩合时所用的醛类,可得到不同软化点的聚乙烯醇缩醛,包括缩甲醛(软化点 110℃),缩乙醛(软化点 88℃),缩丙醛(软化点 76℃),缩丁醛(软化点 65℃)。

在工业产品中,由于水解的缩合作用不完全,因此在个别链节上仍残留少量的乙酰基和羟基,这些基团的存在影响着聚乙烯醇缩醛的性质(特别是溶解性)。其化学反应式为

$$\begin{array}{c}
-CH_2-CH-CH_2-CH-CH_2-CH-CH_2-CH-\xrightarrow[\text{或醇解}]{\text{水解}} \\
\quad\ \ |\qquad\qquad |\qquad\qquad |\qquad\qquad | \\
\quad\ \ OCOCH_3\quad OCOCH_3\quad OCOCH_3\quad OCOCH_3
\end{array}$$

$$\begin{array}{c}
-CH_2-CH-CH_2-CH-CH_2-CH-CH_2-CH-\xrightarrow[\text{H}^+]{\text{RCHO}} \\
\quad\ \ |\qquad\qquad |\qquad\qquad |\qquad\qquad | \\
\quad\ \ OCOCH_3\qquad OH\qquad\ OH\qquad\ OH
\end{array}$$

$$\begin{array}{c}
-CH_2-CH-CH_2-CH-CH_2-CH-CH_2-CH- \\
\quad\ \ |\qquad\qquad |\qquad\qquad |\qquad\qquad | \\
\quad\ \ OCOCH_3\quad O-CH-O\qquad OH \\
\qquad\qquad\qquad\quad |\qquad\qquad\ | \\
\qquad\qquad\qquad\quad R\qquad\qquad\ OH
\end{array}$$

聚乙烯醇缩醛树脂的生产工艺根据介质不同分为均相法和多相法。聚乙烯醇和醛在醇介质中进行缩合,由于生成的聚乙烯醇缩醛树脂能在醇中溶解,因此反应是均相的;而在水中缩合时,则为非均相(多相的)的。

在涂料工业中,常用含丁醛基 44%～48% 的缩丁醛树脂(低黏度,5～10 秒)做磷化底漆的基料。可加部分醇溶性酚醛树脂配制木面封闭漆。聚乙烯醇缩丁醛(PVB)耐油性很好,若和氨基树脂、醇酸树脂配合可制成耐油涂料。PVB 还可以和环氧树脂 E-42 配合制成耐水、防潮性十分优越,附着力和机械强度非常好的涂料。用聚乙烯醇缩甲醛(或缩甲乙醛)和热固性酚醛树脂混合制成高强度漆包线漆,用于电机中定子和电枢的线圈制造上。

4.8 丙烯酸树脂

丙烯酸树脂由(甲基)丙烯酸酯类和其他烯基单体共聚而成。其他烯基单体常用的有丙烯酸、甲基丙烯酸、丙烯酰胺、甲基丙烯酰、N—羟

甲基丙烯酰胺、苯乙烯、醋酸乙烯、丙烯腈。除溶剂型丙烯酸树脂外,还有水溶性丙烯酸树脂、丙烯酸乳液和无溶剂(紫外光固化)丙烯酸树脂。

溶剂型丙烯酸树脂分为热塑性丙烯酸树脂和热固性丙烯酸树脂。热塑性丙烯酸树脂主要用于塑料用涂料、汽车修补涂料、建筑外墙涂料。热固性丙烯酸树脂主要有 4 种:① 羟基丙烯酸树脂——以氨基树脂为固化剂,烘烤交联,主要用于汽车面漆、家用电器、五金工具等。用多异氰酸酯为固化剂,常温干燥,主要用于汽车面漆及汽车修补涂料、塑料、外墙、机器等面涂料。② 环氧丙烯酸树脂——以多元酸、多元胺为固化剂,常温干燥或烘烤干燥,用于罐头涂料。③ 羧基丙烯酸树脂——以环氧树脂或氨基树脂为固化剂,烘烤交联,主要用于罐头涂料。④ N-羟甲基丙烯酸胺丙烯酸树脂——以氨基树脂为固化剂,烘烤固化,主要用于金属底材。

丙烯酸树脂涂料具有下列特点:① 外观色浅,透明性好;② 户外暴晒耐久性强,保光保色性好;③ 耐热,在 230℃ 左右或更高温度下仍不变色;④ 较好的耐化学品性。

由于优越的耐光性能与耐户外老化性能,丙烯酸涂料最大市场为轿车涂料。此外,在轻工、家用电器、金属家具、铝制品、卷材、仪器仪表、建筑、纺织品、塑料制品、木制品等工业也有广泛应用。

溶剂型丙烯酸树脂采用溶液自由基聚合,即聚合反应在溶液中进行,最后的反应产物为树脂溶液。这种方法获得的聚合物相对分子质量不高,容易调控,在涂料行业中得到广泛采用。

4.8.1　原料　溶剂型丙烯酸树脂合成所用原料主要有单体、引发剂、溶剂和链转移剂 4 种。

(1) 单体　丙烯酸树脂所采用的单体主要有丙烯酸酯和甲基丙烯酸酯及其他含有乙烯基团的单体。见表 4-23。

表 4-23　单体及其性能

名称及英文缩写	相对分子质量	折射率(25℃)	沸点/℃(溶点0℃)	相对容度(25℃)	均聚物玻璃化温度/℃	均聚物 T_g(K)
丙烯酸甲酯(MA)	86	1.401	80.3	0.950	6	279
丙烯酸丁酯(n-BA)	128	1.416	147.4	0.894	−56	217

名称及英文缩写	相对分子质量	折射率(25℃)	沸点/℃(溶点 0℃)	相对容度(25℃)	均聚物玻璃化温度/℃	均聚物 T_g(K)
丙烯酸 2-乙基己酯(EHA)	184	1.433	213.5	0.881	—70	203
丙烯酸-β羟乙酯(β-HEA)	116	1.446	82(0.7 KPA)	1.104	—15	258
丙烯酸-β羟丙酯(β-HPA)	130	1.445(20℃)	77(0.7 KPA)	1.057	—7	266
丙烯酸缩水甘油酯(GA)	128	1.449	57(0.3 KPA)	1.170	约10	约283
甲基丙烯酸甲酯(MMA)	100	1.4118	101	0.940	105	378
甲基丙烯酸正丁酯(n-BMA)	142.2	1.4220	163	0.889	22	295
甲基丙烯酸β-羟乙酯(β-HEMA)	130	1.4517	95(1.3 KPA)	1.027	55	328
甲基丙烯酸羟丙酯(HPMA)	144	1.446	96(1.3 KPA)	1.073	26	299
甲基丙烯酸缩水甘油酯(GMA)	142	1.4482	75(1.3 KPA)	1.073	46	319
丙烯酸(AA)	72	1.4185	141.6	1.045	106	379
甲基丙烯酸(MAA)	86	1.4288	163	1.015	185	458
丙烯腈	53	1.38888	77.3	0.800	96	369
醋酸乙烯酯(VA)	86	1.3952(20℃)	72.5	0.934(20℃)	30	303
丙烯酰胺	71		(84.5)	1.112(30℃)		
甲基丙烯酰胺	85		(110)			
苯乙烯(ST)	104	1.5441	145	0.901	100	373
丙烯酸乙酯(EA)	100	1.404	100	0.917	—24	249

　　(2) 引发剂　引发剂的分解速率常用半衰期即引发剂分解到起始浓度的一半所需要的时间来表示。常见的引发剂和最佳使用温度见表4-24。

表 4-24 常用引发剂和最佳使用温度

引发剂	温度/℃	半衰期	最佳使用温度/℃	引发剂	温度/℃	半衰期	最佳使用温度/℃
偶氮二异丁腈	64	10 h	75~90	叔丁基过氧化苯甲酰	110	5.5 h	115~130
	82	60 min			120	1.75 h	
	100	6 min			130	35 min	
	120	1 min			140	12 min	
过氧化苯甲酰	80	4 h	90~100		150	4.5 min	
	90	1.25 h		过氧化二叔丁基	130	6 h	140~150
	100	25 min			140	2 h	
	110	8.5 min			150	40 min	
	110	8.5 min			160	15 min	
叔丁基过氧化叔戊酰	60	6 h	70~80				
	70	1.25 h					
	80	20 min					
	90	9 min					

（3）**溶剂和链转移剂** 溶剂是丙烯酸树脂的重要组成部分。良溶剂可使树脂清澈透明,黏度降低,树脂及其涂料的成膜性能好。

为了得到较高固体分和低黏度的树脂,常采用链转移剂。常用的有十二烷基硫醇、2-巯基乙醇、3-巯基丙酸-2-羟乙酯等。通常在链转移剂中随碳链的增长,链调节功能增强,到十二碳时达到最大值,碳链进一步增长链调节功能反而下降。此外,选用不同的链转移剂虽然可制得表观黏度相近的树脂,但相对分子质量分布范围不尽相同,制成涂料以后涂膜的丰满度也有差异。就涂膜的丰满度来说,以十二烷基硫醇作链调节剂为佳。

4.8.2 丙烯酸酯聚合方法 单体在溶液状态下通过自由基聚合反应合成的丙烯酸树脂是溶剂性丙烯酸酯树脂。自由基聚合是个不可逆的连锁反应,其反应过程包括链的引发、链的增长和链的终止 3 个阶段。与反应机制相对应的聚合反应经历 4 个时期,即诱导期、反应初期、中期和后期。这在有关高分子化学的教科书中都有详述,此处不再复述。

影响丙烯酸树脂聚合反应的因素有反应温度、单体种类和浓度、引发剂的种类和浓度、溶剂与链调节剂等。

(1) 反应温度　丙烯酸树脂合成的反应温度一般以控制在 80～150℃较为适宜；温度高低不仅影响反应速率，而且影响树脂的相对分子质量。

在恒定其他条件时，反应温度越高，引发剂分解越快，单位时间内生成的自由基越多，聚合速度越快，聚合度越低，相应的树脂相对分子质量越低；反之，反应温度越低，合成得到的丙烯酸树脂的相对分子质量越大：因此，在实际合成中可采用控制温度的办法来调节丙烯酸树脂的相对分子质量。

聚合反应温度与引发剂的选择有关。如从反应温度的角度来选择引发剂，在一次投料的情况下，一般选择半衰期为反应总时间的 1/3 的引发剂为好。此时，单体转化率比较高，而且树脂中残留的引发剂量较少。如果引发剂与单体同时滴加，聚合反应温度一般选择在引发剂半衰期为 10～60 分钟时的温度为好，单体转化率可达 98％以上，树脂中残留的引发剂一般可低于加入引发剂的 1％。

聚合反应温度对聚合物相对分子质量分布有一定影响。提高聚合反应的温度，明显提高溶剂的链转移系数，平均相对分子质量降低，生成的共聚物的组成分布更均一。

(2) 单体种类和浓度　单体的种类和浓度可根据被合成的树脂性质来决定。在聚合体系中，单体的一般用量控制在 40％～75％。聚合反应是放热反应，因此为了控制聚合反应，一般采取滴加方式加入单体。滴加速率决定树脂相对分子质量的大小及树脂结构。匀速滴加单体可使树脂相对分子质量分布较为均匀；慢慢滴加使滴加时间较长时，树脂相对分子质量会降低，分子结构趋于均匀；滴加时间较短，滴加速度加快时，树脂相对分子质量会增大，相对分子质量分布变宽，分子结构均匀度较差。生产实践证明，一般单体滴加时间控制在 2～4 小时为宜。

混合单体在较低的加料速率、较高的引发剂浓度和温度下，加入到反应器中的物料瞬间发生反应，反应器中的单体浓度低，即处于所谓的"饥饿"或"半饥饿"状态，所以在此条件下单体的聚合行为不同于一般的间歇反应器中的聚合行为。很多研究表明,饥饿加料法是控制聚合物相对分子质量及其分布的有效方法;但在实际生产中,加料速度太慢会降低生产效率,延长劳动时间。

单体浓度大小对树脂相对分子质量的影响特别明显。单体浓度大时,合成出的树脂相对分子质量也大;反之则小。在溶液聚合中,往往通过调节单体浓度来控制树脂的相对分子质量在及分布。一般来说,反应体系中溶剂用量少时,单体浓度大,合成出树脂的相对分子质量也大;溶剂用量多时,单体浓度小,合成出树脂的相对分子质量也小,而且不易产生凝胶反应、支化及交联反应,保证聚合物性能稳定。在实际生产中,为了得到较高相对分子质量的树脂,采用二步法加入溶剂,单体先在少量溶剂中聚合,完毕后再补加溶剂。采用补加溶剂的方法不仅可得到较理想的树脂相对分子质量,还可缩短聚合反应的时间。

单体的纯度对聚合有很大的影响,因为很多杂质的作用与分子质量调节剂、缓聚剂与阻聚剂差不多,对聚合速率和相对分子质量均有影响。实践证明单体纯度越高,越有利于聚合反应。

(3)引发剂种类和浓度 在一定温度下,可认为聚合速度主要由引发速率决定,在许多情况下,聚合速度与引发剂浓度平方根成正比。引发剂的用量对树脂的相对分子质量、黏度及转化率产生影响。一般说来,引发剂的用量越高,树脂的相对分子质量及黏度越低。一般规律是相对分子质量与引发剂用量的平方根成反比。在溶液聚合反应时,如要得到较高的相对分子质量的树脂,引发剂用量可低些,一般可控制在 $0.2\%\sim0.5\%$ 范围内;如要得到较低相对分子质量树脂,引发剂用量可高些,一般可控制在 $0.6\%\sim2\%$ 范围内,最高时间可达 $4\%\sim5\%$。引发剂用量过大时会在生产过程中有热量的排除问题以及会影响聚合物的力学性能、热稳定性以及抗老化性能等。

引发剂的加入方式对树脂相对分子质量有很大影响。目前有两种滴加形式:一种是引发剂和反应单体先混合均匀,一起匀速滴加到反应体系中;另一种是引发剂和单体以不同滴加速率分别滴加到反应体系中。两种方法各有利弊:前一种在工业生产上使用起来较方便,缺点是可能有部分引发剂在未来得及引发单体时就消失,降低了引发剂引发单体的效率,也增加了成本;后一种方法可通过调节引发剂滴加速率充分引发单体聚合,可以较为完全地引发聚合,缺点是生产装置较复杂,操作有一定难度。因此,采用何种滴加方式视生产条件而定。

在树脂合成中投料方式是一个影响因素。在制备大相对分子质量的热塑性丙烯酸树脂时,溶剂单体和引发剂等一次性投入反应并在反应温度下引发剂分解半衰期为 1 小时以上,使引发剂缓慢分解,制备较高相对分子质量的聚合物。而合成热固性丙烯酸树脂时,多数情况是采用单体和引发剂同时滴加的工艺,使整个聚合过程中单体和引发剂的浓度基本保持稳定。

利用引发剂进行聚合反应在反应经过一段时间后,活性自由基浓度已降低到极点,部分单体未被引发聚合,如果此时终止聚合反应,所得到的树脂转化率较低,仅在 70%～80%,自由单体含量较高,而丙烯酸酯单体一般都有特殊臭味,影响到丙烯酸树脂的质量。为了提高产品转化率,降低自由单体含量,往往在单体滴加完毕后的 1～2 小时再补加 0.1%～0.2%的引发剂。补加引发剂也采取滴加方法。一般是将引发剂与反应用溶剂混合在一起,用 1～2 小时匀速补加,补加完毕后再经过 1～2 小时即可终止反应。利用补加引发剂的方法,产品的转化率可达到 96%以上,如果反应控制得好,转化率可达到 100%。补加的引发剂种类可与反应主体用引发剂可以是同一种,也可以不同,可根据引发剂性质决定。如果是过氧化物,两种引发剂可以是同一种;但如果使用偶氮二异丁腈,由于引发剂在溶剂中溶解度差,就不能用作补加引发剂。考虑到产品的稳定性,一般都是用偶氮二异丁腈做主体反应用引发剂,补加引发剂则选用过氧化物;此时应考虑到过氧化物引发剂的分解温度较高,因此补加过程中应适当提高补加时的反应温度。

(4)溶剂和链调节剂 溶剂的选择在丙烯酸树脂合成中十分重要。溶剂的选择首先应考虑单体和聚合物的良溶剂。溶剂对丙烯酸单体的溶解能力与单体的结构有关。低级酯构成的丙烯酸酯能溶于芳烃、酯类、酮类和氯化烃等,但不溶于脂肪烃、醚类和醇类。四碳以上酯构成的丙烯酸可以溶于脂肪烃中。

溶剂不应对引发剂产生诱导分解作用,而对引发剂应具有良好的溶解性。过氧化物引发剂在各类溶剂中的分解速率按下述次序增大:芳烃—烷烃—酯类—醚类—醇类—胺类。溶剂的选择对树脂的相对分子质量和黏度有一定影响。高链转移常数的溶剂会使聚合物相对分子质量降低,从而降低黏度。

一般溶剂的链转移常数为 $10^{-4}\sim10^{-5}$,对相对分子质量不会有很大的影响;但在溶液聚合时溶剂占 $30\%\sim60\%$,特别在反应后期,溶剂的浓度大大超过单体的浓度时溶剂的链转移作用是不容忽视的。

链调节剂如十二烷基硫醇、巯基乙醇等具有较大的链转移常数,可以终止正在增长的链反应;链调节剂用量越高,相对分子质量越小,黏度越低。研究表明,以 3 -巯基丙酸为链转移剂时,获得最低的相对分子质量和最窄的相对分子质量分布。

在树脂合成过程中,要保持工艺的稳定性。工艺稳定性包括稳定的温度、单体滴加匀速等,这些是保证相对分子质量分布窄的重要因素。

4.8.3　溶剂型丙烯酸树脂的合成　热塑性丙烯酸树脂不含有可交联的反应基团,大多以甲基丙烯酸酯类单体为主,也含有苯乙烯、丙烯酸丁酯等单体。它的相对分子质量较大,一般为 $75000\sim120000$。在施工黏度下其施工固体分一般在 $10\%\sim30\%$。为了保持涂膜的性能,树脂的相对分子量分布要尽可能窄,一般 M_w/M_n 控制在 $2.1\sim2.3$ 为宜,若大于或等于 $4\sim5$ 时就不能使用。因此在合成时要严格控制反应条件,尽量使聚合过程保持恒定的温度、引发剂浓度、单体浓度和溶剂浓度。热塑性丙烯酸树脂在汽车、机械、电气、塑料、建筑等领域应用广泛;但溶剂(VOC)含量太高,是限制发展品种,也已专业化生产。

热固性丙烯酸树脂是指在树脂中带有一定的可反应的官能团(主要是羟基),在制涂料时通过加入氨基树脂、环氧树脂、多异氰酸树脂等树脂中的官能团反应形成网状结构。热固性丙烯酸的相对分子质量一般低于 30000,在 $10000\sim20000$。控制 M_w/M_n 在 $2.3\sim3.3$。通过高固体树脂合成工艺,树脂的相对分子质量可低至 2000。因此在施工黏度下,涂料固体分可达 $30\%\sim70\%$,使用时黏度低,分子本身和交联聚合物的官能团大于 2,官能团单体的含量在分子骨架中占 $2\%\sim25\%$。热固性丙烯酸涂料有优良的丰满度、硬度、光泽、耐溶剂性、耐候性,在高温烘烤时不变色,不泛黄,具有优异的保色性能。

目前热固性丙烯酸树脂主要是羟基丙烯酸树脂,用来制成丙烯酸氨基烘漆及丙烯酸聚氨酯涂料。与多异酸酯交联的丙烯酸树脂的玻璃化温度一般在 $10\sim60℃$。

对热塑性丙烯酸树脂,其玻璃化温度根据用途来定。用于硝基漆,

T_g 控制在 $-10\sim20℃$；用于外墙漆及一般工业漆用，T_g 控制在 $30\sim60℃$；特殊用途（如塑料漆铝粉漆）时，T_g 可达到 $60\sim100℃$。

丙烯酸树脂的玻璃化温度 T_g 可用 Fox 方程式近似求得。

$$1/T_g = \sum W_i/T_{g_i}$$

式中，T_g 为丙烯酸树脂（共聚物）的玻璃化温度，K（绝对温度）；W_i 为不同单体的质量分数；T_{g_i} 为单体 i 均聚物的玻璃化温度（可由前面单体性能表中查得）。在设计丙烯酸树脂时，还要考虑酸值及羟值，预先加以计算。相关计算式为

$$酸值 = \frac{丙烯酸或甲基丙烯酸的用量}{丙烯酸或甲基丙烯酸的分子质量}\times561；$$

$$羟值 = \frac{羟基单体的用量}{羟基单体的分子质量}\times17\times33。$$

(1) 801 羟基丙烯酸树脂　见表 4-25。

表 4-25　801 羟基丙烯酸树脂的配方及其计算公式

原料名称	投料量/kg	百分比/%	计　算　公　式
丙烯酸乙酯	51	3.32	$\frac{58.56}{T_g} = \frac{3.32}{249} + \frac{14.0}{258} + \frac{11.72}{217} + \frac{28.71}{373} + \frac{0.81}{379}$
丙烯酸羟乙酯	215	14.00	$T_g = 266\,K\,(-7℃)$偏低
丙烯酸丁酯	180	11.72	酸值 $= \frac{0.81}{72}\times561 = 6.3$
苯乙烯	441	28.71	羟值 $= \frac{14.0}{116}\times17\times33 = 67.7$
丙烯酸	12.5	0.81	羟基含量 $= \frac{14.0}{116}\times17 = 2.05$
甲苯	143+50	9.31+3.26	
二甲苯	82+8	5.33+0.52	
1500 溶剂	295	19.21	
过氧化苯甲酰	15+1.5	0.98+0.10	
过氧化二异丙苯	12	0.78	

原料名称	投料量/kg	百分比/%	计　算　公　式
二丁二月桂酸锡	1.33 kg	0.09%	
环己酮	8.0 kg	0.52%	
偶氮二异丁腈	1.5 kg	0.10%	
二丙酮醇	19.0 kg	1.24%	

操作工艺：

开动搅拌，将苯乙烯、丙烯酸及各种丙烯酸酯单体投入滴加釜，将过氧化苯甲酸①投入滴加釜，搅拌均匀，备用。

开动搅拌，按配方，计量后加入甲苯①，二甲苯①，1500 溶剂，环己酮，二丙酮醇投入反应釜（甲苯②，二甲苯①用来溶解补加的引发剂）升温至回流温度（120℃以上）。

在回流温度下均匀滴加混合单体，控制在 2～2.5 小时滴加完毕。然后保温反应 2 小时，补加过氧化苯甲酰②，在回流温度下继续保温 2 小时后加入第三批引发剂偶氮二异丁腈和过氧化二异丙苯（先用甲苯②溶解之），再在回流温度下继续保温 2 小时（反应中如有水分，应回流脱水至无水分脱出为止）。

降温至 100℃以下，加入二丁基二月桂酸锡，搅匀，用袋式过滤器趁热过滤，自测细度≤20 μm，取样送检，合格后出料，贮存备用。

产品规格

色泽，铁钴法≤2 号　　　　　黏度：涂-4 杯，≥200

酸值：≤8.5　　　　　　　　羟值：55～70

固体仿：65%～69%　　　　　细度：≤20 μm

（2）814 热塑性丙烯酸树脂　　见表 4-26。

表 4-26　814 热塑性丙烯酸树脂配方及其计算公式

原料名称	投料量/kg	百分比/%	计　算　公　式
丙烯酸丁酯	237.2	13.86	$\dfrac{44.68}{T_g} = \dfrac{13.86}{217} + \dfrac{1.25}{379} + \dfrac{29.57}{273}$
丙烯酸	21.4	1.25	$T_g = 305\,K(32℃)$

原料名称	投料量/kg	百分比/%	计　算　公　式
苯乙烯	506.4	29.57	酸值 $= \dfrac{1.25}{72} \times 561 = 9.7$
甲　苯	204.0	11.93	
二甲苯	①306+②425	①17.88+②24.84	
过氧化二异丙苯	①5.1+②1.7	①0.1+②0.3	
过氧化二苯甲酰	$\dfrac{4.7}{1711.1}$	$\dfrac{0.27}{100.00}$	

操作工艺：

开动搅拌，将苯乙烯，丙烯酸丁酯投入滴加釜，并将过氧化异丙苯①投入滴加釜，搅拌均匀备用。

将甲苯和二甲苯①投入反应，升温至回流温度(110℃以上)，在回流温度下滴加混合单体，在3～4小时滴完。

保温回流反应2小时，补加过氧化异丙苯②(预先用二甲苯溶解)。在回流温度下继续保温2小时后，投入过氧化二苯甲酰(预先用适量二甲苯溶解)，在回流温度下继续保温2小时(如有水分，应回流脱水至无水分脱出为止)，将二甲苯②加入，搅拌均匀，降温至100℃以下，用袋式过滤器过滤，细度应≤20 μm，送样检验合格，出料贮存备用。

产品规格：

色泽，铁钴法≤1号　　　　　黏度：涂-4杯，100～300 s

酸值：≤10　　　　　　　　　T_g：32℃

固体仿：43%～47%

目前工业上所用的丙烯酸树脂多数是间歇式反应生产的。反应釜除夹套可通蒸汽和冷水外，还应带着盘管，以便迅速带走反应热。大釜还应设计防爆聚的安全膜，属低温反应工艺。生产设备主要有反应釜、冷凝器、分水器、高位槽(单体滴加与引发剂滴加)过滤器、真空系统以及配套的物料输送系统及计量装置等。

4.9　聚氨酯树脂

在分子结构中含有氨基甲酸酯(—HN—COO—)重复链段的高分子化合物称为聚氨基甲酸酯树脂，简称聚氨酯树脂。在聚氨酯树脂中除了氨酯键,还可含有酯键醚键、脲键、脲基甲酸酯键、异氰脲酸酯键、油脂的不饱和双键以及丙烯酸酯成分等,有时丙烯酸酯的数量甚至超过氨酯键(如丙烯酸聚氨酯涂料),然而习惯上仍总称为聚氨酯树脂。

4.9.1 聚氨酯树脂主要特性和生产原料

聚氨酯树脂及涂料具有许多优良特点:

——氨酯键的特点是高聚物分子之间能形成非环和环形的氢键,使聚氨酯涂膜具有高度机械耐磨性和韧性。与其他涂料相比,在相同硬度条件下,由于氢键的作用,聚氨酯涂料的涂膜的断裂伸长率最高,所以广泛作地板涂料,甲板涂料等。

——聚氨酯树脂涂料兼具保护性和装饰性,可用于高级木器、钢琴、大型客机等的涂装。

——涂膜附着力强。聚氨酯树脂像环氧树脂一样,可配制成优良的黏合剂。

——涂膜的弹性可根据需要调节其成分配比,可从极坚硬调节到极柔韧的弹性涂层。

——涂膜具有优良的耐化学药品性,耐酸、碱、盐液、石油产品,因而可作钻井平台、船舶、化工厂的维护涂料和石油贮罐的内壁衬里等。

——聚氨酯涂料可制成耐$-40℃$低温的品种,也可制成耐高温绝缘材料。

——它可以与醇酸、聚酯、聚醚、环氧、醋丁纤维素、聚丙烯酸酯、氯醋共聚树脂、煤焦沥青等配合制成涂料,根据不同要求制成许多品种,制成溶剂型、液态无溶剂型、粉末、水性、单包装,双包装等多种形态,满足不同需要。

由于具有上述优良性能,聚氨酯涂料在国防、基建、化工防腐、车辆、飞机、木器、电气绝缘等各方面都得到广泛的应用,新品种不断涌现,极有发展前途。

现在涂料工业所生产的聚氨酯高聚物(聚氨酯树脂)的主要原料是多异氰酸酯和多元醇(包括多羟基树脂如聚醚、聚酯、醇酸树脂、羟基丙烯酸树脂、环氧树脂等),其涂膜固化时不论形成聚氨酯键或含有些脲键均属于聚氨酯涂料。

涂料工业常用的异氰酸酯有甲苯二异氰酸酯(TDI)、二苯甲烷二异氰酸酯(MDI)、多亚甲基多苯基异氰酸酯（PAPI）（也叫聚合MDI），己二异氰酸酯(HDI)、异佛尔酮二异氰酸酯(IPDI)。TDI 有 3种规格：一种为 2.4 体；一种为 80％的 2.4 体和 20％，2.6 体的混合物（80/20）；一种为 65％的 2.4 体和 35％的 2.6 体的混合物(65/35)。其中以 80/20 供应和使用最普遍。对于聚氨酯涂料，微量的催化剂可降低活化能，促进异氰酸酯的反应，并引导反应沿着预期的方向进行。

常用的催化剂有：

——叔胺类，如二甲基乙醇胺、三亚乙基二胺（又称六亚甲基二胺)等。

——金属化合物，如二月桂酸二丁基锡、辛酸亚锡、环烷酸锌、环烷酸钴等。

——有机膦化合物，如三丁基膦、三乙基膦等。

叔胺对芳香 TDI 有显著的催化作用，但对脂肪族 HDI 的催化作用极弱；反之，金属化合物对芳香族或脂肪族异氰酸酯都有强烈的催化作用。其中环烷酸锌对芳香族的催化作用弱，对脂肪族异氰酸酯的催化作用却很强。

聚氨酯树脂及其涂料的溶剂选择除了考虑溶解力、成本、低毒性外，还要考虑溶剂的性质、所含杂质、水分是否对—NCO 有作用。如醇类、醇醚类溶剂不能用。一般使用酯类、酮类和芳烃类、醚酯类溶剂（MPP、MPA)配合使用。使用前要将溶剂蒸馏去除水分，以保证产品贮存稳定和产品质量。

4.9.2 涂料中常用的异氰酸酯反应

（1）异氰酸酯与羟基的反应

$$R-N=C=O+R'OH \longrightarrow R-NH-\overset{\overset{\displaystyle O}{\|}}{C}-OR'。$$

这是涂料领域中制造聚氨酯的加成物、预聚物、封闭物、氨酯油等以及双组分聚氨酯涂料的固化涉及的主要反应。

（2）异氰酸酯与水的反应

$$R-N=C=O+H_2O \xrightarrow{\text{慢}} R-NH_2+CO_2\uparrow。$$

形成的胺继续与异氰酸酯反应生成脲

$$R{-}N{=}C{=}O + R'{-}NH \xrightarrow{\text{快}} R{-}NH{-}\overset{\overset{\displaystyle O}{\|}}{C}{-}NH{-}R' \text{。}$$

这两个反应在聚氨酯涂料中也很重要。一是湿气(水分)固化型聚氨酯涂料就是通过这两个反应固化成膜的;二是在制涂料时若所用原料或半成品中含水,则会发生上述反应而胶凝。若成品中含有水则在涂料罐中会产生二氧化碳而鼓气,涂料中含水则涂膜会产生小泡。

(3)异氰酸酯与脲反应　在高温下异氰酸酯与脲反应生成缩二脲,典型的例子如 HDI 缩二脲。

$$OCN(CH_2)_6NCO + H_2O \xrightarrow[-CO_2]{96℃} OCN(CN_2)_6NH_2 \xrightarrow[96℃]{HDI}$$

$$\begin{array}{l} NH(CH_2)_6NCO \\ | \\ C{=}O \\ | \\ NH(CH_2)_6HCO \end{array} \xrightarrow[130℃]{HDI} \begin{array}{l} NH(CH_2)_6NCO \\ | \\ C{=}O \\ | \\ N(CH_2)_6NCO \\ | \\ C{=}O \\ | \\ NH(CH_2)_6NCO \end{array} \text{。}$$

(4)异氰酸酯自聚成三聚体　在催化剂作用下,异氰酸酯会聚合成三聚体,称为异氰脲酸酯。它性质稳定,具有快干、耐温、耐候性好的特性。

$$3CN{-}R{-}N{=}C{=}O{-}R{-}N \begin{array}{c} \\ \end{array} N{-}R{-}N{=}C{=}O \text{。}$$

这种三聚作用是不可逆的,三聚体在 150~200℃下稳定不分解。三烷基磷和叔胺、碱性羟酸盐都是三聚作用的催化剂。Bayer 公司的固化剂 Desmodur IL 是 TDI 的三聚体,DesmodurN3390 是 HDI 的三聚体,DesmodurZ4470 是 IPDI 三聚体,Desmodur HL 是 TDI - HDI 的共聚三聚体。

4.9.3 聚氨酯树脂的制备 聚氨酯树脂涂料习惯上分为单组分(单包装)和双组分(双包装)。单组分聚氨酯树脂及涂料有氨酯油、湿气固化型和封闭型聚氨酯等品种。双组分聚氨酯涂料主要是 NCO/OH 型,其中一个组分是含有活性氢的羟基型树脂。使用最多的是醇酸树脂、聚酯树脂、丙烯酸树脂,其次是聚醚树脂、环氧树脂和氟碳树脂。

(1)湿固化聚氨酯树脂(MCPU) MCPU 以多异氰酸酯预聚物为成膜物质,涂装成膜后,空气中的水汽分子向涂层中渗透,与—NCO 反应生成胺类,进而再与—NCO 反应生成脲而导致预聚物分子间交联涂层,最后固化成坚韧耐磨的涂层。

以适当分子质量与官能度的聚醚多元醇与过量 TDI 反应,所制备的多异氰酸酯预聚物可以配制涂膜坚硬而又耐磨的水晶地板漆。也有用醇酸树脂与过量 TDI 反应,制备单组分耐磨水晶地板漆。

举例如见表 4-27:

表 4-27 单组分耐磨水晶地板漆配方

原　　　料	百分比/%
3952 树脂(羟值 55~75,黏度:15~20 s,固体分:45%)	55.82
二甲苯	18.77
乙酸丁酯	7.70
丙二醇甲醚醋酸酯	1.93
亚磷酸三壬苯酯溶液	0.38
TDI	15.40

操作工艺:

开动搅拌,加入二甲苯、乙酸丁酯、丙二醇甲醚醋酸酯、亚磷酸三壬酯溶液(TNPP 液)、3952 树脂,升温至 50℃;开真空,真空脱水至无水分脱出为止;降温至 60~65℃,一次性投入 TDI 至反应锅内,自然升温;在 65~75℃,保温反应 1 小时以上;升温至 95~100℃,保温 1.5 小时以上;取样检验 NCO 含量,在 4.0%以上为终点;降温至 80℃以下,出料,过滤至贮存备用。

技术指标:

外观:浅黄色透明液体　　　黏度:(涂-4黏度计)13~25 s

固体含量:38~43 只　　　　NCO含量:3.5%~4.5%

(2)封闭型聚氨酯树脂(烘干型)　这种树脂是用含活性氢的封闭剂(酚、醇、己内酰胺、丁酮肟、丙二酸二乙酯等)先与聚氨酯预聚物中的异氰酸酯反应生成氨酯键,和含活性氢的羟基树脂组分合装而不反应,贮存稳定。在涂料施工之后,加热固化时,氨酯键裂开,释出NCO,再和羟基树脂加成聚合而固化成膜。

脂肪族氨酯键的热裂解温度此芳香族高,醇封闭者比酚封闭者的裂解温度高,封闭反应最好在有催化剂(如月桂酸二丁基锡、二丁基氧化锡等)存在的条件下进行。反应温度为60~80℃,反应时间约2~3小时。

(3)双组分聚氨酯树脂中多异氰酸酯固化剂

① 加成物型固化剂　Bayer公司的Desmodur L75是典型的加成物型固化剂,一分子三羟甲基丙烷与三分子TDI加成而得,固体分75%,NCO%,13.3%无色透明。国内生产的同类型产品,有不同固体分的产品,但游离TDI较高,达不到Bayer公司产品的水平。

表4-28　加成物型固化剂配方及操作工艺

配　　　方		操　作　工　艺
三羟甲基丙烷 (TMP)	9.6%	反应釜开动搅拌,加入所有溶剂,升温至60℃投入TMP,真空脱水至80~85℃,至无水分脱出为止。
98% TDI	40.7%	在95℃保温60分钟以上,降温,降温至60℃左右,投入TDI,自然升温,最高温度不超过98℃(必要时冷却)。在70℃以上保温1小时,升温至110℃,在110~115℃保温1.5 h,取样检验,NCO%为8.0%~9.5%,固体分50±2%,降温至80℃,出料,过滤至贮存备用
醋酸丁酯	20.0	
醋酸乙酯	5.0	
丙二醇甲醚醋酸酯	5.0	
二甲苯	19.7	
TDI/TMP 摩尔比	3.2/1	
NCO/OH	2.176/1	

② 预聚物型固化剂用醇酸树脂加过量 TDI 反应,NCO/OH 当量比大于 2,举例如表 4-29:

表 4-29 预聚物型固化剂配方及操作工艺

配 方		操 作 工 艺
松香蓖麻油醇酸树脂(OH60-80,固体分 46%~48%酸值 6,黏度15~20")	61.57	在反应过程中投入醇酸树脂,环己酮和二甲苯,开动搅拌,通蒸汽加热至 50℃,开始抽真空,真空度控制在 0.085 MPa 左右,在 60~85℃真空脱水至无水分脱出为止。
环己酮	7.15	在 65℃一次性投入 TDI,升温至 65~80℃保温反应 1~1.5 小时,升温至 90~100℃保温 1.5 小时以上;取样检验,NCO 含量在 4.8%~5.5% 为终点。降温至 60℃以下,出料,过滤至贮罐,外观:浅黄色透明液体,黏度:13~20 s,固体分:45.5%~48.5%,NCO%:4.5~5.5
二甲苯	13.90	
98% TDI	17.38	
NCO/OH	2.55/1	
计算 NCO%	5.0%	

③ 多聚体型固化剂 典型产品有 HDI 缩二脲、HDI 三聚体、IPDI三聚体、TDI 三聚体。

(4) 双组分聚氨酯树脂中含活性氢组分 用量最广的是羟基树脂,首先是醇酸树脂、聚酯树脂、聚醚树脂,还有羟基丙烯酸树脂、环氧树脂(主要为含羟基较高的固体环氧树脂)、氟碳树脂等。在相应的树脂章节中已有介绍。聚醚是继聚酯之后与多异氰酸酯固化剂配合的树脂,其价较低,来源较广,其耐碱、耐水解性好,黏度低,适宜制造无溶剂涂料;缺点是在紫外线照射下易失光、粉化。宜用做底漆及室内耐化学腐蚀涂料耐油涂料及地板漆。用环氧丙烷制得的端羟基聚醚大多是仲羟基,所以反应性较弱。二羟基聚氧化丙醚 N-204,相对分子质量350±50,羟值 480±50。N-330 相对分子质量 3000±200,羟值56±4。环氧乙烷系聚醚多元醇 3010,相对分子质量 3000,羟值 56。N-220 相对分子质量 2000±100,羟值 56±4。N-303 相对分子质量350±50,羟值 480±50。

4.10 聚脲树脂

喷涂聚脲弹性体(spray polyurea elastomer, SPUA)是国外近年开发的一种新型无溶剂,低污染的涂料及施工技术。其基本原理是多异氰酯和活性氢反应,和聚氨酯涂料体系反应原理相同,只是活性氢组分是端氨基预聚物,其反应速度要快得多,生成以脲基为主的成膜物树脂。

4.10.1 主要特性

SPUA 技术具有以下优点。

——不用催化剂能快速固化,不产生流挂。

——可按 1∶1 体积比进行喷涂或浇注,100% 固含量,使用成套设备,施工效率极高。

——对水分、湿气不敏感,施工时不受环境温度、湿度的影响。

——理化性能(如拉伸强度,伸长率,柔韧性,耐磨性,耐老化,防腐蚀等)优异。

——具有良好的热稳定性,可在 120℃ 下长期使用,可承受 150℃ 的短时热冲击。

——可以像普通涂料一样着色,配方体系可调,手感从软橡皮(邵氏 A30)到硬弹性体(邵氏 D65)。

SPUA 技术是集塑料、橡胶、涂料、玻璃钢多种功能的新型"多能"(versatile)涂装技术,因此,该技术一问世便得到了迅速的发展。

SPUA 技术由于快速固化反应,层间施工间隔只需几分钟,对涂层最后的施工厚度没有限制,而且能够在垂直连续施工不产生流淌现象。如施工 1000 m² 的平面涂层,仅需 6 小时即可完成施工,2~3 小时即可投入使用,深受广大用户的欢迎。

鉴于 SPUA 技术具有优良的物理性能和施工性能,它可以完全或部分替代传统的聚氨酯、聚氨酯/聚脲、环氧树脂、玻璃钢、氯化橡胶、氯磺化聚乙烯以及聚烯烃类化合物,在化工防腐、管道、建筑、舰船、水利、交通、机械、矿山耐磨等行业具有广泛的应用前景。

4.10.2 主要生产原料

SPUA 用的原料主要有三大类,即异氰酸酯、端氨基聚醚和扩链剂。除此之外,有时为了改善黏度、阻燃、耐老化、抗静电、外观色彩、附着力等性能,还需加入稀释剂、阻燃剂、抗氧剂、抗静电剂、颜料、硅烷偶联剂等助剂。

在 SPUA 技术中,将异氰酸酯与聚醚多元醇生成的半预聚体(quasi-prepolymer)组分定义为 A 料,将含端氨基聚醚,液体胺类扩链剂和其他助剂的组分定义为 B 料或 R 料。

（1）异氰酸酯　异氰酸酯是 SPUA 中 A 料的主要原料之一,包括芳香族和脂肪族。由于芳香族的 TDI,蒸汽压高,气味大,毒性大,不便使用,在 A 料合成中,常用 MDI 与聚合物二元或三元醇反应制得。

脂肪族异氰酸酯有 HDI 缩二脲,HDI 三聚体,IPDI 三聚体等。

（2）聚醚　SPUA 技术中用到的聚醚有两类:一类是用于芳香族 A 料合成的端羟基聚醚;另一类是用于脂肪族 A 料合成及 B 料制备的端氨基聚醚。

① 端羟基聚醚　有聚氧化丙烯醚多元醇、聚己内酯多元醇(PCL)、聚四氢呋喃多元醇(PTHF)、聚氧化丙烯醚多元醇(包括环氧乙烷封端的活性聚醚),是聚脲芳香族 A 料合成中用量最多的端羟基聚醚。

② 端氨基聚醚(amine terminated polyether 或 polyetheramine)(聚醚胺)　是一类由伯氨基或仲氨基封端的聚氧化烯烃化合物,也是 SPUA 技术非常关键的原材料。近年来端氨基聚醚主要用做聚氨酯(聚脲)材料的合成原料和环氧树脂的交联剂(固化剂)。

端氨基聚醚可分为芳香族和脂肪族两类,又可分为端伯氨基和端仲氨基聚醚。

③ 扩链剂　固体胺类扩链剂 MOCA(3,3'-二氯-4,4'-二氨基二苯甲烷)。其使用方法是将一定量的 MOCA 与端氨基聚醚混合后加热至 105℃左右,熔化后即可使用。

液体胺类扩链剂芳香族有二乙基甲苯二胺(DETDA)等,脂肪族有异佛尔酮二胺(IPDA)等。

④ 助剂　在 SPUA 材料生产和贮存过程中,往往需要添加多种助剂来改善其工艺和贮存稳定性,以提高产品质量和扩大应用范围。很多常规涂料配合设计所涉及的助剂品种在 SPUA 技术中也同样适用,应根据需要灵活地选用。

4.11　有机硅树脂

4.11.1　有机硅树脂性能　有机硅树脂(Silicone resin)是指分子中含 Si—C 键的有机聚合物,也称硅树脂、硅酮树脂。对硅氧烷(Silicone)单体和它的预聚物及树脂也可统称为有机硅。有机硅树脂有优良的耐热性、绝缘性,用它做成的涂料有优良的耐热性及绝缘性,耐高低温,耐电晕,耐潮湿,耐水,对臭氧、紫外线和大气的稳定性好。

4.11.2　有机硅树脂原料　制造有机硅树脂的原料一般称为有机

硅单体,它们是通式为$(CH_3)_n SiCl_{4-n}$及$(C_6H_5)_n SiCl_{4-n}$($n=0-4$)型的甲基氯硅烷及苯基氯硅烷,此外还有甲基苯基氯硅烷、烃基烷氧基硅烷、烃基乙酰氧基硅烷以及碳原子上含官能团的有机硅单体(如甲基乙烯基硅烷、氰基烃基硅烷、氨基烃基硅烷等)。

目前工业上大量生产的 Si—O—Si 为主链的有机硅高聚物一般以甲基氯硅烷单体或苯基氯硅烷单体经过水解、浓缩、缩聚等步骤来制备。有机硅高聚物产品主要以硅橡胶、硅油、硅树脂来销售。在涂料工业中主要使用有机硅树脂来制造一些特殊涂料,用硅油配制涂料助剂(如消泡剂之类)。

4.11.3　有机硅树脂生产方法　有机硅树脂的生产方法普遍采用简单易行而又较经济的氯硅烷水解法来生产有机硅树脂,主要工艺流程包括单体的混合、单体的水解、硅醇的水洗和过滤、硅醇的浓缩、硅醇的缩聚与稀释、有机硅树脂的过滤与包装。

(1)单体的水解　一般是将甲基氯硅烷和苯基氯硅烷与甲苯等溶剂均匀混合,在搅拌下缓慢加入到过量的水中(或水与其他溶剂的混合物中)进行水解,水解时,保持一定温度。水解完成后静置至硅醇和酸水分层,然后放出酸水,再用水将硅醇洗至中性。

(2)硅醇的浓缩　水解后生成的硅醇用水洗至中性(pH 试纸检查),然后在减压下进行脱水,并蒸出一部分溶剂,至固体含量为$50\%\sim60\%$为止。为减少硅醇进一步缩合,真空度愈高愈好,蒸溶剂温度不超过 90℃。

(3)缩聚　浓缩的硅醇多是低分子的共缩聚体及环状物,羟基含量高,分子质量低,物理机械性能差,贮藏稳定性不好,必须进一步进行缩聚,使其成为稳定的、物理机械性能好的高分子聚合物。

缩聚的方法主要有高温通空气氧化法与催化缩聚法。前者因所得树脂颜色深、性能差,现在已很少使用。目前多用催化缩聚法,在进行缩聚时加入催化剂,催化剂既具有使硅醇间羟基脱水缩聚的作用,又可有使低分子环状物开环,在分子中重排重合,以提高分子质量。在有机硅生产中,一般使用碱或金属羟酸盐作催化剂。

4.12　氟碳树脂

涂料用氟碳树脂有热塑性和热固性两大类。热塑性树脂以聚偏二氟乙烯(PVDF)为代表,热固性能树脂以多羟基含氟树脂(FEVE)为代表。

4.12.1　涂料用 PVDF 树脂　用偏二氟乙烯可用两种聚合方法合成 PVDF，即乳液聚合和悬浮聚合。在乳液聚合时，采用含氟表面活性剂、引发剂和链终止剂，反应终了后可以去除残余的引发剂和表面活性剂。产品可以制成供熔融加工的颗粒或粉末，聚合物颗粒的粒径在 0.2～0.5 μm。

悬浮聚合可以在水介质中进行，在引发剂、胶体分散剂(不一定都需要)和控制分子质量的链转移剂存在下聚合得到颗粒在 100 μm 左右的聚合物；只适于熔融挤出或喷射模压应用。

涂料多用 PVDF 均聚物，是高分子质量半结晶聚合物。引入共聚单体如六氟丙烯(HTP)、三氟氯乙烯(CTFE)和四氟乙烯(TFE)合成以 VDF 为基础的具有不同结晶性的共聚物，改善柔韧性、溶解性、伸长率等；但它们常常会降低熔点，提高渗透性，降低热伸强度，增强蠕变性。

PVDF 树脂具有很多独特的性能：超常的耐候性，抗紫外线、热和化学稳定性，抗湿性和抗菌性好，抗核辐射，高电阻，抗磨性好，高纯度，低表面能不沾污性，低摩擦系数，高机械强度和韧性，低折射率。

PVDF 树脂影响最大的是美国爱尔夫·阿托化学公司(ELF Ato Chem 简称阿托化学)的 Kynar500 系列产品，以后又开发了以 PVDF 为基础的共聚物和三元共聚物，提供了独特的涂料性质。尤其是低烘烤温度和增加溶解性，其耐候性可以和 Kynar500 系列相比拟。近年来，上海三爱富新材料股份有限公司、浙江化工研究院开发了类似的 PVDF 树脂，达到了一定的工业规模，正在国内推广。

以 Kynar500 系列为代表的 PVDF 氟碳树脂涂料多为有机溶剂分散体的形式，是一个树脂体系，包括 Kynar 树脂、丙烯酸树脂、有机溶剂和助剂(如制色漆，还有颜料)。以 Kynar500 树脂为基础的氟碳涂料的一般配方。见表 4-30。

表 4-30　氟碳涂料的一般配方

原　料	用量/%	备　注
Kynar500 树脂	20～25	占树脂量的 70%，总固体量的至少 40%
丙烯酸树脂	8～11	Rohm&haas 公司产品：40% 的 PMMA 溶液
颜料	12～16	杜邦公司钛白粉
溶剂	50～60	Kynar500 的潜溶剂，如酯、醇醚、醇醚酯

4.12.2　FEVE 型氟碳树脂　PVDF 系列氟碳树脂涂料具有很多独特的性能,居现有氟碳涂料合成树脂之首;但也存在诸如溶解性差、成膜温度高、光泽低与热塑性等缺点。为弥补这些不足,在 20 世纪 70 年代国外涂料界开发了多羟基含氟树脂(FEVE),用多异氰酸酯或氨基树脂固化剂交联的热固性氟树脂涂料具有和 PVDF 氟碳树脂相近的性能,且能克服 PVDF 诸多不足,在氟树脂涂料中取得了里程碑式的进步。

1982 年日本旭硝子公司首先推出三氟氯乙烯(CTFE)和烷烯基醚合成的氟碳树脂,简称 FEVE,FE 代表氟烯单元,VE 代表烷烯基醚单元。1983 年该商品上市,牌号 Lumiflon,是含羟基的氟碳树脂,可室温溶解于普通有机溶剂,配合多异酸酯或氨基树脂固化剂,可常温或中温固化,性能优良,逐步得到日本涂料市场认可。随后,日本几家公司相继开发了类似的热固性氟树脂,并陆续推向市场。国内在 1998 年以后有多家企业开发了 FEVE 树脂并投入市场,它们是大连振邦氟涂料股份有限公司、江苏常熟市中昊化工新材料有限公司、上海三爱富新材料股份有限公司、阜新氟化学有限公司、青岛宏丰集团建材公司。

FEVE 氟碳树脂的合成有基于三氟氯乙烯(CTFE)的合成、基于四氯乙烯(TFE)的合成,还引入烷烯基醚以外的共聚单体(如乙烯基硅氧烷,十一碳烯酸等单体)的合成。

不同规格的 FEVE 树脂性能见表 4 - 31。B 型和 C 型树脂是玻璃化温度较低的品种,它们能制成高韧性的涂膜,适用于制备卷材涂料和塑料用涂料。相对分子质量较低而羟值较高的 D 型树脂活性较大,与固化剂交联反应快,交联密度大,涂膜有较高光泽,硬度高,耐溶剂性良好,适用于制备汽车及飞机用涂料。A 型树脂玻璃化温度较高,相对分子质量也较高,羟值不低,酸值为零,可作为通用型热固性氟树脂用于建筑外墙涂料与工业维修涂料。

通过和其他涂料对比、进行加速老化试验和日本天然暴晒试验,证实 FEVE 树脂涂料是现有的热固性外用装饰与保护涂料中耐候性最好的品种,其超常耐久性无与伦比。公认耐久性优良的丙烯酸、有机硅等涂料与 FEVE 树脂涂料相比,耐候性差距甚大。

表 4-31　不同规格的 FEVE 树脂性能

项　　目	A 型树脂	B 型树脂	C 型树脂	D 型树脂
固体含量/%	60	40	50	65
羟值	32	21	31	59
酸值	0	2.0	0	6.5
黏度/(25℃)(Pa·s)	4.0	0.40	0.65	3.00
数均相对分子质量 M_r	20000	20000	200000	6000
玻璃化温度 T_g/℃	45~50	20	3	40~45

　　FEVE 树脂涂膜在加速老化体验中力学性能高保持率,对 O_2、CO_2 气体低透过率,对紫外线高透过率,加上对酸碱溶液的稳定性,都印证了 FEVE 树脂涂料必然具有超长的耐久性。

　　多异氰酸酯、氨基树脂交联固化的 FEVE 树脂涂膜,在耐候性、化学和稳定性、抗污性等方面没有差别,只是氨基固化的 FEVE 树脂涂膜韧性略差。这可通过配方调整改善。

　　FEVE 树脂涂料耐久性居热固性外用装饰与保护涂料之首,但不能轻言耐候性超过 20 年,更不能轻言耐候性超过 PVDF 系列涂料。到目前为止,尚未见在有代表性地区(如中国海南岛、广州地区,美国迈阿密等)暴晒 FEVE 树脂涂料 20 年的报道,只有迈阿密 150 个月(12.5 年)暴晒结果。可以提出,PVDF 树脂涂料在较严酷的自然条件下耐候性可达 20 年,FEVE 树脂涂料在比较不大严酷的自然条件下耐候性有可能达到 20 年。

4.13　树脂性能检测

　　4.13.1　外观与透明度　液体树脂(涂料)是否含有机械杂质和呈现的浑浊程度的鉴定。

　　测定方法根据标准《清漆、清油及稀释剂外观和透明度测定方法》(GB/T 1721-2008)。

　　4.13.2　固体含量　树脂(漆料)在一定温度下加热焙烘后剩余物质为其固体分,其质量与试样质量的比值为固体含量(我公司采用方法:称约 2.5g 试样,于(120±2)℃鼓风恒温烘箱中烘 2 小时后称重)。

　　测定方法根据标准《漆料挥发物和不挥发物的测定》(GB/T 6740-1986)。

4.13.3　黏度　液体在外力(压力、重力、剪切力)的作用下,其分子间相互作用而产生阻碍其分子间相对运动的能力,即液体流动的阻力。

根据标准《涂料黏度测定法》(GB/T 1723-1993)用涂-1和涂-4黏度计测定的黏度是条件黏度,即为一定量的试样在一定温度下,从规定直径的孔所流出的时间。落球黏度计测定的黏度也是条件黏度,即为在一定温度下,一定规格的钢球垂直下落通过盛有试样的玻璃管上、下两刻度线所需要的时间。

还有用加氏黏度计测定黏度,用一系列标准黏度管进行对比,气泡上升相同速度的黏度管档数表示黏度大小,档数越高黏度越大。

也有用加氏管盛装试样,翻转加氏管,测定气泡上升至顶部的时间,来相对表示黏度的大小。

4.13.4　容忍度　树脂或其溶液可以与不相容的溶剂相互混溶时不发生浑浊的程度。

根据标准《胺基树脂溶剂限的测试方法》(ASTM D1198-1993(1998))进行测定。国内采用的是200号溶剂汽油。

将溶剂汽油和试样调整到25℃,并在这个温度下进行测定。在锥形瓶中加入10 g树脂;将滴定管装入200号溶剂汽油,滴定试样,不断摇动锥形瓶,至刚发生浑浊为止;读出溶剂汽油的量,每克树脂所需溶剂汽油的数量,即为容忍度1:X。

4.13.5　软化点　软化点指无定形树脂开始变软时的温度。采用标准为《脂松香松香试验法》(GB 8146-1987)。可以用软化点测定仪。加热使试样在钢球重力作用下从圆环中下落,其温度即为软化点。加热介质对软化点80℃以下的树脂用水,对软化点80℃以上软化点的树脂,介质使用甘油。

4.13.6　酸值　中和1 g产品的不挥发物中的游离酸所需氢氧化钾的mg数。采用《涂料酸值测定法》(HG2-569-77)中混合溶剂法的规定测定。新标准为《塑料用聚酯树脂、色漆和清漆用漆基部分酸值和总酸值的测定》(GB/T 6743-2008)。

于锥形瓶中称取约1 g试样(准确至0.01 g),加入50 ml预先中和的甲苯乙醇混合溶液(比例为2:1)溶解,以1%酚酞溶液为指示剂,用0.05N氢氧化钾乙醇溶液滴定,至呈粉红色并于10秒钟不消失即为

159

终点。

酸值(K)按下式计算：

$$K = \frac{56.1N \cdot V}{G}。$$

式中，N 为氢氧化钾乙醇溶液当量浓度；V 为所需氢氧化钾乙醇溶液体积(ml)；G 为试样质量(g)；56.1 为氢氧化钾当量。

4.13.7　羟值　羟值表示树脂中羟基的含量，以每克样品的相当量之 KOH 毫克数表示。

称取试样约 2 g(准确至 0.01 g)，置于带回流冷凝管的磨口锥形瓶中。用移液管加入 10 ml 吡啶溶解(如不易溶解，可低温加热)，再加 10 ml 醋酐吡啶溶液(醋酐：吡啶＝1：9)加沸石，装上冷凝器，回流煮沸 20 分钟。冷后用 10 ml 吡啶及 20 ml 蒸馏水冲洗冷凝器内壁，取下锥形瓶，加 1‰酚酞溶液作指示剂，用 0.5N 氢氧化钠标准溶液滴定至粉红色，并于 10 秒内不消失为终。平行进行空白试验。整个测定应在通风橱中进行。

$$羟值 = \frac{56.1(V_2 - V_1)N}{W}。$$

式中，V_1 为样品滴定所消耗的氢氧化钠标准溶液毫升数；V_2 为空白试验所消耗的氢氧化钠标准溶液毫升数；N 为氢氧化钠标准溶液的当量浓度；W 为试样质量，g；56.1 为氢氧化钾当量。

可采用标准《油脂和脂肪酸的羟值》(ASTM D1957 - 1986)进行测定。

4.13.8　溶解性　树脂在溶剂或其他液体中的溶解能力。采用标准《树脂和聚合物的溶解性的测试》(ASTM D3132 - 1984)。

把树脂或聚合物中聚集的大块用不致造成污染办法弄成合适的小块，但不要弄成粉末，因为细粉会导致黏结或氧化。对生成的低黏度溶液的树脂，溶剂可加到溶液中。对于倾向胶凝的高分子质量树脂，加入次序显著影响树脂溶解和胶凝粒子消除所需的时间，因此，将溶剂先称入锥形瓶中，然后将样品小量分批加入。在加入适当溶质后，紧密盖好锥形瓶，摇动或旋动混合的内容物，从一端至另一端将锥形瓶滚转或旋转 24 小时，转动的速度不应快到妨碍锥形瓶中的液体前后流动，1～5

次/分钟的速度是合适的。24 小时后即将锥形瓶排成一条直线观察，让其静置数分钟，然后对内容物的外观分类。

4.13.9　异氰酸根含量　每 100 g 树脂中含有异氰酸根的质量数（克数）。

称取约 2 g(准确至 0.001 g)试样于 250 ml 碘量瓶中，用移液管加入 20 ml 1N 二丁胺无水甲苯溶液(130 g 无水二丁胺溶于 1000 ml 无水甲苯中)，摇匀后在室温下放置 20 分钟(瓶口用少量异丙醇封口)。再加入 20 ml 异丙醇稀释，加入 1% 溴甲酚绿指示剂(称取 1 g 溴甲酚绿，溶于 100 ml 乙醇中)3～4 滴，用 0.5N 盐酸溶液滴定至蓝色消失，呈现黄色即为终点。用同样方法，不加试样做一空白试验。

异氰酸根含量(NCO%)按下式计算：

$$NCO\% = \frac{42(V_2 - V_1)}{1000W} \times 100\%。$$

式中，V_2 为空白试验消耗的盐酸溶液毫升数；V_1 为试样消耗的盐酸溶液毫升数；N 为盐酸标准溶液的当量浓度；W 为试验质量(g)；42 为异氰酸根分子质量。

5. 颜料及填料

5.1　概述

颜料是一类有色的微细颗粒状物质，不溶于分散介质中，是以"颗粒"展现其颜色的一类无机或有机物质。颜料的粒度范围通常介于 30 nm～100 μm。颜料的颜色遮盖力、着色力及其他特性与其在介质中的分散状态(颜料颗粒在介质中的存在状态)有极大的相关性。颜料中有机颜料与染料有很多异同点：都具有着色能力，部分品种的发色结构一致；最根本的区别在于染料使用时可以溶解到适当的溶剂中。

填料是一类在介质中以"填充"为主要目的的微细颗粒状物质，不溶于分散介质中，也称体质颜料。填料外观大多为白色或浅灰色。在介质中其遮盖力、消色力很低，加入填料可有效改变介质中的非颜色的物理性质与化学性质。

颜料是涂料色漆生产中的着色剂,其作用除了为漆膜提供色彩装饰外,还可以改善涂料的物理和化学性能,如遮盖性、耐光性、耐候性、耐温性、光泽及机械强度等。功能性颜料可以赋予涂料特殊性能,如特种装饰效果(金属质感、珠光光泽、夜光、荧光等)、防锈、防腐蚀、防火、导电、抗静电、示温、标志等。

填料在涂料中主要有两方面作用:一是"填充"作用,降低成本;二是通过加入填料改变涂膜的物理性质和化学性质(如提高机械强度,改善流变性,提供部分遮盖、耐磨、抗紫外线、耐热性、增稠等)。现代涂料技术更加重视填料的第二方面作用。如通过选择不同的种类和数量的填料,可有效改善涂料的储存性能和施工性能,提高漆膜的机械强度、耐磨性、耐水性、抗紫外线、隔热和抗龟裂等性能。与颜料相比,大部分填料具有成本低、吸油量低和较易分散等优点。

颜料按其来源可分为天然颜料与合成颜料:前者主要来源于天然矿物,如朱砂、红土、黄土、赭石、天然的碳酸钙、重晶石粉、石英粉等;后者如钛白粉、铁红、酞菁蓝等。按化学组成分类,可分为有机颜料、无机颜料;按在涂料应用中所起的主要作用,可分为着色颜料、体质颜料、防锈颜料及特殊功能颜料;按颜色分,为白色、黄色、橙色、红色、蓝色、绿色、紫色、棕色、黑色颜料。

对于颜料(除炭黑外)的分类、命名、型号构成与划分的原则和方法,制定了国家标准《颜料分类、命名和型号》(GB/T 3182-1995)。颜料按颜色或特性分类,并以两个相应的大写汉语拼音字母组成的类别代号表示:

颜色或特性:

类别代号	HO	红	CH	橙	HU	黄	LU	绿
	LA	蓝	ZI	紫	ZO	棕	HE	黑
	BA	白	HI	灰	JS	金属	FG	发光
	ZH	珠光	TZ	体质				

无机颜料用一组两位阿拉伯数字 01-49 表示无机颜料的化学品种,放在类别代号后面:

01	氧化物	02	铬酸盐	03	硫酸盐	04	碳酸盐
05	硅酸盐	06	硼酸盐	07	钼酸盐	08	磷酸盐

09　铁氰酸盐　10　氢氧化物　12　元素　　13　金属
14　其他

每类有机颜料按其结构分类又分为若干品种系列,并在类别代号之后用一组两位阿拉伯数字 51-99 表示:

51　亚硝基类	56　碱性染料色淀类	61　酞菁类
52　单偶氮类	57　酸性染料色淀类	62　异吲杂林酮类
53　多偶氮类	58　喹丫啶酮类	63　三芳甲烷类
54　偶氮色淀类	59　二噁嗪类	64　苯并咪唑酮类
55　偶氮缩合类	60　还原类	90　其他

颜料命名基本上沿用国内现行习惯名称,同时也采用部分国际通用名称。有机颜料的名称结尾可用字母符号表示色相、特性及结构等含义,在色相与特性字母之前有时还用阿拉伯数字表示其程度。符号含义为

R——红相;G——黄相或绿相(指带黄相的绿色颜料,带黄相的红色颜料或带绿相的黄色颜料);B——蓝相;X——着色强度良好;H——耐热;L——日耐牢度;S——稳定型;N——发展品种。

颜料型号名称举例如下:

HO 01-01	氧化铁红	HO 52-01	甲苯胺红
HU 02-02	中铬黄	CH 53-02	永固橙 HG
LA 09-01	铁蓝	HU 64-01	永固黄 HSZG
BA 01-01	二氧化钛	LA 61-02	酞菁蓝 BGS
JS 13-01	铝粉	ZI 58-01	喹丫啶酮紫
TZ 03-01	沉淀硫酸钡	FG 90-01	荧光橘红

颜料的性能特征包括颜色性能、理化性能、耐性性能、分散稳定性能等。

5.1.1　*颜色性能*　颜料的颜色性能是其重要的性能指标之一。颜色的产生与光学、生理学及心理学等学科密切相关。颜料的颜色主要取决于颜料的化学组成和结构粒子的大小与晶型,同时还与光源观测者等因素有关。

颜料的颜色是构成涂料色彩多样化的基础。颜色的色谱数以万计,大致可分为红、橙、黄、绿、青、蓝、紫、黑、灰与白等诸色。各种颜色

间存在着一定的内在联系。明度、色调、饱和度是描述一个颜色的 3 个参数,每个特定的颜色在颜色的立体模型中都有一个特定的参数。目前国际上广泛采用孟赛尔颜色系统来标定颜色,其表示符号为 HV/C,其中,H 代表色调(hue),V 代表明度(value),C 代表饱和度(chroma)。通过这 3 个参数可以准确鉴别一个颜色。两个颜色完全相同的条件是H、V、C 3 个参数的值都相同。

明度是人眼对光源或物体明亮程度的感觉,能够表征出颜色的明暗和深浅。明度体现了颜色在"量"方面的不同。色调也称色相,即表示红、黄、蓝、紫等颜色的特性,是一种视觉感知属性。物体的色调取决于光源的光谱组成和物体表面所反射(或透射)的各波长辐射的比例对人眼所产生的感觉,是彩色彼此相互区别的特性。可见光波段的不同波长刺激人眼产生不同的色彩感觉,色调体现了颜色的"质"。

饱和度是颜色在色调基础上所表现色彩的纯洁程度,所以饱和度又称"彩度"。它是吸收光谱中表现为波长段是否"窄",频率是否单一。当物体反射出光线的单色性越强,则饱和度越大。饱和度取决于该色中含色成分和消色成分(灰色)的比例。含色成分越大,饱和度越大;消色成分越大,饱和度越小。黑白色只用明度描述,不用色调、饱和度描述。

(1) 着色力 着色力又称着色强度(tinting strength),是表征一种颜料与另一基准颜料混合后所显现颜色强弱的能力。通常以白色颜料为基准来衡量各种彩色或黑色颜料的着色能力。

着色力的量度是与标准样品作比较,以百分数表示:

$$着色力 = A/B \times 100\%。$$

式中,A 为待测颜料所需白颜料数;B 为标准颜料所需白颜料数。

(2) 消色力 消色力是指一种颜色的颜料抵消另一种颜料的颜色能力。一般颜料的着色力越强,其消色力也越强,通常用于评定白色颜料。一般地说,有较大的折射率,就有较高的消色力。金红石型钛白粉在白色颜料中折射率最大,它的消色力也最高。几种常用白色颜料的折射率为

金红石钛白粉 2.7; 锐钛型钛白粉 2.55; 锑白   2.20;
锌白   2.01; 铅白   2.00; 锌钡白(立德粉)1.84。

（3）**遮盖力**　颜料加在透明基料中使之成为不透明，完全盖住基片的黑白格所需的最少颜料量称为遮盖力，通常以每平方米底材面积所需覆盖干颜料质量，以 g/m^2 表示。遮盖力（hiding power）是由于颜料和存在其周围介质的折射率之差造成的。当颜料和基料的折射率相等时就是透明的；当颜料的折射率大于基料的折射率时就出现遮盖，两者的差越大，则表现的遮盖力越强。几种常见物质折射率为

空气　1.0；　　树脂　　　1.55；　氧化锌 2.01；　A 型钛白粉 2.55；
水　　1.33；　　碳酸钙　　1.58；　硫化锌 2.37；　油　　　　　1.48；
立德粉 1.84；　 R 型钛白粉 2.71。

涂料应用时常发现涂料干和未干时遮盖力变化较大，就是由于干和未干时折射率的变化引起的。例如，碳酸钙在湿的状态下涂刷在墙下时，由于它和水的折射率相差不多，看起来遮盖力很差，但干了以后，由于空气取代了水，此时两者折射率之差变大了，所以干后看起来遮盖力大大增加。

涂料中颜料粒子应被漆基所润湿，为了增加遮盖力，可以增添一部分低遮盖力的体质颜料。例如，在建筑涂料中掺加体质颜料作适量的填充，其用量超过临界颜料体积浓度（CPVC）时，形成有一些颜料粒子被空气包围，不被漆基润湿反而提高了这部分颜料的遮盖能力。用低遮盖力的体质颜料代替部分高遮盖力、价格较高的钛白粉，即降低成本，又不影响遮盖力。

5.1.2　**颜料的理化性能**　包括化学组成与晶型、粒径与粒度分布、临界表面张力、亲水亲油平衡性、吸油量与比表面积。

颜料的化学组成是颜料间相互区分的主要标志。除了体现颜料一系列物理性能如颜色遮盖力、着色力、表面电荷与极性外，更为重要的是决定了颜料化学结构的稳定性和各项牢度数据，如耐光性、耐候性、耐酸性、耐碱性、耐温性及耐化学品性等。

晶体的几何形态特征称为晶型。同一化学结构的颜料可有多种晶型，其化学稳定性、色光及色饱和度等有所不同。很多有机颜料同其他结晶物质一样，存在"同质多晶现象"。晶体的晶格中由于分子排列不同，可以组成多种晶型，各种晶型可以根据其 X 线衍射图谱所具特征

加以区别。

颜料粒径是指颜料粒子的形状与大小。粒度是颗粒大小的量度，而颜料样品是由成千上万个颗粒组成的，颗粒之间大小互不相同，其大小需要用粒度分布来描述。所谓粒度分布，通常是指颜料粉体样品中各种大小的颗粒占颗粒总数的比例（如干粉粒度分布图），一般用激光粒度分布仪进行测定。

颜料粒子的大小、形状会影响其遮盖力、着色强度、色光及耐性牢度等。颜料对光的反射作用与其自身同周围介质的折射系数之差有关。折射系数差别越大，反射作用就越强，遮盖力越高。在一定范围内，随粒度的降低，颜料的遮盖力增加，同时粒子变小，比表面积增大，着色强度也随之提高；但粒子过于细小时会产生光的绕射现象，遮盖力反而降低，因此，粒子的大小应控制在适当范围内。颜料粒子的分布对颜料的色光也有影响。通常，粒子粗大，粒度分布较宽，色光发暗；反之则色光鲜艳。粒径分布会影响颜料的耐光、耐候、牢度等。

颜料临界表面张力是衡量颜料表面润湿难易程度的一个重要指标。无机颜料临界表面张力较高，其表面属于高能表面，所以较易分散。有机颜料临界表面张力较低，其表面属于低能表面，临界表面张力小于 100 mN/m，所以较难润湿分散。

亲水亲油平衡值（HLB）是在乳液聚合时为选择乳化剂而建立起来的。一般来说，多数无机颜料具有较高的亲水亲油平衡值，即显示出较强的亲水性，属于亲水性颜料。多数有机颜料属于亲油性颜料。

颜料的吸油量是指每 100 g 干粉颜料所能吸收的精制亚麻仁油，以 g/100 g 表示，它反映颜料吸附油性介质的能力。颜料的吸油量与其化学组成、粒径、形状、表面积、颗粒表面的微观结构、颗粒间的自由空隙大小等因素有关。颜料颗粒的平均粒径越小，比表面越大，吸油量越大；反之亦然。对于涂料制备来说，吸油量是重要指标。一般希望颜料有较低的吸油量，吸油量越小，所消耗的油性介质和树脂用量越少，可以适当节约成本；反之，当吸油量大时，油性介质和树脂用量大，而且颜料浓度很难做高，性质也比较难调整，成本还会提高。

基于化学结构、生产工艺及后处理方法的不同，颜料产品具有不同的颗粒状态，并显示特定的比表面积。该数值越高，表明粒径越微细，且具有孔隙特征,内表面积较大,使颜料的透明度高。

5.1.3 颜料的耐性性能 颜料的耐光性和耐候性是衡量应用性能的重要指标。耐光性主要指抗日光的照射(特指紫外线)的能力;耐候性则是指耐大气环境侵蚀(包括日光)的能力。耐光性8级最好,1级最差;耐候性5级最好,1级最差。

一般说来,无机颜料耐光性和耐候性比有机颜料好;但也不是绝对的,也有一些无机颜料受到光照后其化学组成发生变化,颜色会发生明显变化。如铬黄、钼镉红的耐光性仅当4～5级,耐候性为3级;经表面处理的铬黄、钼镉红耐光性可达8级,耐候性为4～5级。一些多环有机颜料具有优异的耐光、耐候性,甚至高于多数无机颜料,如喹吖啶酮红(P,R,122),DPP红(P,R,254),蒽醌红(P,R,168),异吲哚啉酮黄(P,Y,109),喹酞酮黄(P,Y,138)等耐光性均可达7～8级,耐候性可达4～5级。同一结构的有机颜料因晶型、粒度分布、表面包覆及使用介质不同,耐光、耐候性也有所不同。

颜料的耐酸碱性是指颜料耐酸、耐碱的侵蚀能力。一般来说,颜料耐酸不好就不能用于酸性介质中着色,耐碱性不好就不能在碱性环境下使用。颜料耐酸碱性的测定是将颜料分别与酸溶液、碱溶液接触(浸泡)后,观察溶液的沾色与颜料本身的变色情况。耐酸性较好的颜料有炭黑、钛白及多数多环类、缩偶氮类、酞菁类有机颜料;耐碱性优良的颜料有炭黑、钛白、金属氧化物颜料及多数多环类、缩偶氮类、酞菁类有机颜料。

颜料耐化学药品性是指在化学药品中除去酸、碱等腐蚀性物质外,还有如耐盐类、耐强氧化剂、耐油、耐强溶剂类等的腐蚀。盛装和输送这些物质的设备管道防腐蚀涂料,应当考虑选用的颜料必须能长期耐受这些物质的侵蚀。

根据颜料在涂料中着色要求不同,很多涂料体系对颜料的耐热性有一定要求,即要求颜料本身及着色后物体颜色在不同的受热条件下不发生色光及着色强度的变化。如粉末涂料、卷材涂料、亲水铝箔涂料、塑胶漆等在制造和施工过程中要耐受一定的温度,一般要求耐140～250℃不等的环境下不变色,高的要求耐300℃以上的高温,耐热性差的颜料就会严重地变色。为此,颜料的耐热性测定能帮助选用能耐受一定温度范围的颜料。

5.1.4　颜料的润湿分散性　润湿性是指颜料与树脂、溶剂或其混合物的亲和性。颜料在使用时,原有的固气界面(颜料颗粒/空气或潮气)消失,形成新的固液界面(颜料颗粒/助剂或体系溶剂水)这一过程称为润湿。润湿与颜料的表面性能有关。当颜料粒子加入到树脂或溶剂中,如果界面张力过大,就不能被树脂、溶剂所润湿,颜料就不能均匀分布到树脂与溶剂中去,其结果是颜料粒子从树脂、溶剂中离析,形成涂膜后将产生诸如颗粒、凹坑、颜色不均等漆膜病态,即使通过添加大量润湿剂也很难达到理想效果。

颜料的润湿性主要取决于颜料的表面化学物理特性。通过对颜料表面进行处理——如包膜钝化处理、表面活性剂处理等——可以有效降低颜料的表面能,提高其表面活性,使颜料粒子获得良好的润湿性。

颜料润湿性好将有利于颜料在涂料树脂中的分散,从而避免色漆膜的多种弊病——如色泽不够鲜艳(饱和度低)光泽低、容易浮色发花,涂料储存稳定性不好颗粒过大等——产生。

分散性就是把颜料团粒(附聚体)在树脂和溶剂中分离成理想的原生粒子分散体的能力,并将这种分散状态尽可能稳定地维持。但事实上不可能达到原生粒子状态,往往是通过合理添加分散助剂和采用好的研磨设备与分散工艺,使颜料团粒打开,并被助剂分子充分润湿,从而形成稳定的、颜料颗粒极小的颜料分散体。

颜料的分散性能不仅取决于原始颜料粒子的粒度分布、聚集状态的可分散性,也取决于粒子表面状态(亲水性或亲油性)和涂料介质的特性。一般分散性好的颜料随储存时间增加,絮凝程度也相应略有增加;分散性不好的颜料随储存时间增加絮凝程度会明显增加,形成较粗颜料颗粒,从而会导致自身着色强度与遮盖力下降,颜料颗粒过粗,漆膜光泽降低等多种涂膜弊端。

要形成稳定的颜料分散体添加分散剂是必要的。分散剂在颜料的分散过程中起到促进磨碎、润湿及防止凝聚的作用。分散剂被吸附于颜料颗粒表面,降低了表面张力并向颗粒间隙或裂纹渗透,防止它们再结合,降低了研磨能量,缩短了研磨时间。

5.2　无机颜料

无机颜料主要包括炭黑及铁、钛、钡、锌、镉、铬和铅等金属氧化物及其盐。据统计,我国颜料总产量在 2005 年为 139 万吨,其中无机颜料 123 万吨。无机与有机颜料作为颜料使用时,由于分子结构差异较大,其具有不同的物理化学特性。多数无机颜料较有机颜料生产过程简单,成本及售价较低,同时具有较好的机械强度及其稳定性,可适用涂料、油墨、颜料、玻璃、陶瓷、搪瓷及特殊要求的体系着色,在各种体系中有良好的分散性和遮盖力,多数品种具有优越的耐溶剂和耐久性;但着色力低,色泽偏暗,色谱较窄,有的毒性较高,在某种程度上也限制了无机颜料的使用。涂料常用的无机颜料品种及基本参数见表 4-32。

5.2.1 炭黑(P.BK.7) 又称乌黑、烟黑。其主要组成是碳元素,含有少量的氢、氧、硫、灰分、焦油和水分。炭黑具有较高的绝热能力,主要应用于橡胶工业,作为补强填充剂。炭黑具有较好的化学惰性,耐光,耐候,耐热牢度及较强的着色力与遮盖力;也可作为着色剂使用,用于各类涂料,油墨、塑料和造纸的着色。

炭黑按生产方式可分为灯黑、槽黑、炉黑和热裂黑,按用途分可分为色素炭黑和橡胶炭黑两大类。

涂料用的色素炭黑国际上根据炭黑的着色力通常把它分为 3 类,即高色素炭黑、中色素炭黑和低色素炭黑。这个分类系统常用 3 个英文字母表示,前两个字母表示炭黑的着色能力,最后一个字母表示生产方法。

国际上通用代码为

高色素槽黑 HCC(high color channel);

高色素炉黑 HCF(high color furnace);

中色素槽黑 MCC(medium color channel);

中色素炉黑 MCF(medium color furnace);

低色素槽黑 LCC(low color channel);

低色素炉黑 LCF(low color furnace);

普通色素炭黑(炉法) RCF;

普通色素炭黑(槽法) RCC。

色素用炭黑性能为(黑度指数为 260,则表明黑度最高,黑度指数为 0,则表明黑度最低)见表 4-33。

表 4-32 涂料常用的无机颜料及其性质

品名	外观颜色	化学组成	C.I 颜料号	耐光性	吸油量	密度 g/cm³	细度（筛余）/%
R 型钛白	白色粉末	TiO_2	P.W.6	8	≤28	4.26	≤0.10(45 μm)
A 型钛白	白色粉末	TiO_2	P.W.6	7~8	≤28	3.84	≤0.30(45 μm)
氧化锌	白色粉末	ZnO	P.W.4	7~8	≤20	5.60	≤0.35(45 μm)
立德粉	白色结晶性粉末	$BaSO_4$,ZnS	P.W.5		≤14	4.43	≤0.10(63 μm)
柠檬铬黄	鲜艳淡黄	$3PbCrO_4 \cdot 2pbSO_4$	P.Y.34	5	≤30	5.1	≤0.50(45 μm)
中铬黄	鲜艳中黄	$PbCrO_4$	P.Y.34	5	≤20	6.12	≤0.50(45 μm)
钛镍黄	柠檬黄	$ZnO - Nio - Sb_2O_3$	P.Y.53	7~8	11~17		≤0.10(45 μm)
钒酸铋黄	柠檬黄	$BiVO_4$	P.Y.184	8	25	5.60	
氧化铁黄	暗淡黄色粉末	$Fe_2O_3 \cdot H_2O$	P.Y.42	7~8	25~35	4.0	≤0.40(45 μm)
氧化铁红	暗红色粉末	Fe_2O_3	P.R.101	7~8	15~25	5.24	≤0.50(63 μm)
氧化铁棕	棕色粉末	$(Fe_2O_3 + FeO) \cdot nH_2O$	P.Br.6	7~8			≤0.50(45 μm)
氧化铁黑	黑色粉末	Fe_3O_4	P.BK.11	7~8	15~25	5.18	≤1.00(45 μm)
钼铬红	鲜艳大红	$xPbCrO_4 \cdot yPbSO_4 \cdot zPbMoO_4$	P.R.104	3	≤30	5.41~6.34	≤5.0(45 μm)
铁蓝	深蓝色粉末	$K_4Fe(CN)_6$或$(NH4)_4Fe(CN)_6$	P.B.27	7	≤50		
钴蓝	红光艳蓝粉末	$Co(AlO_2)_2$	P.B.28	8	31~37	3.80~4.54	
群青	艳丽蓝色粉末	$NaBAl_4SibS_4O_{20}$	P.B.29	8	≤3	2.35~2.74	≤0.50(45 μm)
氧化铬绿	深绿色粉末	Cr_2O_3	P.G.17	7	≤25	5.21	≤0.50(45 μm)
炭黑	黑色粉末	C	P.BK.7	8		1.80~2.10	≤0.50(45 μm)

表 4 - 33 色素用炭黑性能

类 型	粒径范围/mm	黑度指数	表面和范围/m² · g⁻¹
HCC	10～14	260～188	1100～695
MCC	15～27	175～150	275～115
MCF	17～27	173～150	235～100
LCF	28～70	130～60	65～20
热裂黑	225～300	40～25	19～10

我国参照采用美国试验与材料协会标准《涂料用炭黑颜料的技术规范》(ASTM D561 - 82(2008))制定了国家标准《色素炭黑》(GB/T 7044 - 2013)。将炭黑分为 3 类:高色素炭黑(粒径为 9～17 nm);中色素炭黑(粒径为 18～25 nm);普通色素炭黑(粒径为 26～37 nm)。

根据各类色素炭黑的粒径范围和生产方式分为 11 个品种,其品种由 4 个符号表示(见表 4 - 34):第一个符号用英语字母"C"表示,代表色素炭黑;第二个符号是一个数字,表示色素炭黑的类别:1 表示高色素,3 表示中色素,6 表示普通色素。第 3 个符号是数字,表示生产方式及后处理情况,1～4 表示接触法生产,其中的偶数表示经过后处理,5～9 表示炉法生产,其中偶数表示经过后处理。第 4 个符号仍是数字,表示色素炭黑结构高低,其中 1～4 表示 DBP 吸收值大于 1.0 m²/g,5～9 表示 DBP 吸收值等于或小于 1.0 m²/g。

表 4 - 34 色素炭黑分类

分类	粒径范围/nm	品种	相当于国际品种	分类	粒径范围/nm	品种	相当于国际品种
HCC	9～17	C111	1 号	MCF	18～25	C351	
		C121	2 号			C355	
HCF		C151		RCC	26～37	C611	6 号
		C161				C655	
MCC	18～25	C311	3 号	RCF		C665	
		C312					

我们公司用 C611 普通色素炭黑配制黑色酚醛漆,用 C311 中色素炭黑配制氨基烘漆聚氨酯漆。

5.2.2　钛白粉(P,W,6)　钛白粉是极为重要的白色颜料,是一种极为惰性的化合物,对大气中各种化学物质稳定,不溶于水和弱酸,微溶于碱;具有较高的消色力和遮盖力、白度好、耐光、耐晒、耐热等特性。

二氧化钛有锐钛型(A型)、板钛型和金红石型(R型)3种结晶体。涂料用钛白粉用的是A型和R型。A型钛白粉晶体空间空隙大,在常温下稳定,高温下则转变为R型。金红石型是最稳定的结晶形态,结构致密,比A型有更高的硬度、密度、介电常数和折光率,在耐候性和抗粉化方面比A型优越。A型钛白粉白度比R型好,R型钛白粉色调约带黄相。

A型和R型钛白粉基本性能见表4-35。

表4-35　A,R型钛白粉基本性能

项　目	物　性	
	R　型	A　型
折射率	2.74	2.52
密度/g・cm^{-3}	4.2	3.9
莫氏硬度	6.0～7.0	5.5～6.0
介电常数	114	48
遮盖力(PVC 20%)	414	333
消色力	1700	1300
吸油量	20～22	23～25
耐光坚牢度	很高	偏差
抗粉化性	优	差

钛白粉经表面处理后,可提高其耐候性、分散性、光泽及化学稳定性等。

钛白粉在涂料中起到遮盖、消色及保护作用,是效果最好的白色颜料,其总量的约60%在涂料中使用。随着涂料产量越来越大,品种越来越多,钛白粉的需要量也越来越大,品种也越来越齐全。硫酸法和氯化法生产的钛白粉在不同要求的涂料中得到了广泛的应用。

进口钛白粉早期用日本石原公司的A-100(锐钛型),R-820(金红石型)钛白粉;后来用过澳洲美利联公司的RCL-575钛白粉,克尔麦奇(Kerr‐MCGee)公司的 R‐KB‐2 钛白粉;现在多用杜邦(Dupont)公司的 R‐902,R‐706 钛白粉。

我国钛白粉工业始于 20 世纪 50 年代,真正形成产业化是在 20 世纪 90 年代。产量由 2001 年的 29 万吨提高到 2006 年的 85 万吨。产品标准为 GB/T 1706‐2006。锐钛型 A1,A2,金红石型 R1,R2,R3 共 5 个品种。用过国产锐钛型钛白粉为 BA01‐01,GA‐100,金红石型为 R244。

普通二氧化钛的粒径为 0.2～0.3 μm,对整个光谱都具有同等程度的强烈反射,外观呈白色,遮盖力很强,颗粒近似圆形。

纳米二氧化钛的粒径只有普通二氧化钛的 1/10(10～15 nm),颗粒呈棒状。纳米 TiO_2 具有较强的紫外线吸收和散射性能,在涂料配方中适量添加纳米 TiO_2 可以有效提高涂料的抗紫外(耐老化)性能,还可赋予涂料防污、除臭、自洁功能;一般用于家庭和庭院的内墙表面,也可以把空气,水中的有害有机毒物彻底清除,起到清洁作用。

超细二氧化钛和云母钛珠光颜料拼用时可以产生双色光效应,成为效应颜料。这种金属闪光涂层从不同方向观察,能看到不同的闪射和变角异色的蓝光。如超细二氧化钛与银白色珠光颜料或铝粉颜料并用,正视时涂膜呈金色金属外观,掠视或平视时则呈蓝色闪光;而金光和蓝光之间的连续变化会贯穿涂膜表面的所有弧面和棱角,能增加金属面漆颜色的丰满度和色彩美感。

5.2.3 氧化锌(P,W,4) 又称锌白、锌白粉、锌氧粉;为白色六角晶系结晶或粉末,无毒,无味,不溶于水和乙醇,易溶于无机酸,也溶于氢氧化钠和氨水中。氧化锌具有良好的耐热性和耐光性,不粉化,可用于外用漆;在含硫化物环境中使用尤为适合,因为氧化锌能与硫结合成硫化锌,这也是一种白色颜料。在抗硫内壁涂料中使用药用级氧化锌。其吸油量 10～25,折射率 2.01。

氧化锌的遮盖力和消色力低于钛白粉和立德粉。氧化锌呈碱性,能与漆基中游离的脂肪酸作用生成锌皂,从而使漆料增稠,并能使漆膜柔韧,坚固而不透水,阻止金属的锈蚀。氧化锌与钛白粉、立德粉等配合使用能改善涂层的粉化。

纳米氧化锌与其他的纳米材料配合用于涂料中,可使涂层具有屏蔽紫外线,吸收红外光及抗菌防霉作用,既能净化空气,又能抗菌除臭。

由于纳米氧化锌吸收紫外线能力强,可作为涂料的抗老化添加剂。纳米氧化锌是采用湿法生产的粒径在 100 nm 以下的活性氧化锌,具备常规块体材料所不具备的光、磁、电、敏感等性能,产品活性高,具有抗红外、紫外和杀菌的功能。

氧化锌按制造方法不同分为直接法氧化锌、间接法氧化锌和含铅氧化锌。它们的颗粒状态、化学组成都有一定的区别,选用时要加以注意。

5.2.4 立德粉(P,W,5) 立德粉(lithopone)又称锌钡白,是硫酸钡和硫化锌的等分子混合物。其遮盖力为钛白粉的 25% 左右,不溶于水,与硫化氢和碱溶液无作用,具有良好的化学惰性和耐碱性,遇酸类则使它分解而放出硫化氢;缺点是当含可溶性盐时在光的照射下可促使硫化锌分解成硫,同时伴有金属锌的折出,颜色变暗。为了增加其耐光性可添加少量钴盐。立德粉折射率为 1.84～2.10,吸油量 10～17。

立德粉是三大白颜料之一,兼具价廉、无毒等优点,与钛白、锌白相比具有良好的分散性、耐碱性、耐热性和存储性能。立德粉在发达国家已基本被钛白粉所取代;在我国广泛应用在水性涂料中,占消费总量的 50% 以上,主要用于生产中、低档涂料。

5.2.5 锑白(P,W,11) 锑白化学组成为 Sb_2O_3,是白色结晶粉末,折射率 2.0～2.09,密度 5.3～5.7 g/cm³,吸油量为 11～14。其耐候性优于立德粉,具有粉化性小、耐光、耐热、阻燃、无毒等特性,与脂肪酸不起反应,用在高酸值漆料中不会皂化,必须与氧化锌配合使用方可提早干结期及使漆膜坚韧。纯三氧化工锑是一种优良的白色颜料,可用于涂料及防火漆。

5.2.6 铅白(P,W,1) 铅白又称白铅粉,化学成分为碱式碳酸铅,分子式为 $2PbCO_3 \cdot Pb(OH)_2$。呈无定形粉末,密度 6.4～6.8 g/cm³,折射率 1.94～2.09,不溶于水和乙醇,能与酸值高的油生成铅皂,加强漆膜,防止粉化。

铅白由于在应用过程中可能会带来铅中毒,以及制备的涂料易增稠、与硫化氢长期接触白度降低、热稳定性差等缺点,使用受到很大限制;但铅白制备的涂料漆膜致密坚固,具有优良的耐光性、耐候性、防锈性与潮湿性,常作为生产厚浆漆、防锈漆和户外漆使用。

5.2.7 氧化铁系颜料 氧化铁颜料是人类应用最早的颜料之一,

广泛用于涂料、木材、塑料、橡胶等领域。随着科学技术的进步,人们赋予氧化铁更多的用途,使氧化铁这一古老产品具有更大的生命力。例如,合成云母氧化铁作为无毒防锈颜料,磁性氧化铁作为磁性记录材料,透明氧化铁作为防紫外光剂,氧化铁包膜的云母作珠光颜料等。

应用于涂料中的氧化铁颜料有铁黄、铁红、铁棕、铁黑、云母氧化铁颜料、透明铁红等。

(1)氧化铁黄(P,Y,42) 又称铁黄,是一种化学性质比较稳定的碱性化合物颜料,化学分子式 $Fe_2O_3 \cdot H_2O$。色泽带有鲜明而纯洁的赭黄色,并有从柠檬色到橙色一系列色光的产品,密度 4.1 g/cm³,吸油量 30~40,折射率 2.3~2.4,遮盖力 10~15 g/m²。

铁黄具有典型的无机颜料特性,优异的耐光、耐候、耐溶剂、耐碱、无毒等特性,且价格较低;其缺点是不耐高温,不耐酸,在135℃ 1小时或177℃ 5分钟因逐渐失去结晶水而向铁红转变,不能应用于烘干温度较高的涂料中。

合成铁黄着色力高,色光较亮,可按需要制造出各种色相的铁黄;研磨分散性比较好,在紫外以及可见的蓝色光谱段都有强烈吸收,具有屏蔽紫外辐射的作用,使聚合物延缓降解,延长涂料使用寿命;可与稳定型酞菁蓝、铁蓝等配成绿色,与铁红、铁黑等配成棕色。

(2)氧化铁红(P,R,101) 简称铁红、铁红粉、化学名称三氧化二铁、Fe_2O_3。同样的化学成分,由于原料,生产工艺的不同,物理性能差异较大,用途也有所不同。天然的 Fe_2O_3 俗称红土,用于防锈漆中。目前广泛使用的是合成的 Fe_2O_3,密度 4.5~5.18 g/cm³,吸油量 15~35,折射率 2.94~3.22,遮盖力 5~10 g/m²。

氧化铁红为红色粉末,其色光变化幅度较大:当颗粒度在 0.2 μm 时,带黄相,比表面积、吸油量也较大;颗粒度增大时,色相就从红向紫移动,比表面积、吸油量也随之变化。按粒子大小可分为普通氧化铁红、超细氧化铁红及纳米氧化铁红(透明氧化铁红)。

氧化铁红是一种最经济、遮盖力仅次于炭黑的颜料。其具有很高的耐热性,在500℃不变色,在1200℃时也不改变化学结构,极为稳定;能吸收阳光中紫外光谱,对涂层有保护作用,还具有极高的着色强度、耐光耐候性、耐碱、耐水、耐溶剂及耐稀酸,可广泛应用于各类涂料着色;缺点是不耐强酸,颜色红中带黑,不够鲜艳。

铁红大量用于防锈颜料,具有物理防锈功能,使大气中的水分不能渗透到金属,增加涂层的致密性与机械强度。应用于防锈漆的铁红,水溶盐较低,有利于提高防锈效果;但经长期暴晒后含有铁红的涂层容易产生粉化现象,特别是颗粒度较小的铁红粉化速度更快。

(3)氧化铁黑(P,BK,11) 简称铁黑,分子式 Fe_3O_4 或 $Fe_2O_3 \cdot FeO$,化学名四氧化三铁。其具有饱和的蓝墨光黑色,遮盖力和着色力均很高,对光和大气的作用稳定较好,不溶于碱,微溶于稀酸,在浓酸中完全溶解,耐热性能差,在较高温度下易氧化,生成红色的氧化铁。

氧化铁黑的密度 $4.95~g/cm^3$,吸油量 $15\sim25$,遮盖力 $7\sim10~g/m^2$。因为遮盖力、着色力强、耐光耐候性及耐碱性好,广泛用于各种涂料及水泥制品着色。因具有强的磁性,可用于生产金属底漆,其附着力和防锈性能好。

(4)氧化铁棕(P,BR,6) 简称铁棕,是铁黄、铁红和铁黑的混合物。色相随配料拼色比例的变化,可得到多种色光的铁棕。其着色力和遮盖力强,耐光性耐碱性好,无水渗性和油渗性。

(5)纳米氧化铁(透明氧化铁) 纳米氧化铁颜料具有纳米粒子效应,呈现"透明"状态,对短波长的紫外线还具有较强的吸收能力。它保持了氧化铁颜料的化学组成和晶型,具有很好的化学稳定性,无毒,无味,价廉以及很好的耐温、耐候、耐酸、耐碱及高彩度、高着色力、高透明度,不但自身光学稳定,而且可以提高各类高聚物的抗老化性能,广泛应用于高档工业,建筑及装饰涂料。透明氧化铁颜料正逐步替代传统的氧化铁颜料,越来越受到人们的重视。

透明铁黄、透明铁红、透明铁棕、透明铁黑平均粒径 $10\sim100~nm$,吸油量 $35\sim50$。

(6)耐热级氧化铁 一般的氧化铁黄、氧化铁黑在 $177℃$ 时开始脱水或氧化变色,因此不能用于需要较高温度下加工的塑料与烘漆中。经包核处理后的耐热级氧化铁可提高耐热性,适用于聚丙烯、汽车维修漆、卷材涂料、各种色浆和高光乳胶漆等。

(7)低吸油量和高分散性氧化铁 为了方便使用,现代无机颜料也开始考虑制造高浓度色浆颜料,这就要求颜料具有较低的吸油量和很好的分散性。通过添加表面处理剂和机械粉碎,可以改变粒子形状,降低吸油量和提高分散性。

(8) 云母氧化铁 天然云母氧化铁(Fe_2O_3)具有云母状的片状结构,是天然矿石精选后,经过粉碎、水漂、干燥过筛分级而成。它有云母氧化铁红(MIOR)和云母氧化灰(MIOG)两种形式产品。

云母氧化铁红由于具有良好的片状,化学稳定性好,用它制备的防锈涂料可起到屏蔽作用,防止腐蚀性介质渗入被保护底材,适用于各种钢结构的保护。

云母氧化铁灰在涂膜中形成定向排列的平行叠定层,使涂层具有优良的屏蔽性,能滞缓水汽及酸、碱、盐等腐蚀物质的渗透和对温度变化形成抵抗力,防止附着力下降、起泡收缩等缺点,保护漆膜的完整性,减缓大气对漆膜的影响。云母氧化铁灰还具有反射外来光线的性能,同时具有吸收紫外线,并转化成热能,大大降低了紫外线对漆膜的破坏作用,可作为钢结构的保护面漆。

合成云母氧化铁 20 世纪 80 年代在英国投产。改变工艺参数可控制产品的直径、厚度、质量较天然产品更加符合配漆的要求;但生产成本较天然产品高。通过在平滑的合成云母氧化铁表面用化学法涂上具有高折射率的金属氧化物(如二氧化钛,氧化铝等),可以得到具有金黄色、紫色、蓝色、绿色的优美和金属光泽的合成云母氧化铁,并改善颜料的附着力和润湿性,使防锈性能也有很大提高。

5.2.8 铅铬黄(P,Y,34) 也叫铬黄颜料。其主要成分为铬酸铅,一般分为 5 个品种,即柠檬铬黄、浅铬黄、中铬黄、深铬黄、桔铬黄。常用上海铬黄颜料厂的 501 柠檬铬黄和 103 中铬黄。国外以 10G、5G,G,R,5R 等分别其色光,颜色随铬酸铅增加而加深,遮盖力随硫酸铅的增加而减低,着色力和耐候性也同样有所减弱。

柠檬铬黄[$3PbCrO_4 \cdot 2PbSO_4 + Al(OH)_3 + AlPO_4$]色泽鲜艳,带绿相,制漆光泽度好,同蓝色颜料可配成鲜艳的翠绿色,色泽相当于 G,耐光性达 4~5 级,吸油量 24%~30%,密度 5.1,遮盖力 95 g/m^2。

中铬黄($PbSO_4 + PbCrO_4$),色泽纯正,制漆光泽度好,同蓝色颜料配成中绿色,色泽相当于 G,耐光性达 4~5 级,吸油量 14%~20%,密度 6.7 g/cm^3,遮盖力 55 g/m^2。

5.2.9 钼铬红(P,R,104) 又称 3710 钼铬红、107 钼络红,分子式为 $xPbCrO_4 \cdot yPbSO_4 \cdot zPbMoO_4$。耐晒性 3 级,遮盖力≤40 g/m^2,吸油量 15.8%~40.0%。207 钼铬红与 107 钼铬红主要成分相

同,后者含有少量氢氧化铝、磷酸铝。

钼铬红的颜色可以有橘红色至红色,具有较高的着色力及很好的耐光性和耐热性,能耐溶剂,无水渗性和油渗性,可与有机颜料混合应用;但耐酸、耐碱性差,遇硫化氢气体变黑。

钼铬红用于涂料中可与白色防锈颜料配合制成钼铬红防锈漆,与耐晒性能好有机颜料拼色可得耐溶剂、不泛金光、耐烘烤温度的大红色烘漆;其缺点在于晶型易变化,使色泽改变,耐光性和耐候性不很理想。现在使用锑或硅化合物对其进行表面处理,可以使钼铬红的耐光耐候性指标大大提高。

5.2.10　镉红(P,R,108)　由硫化镉和硒化镉所组成,化学通式为 CdS 与 CdSe。镉红是最牢固的红颜料,颜色非常饱和而鲜明,色谱范围可从黄光红、经红色直至酱色,耐候性耐蚀性优良,遮盖力强;广泛用于搪瓷、陶瓷、涂料、玻璃、塑料等行业。

5.2.11　钒酸铋(P,Y,184)　是复相氧化物颜料,一般认为其通式为 $BiVO_4$。在通常使用比例下,遮盖力比有机颜料高很多,着色力则不如有机颜料,耐久性不管是深色还是淡色都极好;主要用于外墙涂料,但由于价格较贵而用量较少。

5.2.12　钛镍黄(P,Y,53)　其化学性质十分稳定,耐候性和耐抗性甚至超过金红石型钛白,可用于卷钢、汽车、车辆和航空涂料,亦可用于标牌、路标涂料等。利用其优异的耐热性,可用于耐高温涂料;利用其化学稳定性,可用作化工厂的设备和墙面涂料、水泥涂料、乳胶漆和酸固化氨基漆;由于其无毒,可用于玩具涂料、食品罐的印刷油墨等。

其缺点在于着色力低,粒度粗,分散性差,不宜单独作为黄色颜料;一般和其他有机黄色颜料配合使用,用于浅色耐候性外用涂料。

5.2.13　氧化铬绿(P,G,17)　又称搪瓷铬绿,分子式 Cr_2O_3,为深绿色粉末,含量大于 95%,具有金属光泽,不溶于水和酸,可溶于热的碱金属溴酸盐溶液中。其突出优点在于对光、大气及腐蚀性气体极稳定,耐酸耐碱,耐高温达 1000℃,具有磁性;但色泽不光亮。

铬绿具有极高的热稳定性和化学稳定性,可用于高温漆的制造以及化学环境恶劣条件下使用的防护漆,还用于搪瓷和瓷器的彩绘、人造革、建筑材料等作着色剂,用于制造耐晒涂料和研磨材料、绿色抛光膏及印刷钞票的专用油墨。

178

5.2.14　钴蓝(P,B,28)　主要成分为铝酸钴 $CO(AlO_2)_2$。钴蓝是一种带有绿光的蓝色颜料,有鲜明的色泽,有极优良的耐候性、耐酸碱性,能耐受各种溶剂,耐热可达 1200℃,着色力较弱,属无毒颜料。

主要用于耐高温涂料、陶瓷搪瓷、玻璃和塑料着色及耐高温的工程塑料着色,还可用作美术颜料。

5.2.15　群青(P,B,29)　又称云青、石头青、洋蓝、佛蓝、群青蓝,分子式 $Na_6Al_4Si_6S_4O_2$。

呈蓝色粉末状,色调鲜艳、清新。折射率 1.50～1.54,密度 2.35～2.74 g/cm³。不溶于水和有机溶剂,具有极好的耐光性、耐碱性、耐热性、耐候性,在 200℃下长期不变色,有较好亲水性;但易被酸的水溶液所破坏。

群青除蓝色外还有粉红色和绿色的,但无论哪种颜色其遮盖力都很弱。群青用在涂料中可以消除或减低白色涂料含有的黄色色光效能。在灰、黑等色中渗入群青,可使颜色具有柔和的光泽。也可以用群青单独着色,但其遮盖力和着色力稍弱。

5.2.16　铁蓝(P,B,27)　它是 $Fe_4[Fe(CN)_6]_3$ 与 $K_4Fe(CN)_6$ 或 $(NH_4)_4Fe(CN)_6$ 及水组成的复杂化合物,为深蓝色粉末,相对密度1.8,不溶于水、乙醇和醚,遇碱分解,遇弱酸不发生变化,遇浓硫酸煮沸则分解,耐晒,耐光,吸油量大;遮盖力略差,在空气中加热到 140℃ 以上即发生燃烧。

铁蓝的色光有青光和红光之分,在配色时特别要注意色光。

铁蓝着色力高,耐光好且价格较低廉,故大量就用于新闻油墨、磁漆、硝基漆、号码漆、商标漆、文教用品着色等。

5.3　有机颜料

有机颜料具有鲜艳的色泽、较高的着色力、齐全的色谱,但遮盖力相对较弱;主要用于油墨、涂料与塑料着色等。

有机颜料的产量比无机颜料小很多,据统计,2003 年世界颜料总产量为 630 万吨,其中 62% 为钛白粉,18% 为氧化铁颜料,12% 为颜料级炭黑,其他彩色无机颜料为 4%,有机颜料仅占 4%。无机颜料中的钛白在世界颜料产值总产量中均占着要的地位,但有机颜料却在油墨、涂料与塑料等领域发挥重要作用。21 世纪以来,我国有机颜料产量迅速增加,2011 年我国有机颜料产量约为 22.4 万吨,约占全球有机颜料总产量的 48% 左右,而且品种增多,并开发出特殊的偶氮、多环类高档新品种与专业剂型。

有机颜料可按颜色、性能、用途及组成等多种方法进行分类,但最为常用的分类是按其分子化学结构中含有特定的发色基团或官能团实行化学结构分类,可分为偶氮颜料类(单偶氮、双偶氮)酞菁类颜料,多环颜料及其他杂类颜料等。见表4-36。

表4-36　有机颜料分类

分类	主要类别	常见颜料品种的C.I颜料号
偶氮颜料	不溶性单偶氮颜料	P.Y.3,P.Y.74,P.Y.97,P.O.5,P.R.122
	色酚AS类颜料	P.R.8,P.R.22,P.R.112,P.R.146,P.R.21
	偶氮缩合类颜料	P.Y.95,P.R.166,P.R.242,P.Y.128
	双偶氮颜料	P.Y.2,P.Y.83,P.O.13
	苯并咪唑酮杂环类颜料	P.Y.151,P.Y.154,P.R.176,P.O.36
	偶氮色淀类颜料	P.R.48,P.R.49,P.R.53,P.R.57
酞菁类颜料	铜酞菁颜料	P.B.15,P.B.15:1,P.B.15:3,P.B.15:4,P.B.15:6
	卤代铜酞菁颜料	P.G.7,P.G.36
	无金属及其他金属酞菁类颜料	P.B.16,P.B.75
多环类颜料	喹吖啶酮类颜料	P.R.122,P.V.19
	二噁嗪类颜料	P.V.23
	异吲哚啉酮及异吲哚啉类颜料	P.Y.109,P.Y.110,P.Y.139
	吡咯二酮-吡咯类颜料	P.R.254,P.R.255,P.R.264,P.O.73
	喹酞酮类颜料	P.Y.138
	蒽醌类颜料	P.R.177,P.R.168,P.V.15,P.B.60
	苝系与苉系颜料	P.Br.26,P.R.190,P.V.29
	硫靛类颜料	P.Br.27,P.R.88,P.V.38
其他杂类颜料	硝基及亚硝基颜料	P.G.8
	氮次甲基类颜料	P.Y.129,P.O.68
	三芳甲烷类颜料	P.V.3,P.B.61

5.3.1　偶氮颜料

(1) 耐晒黄10G(P.Y.3)　系带绿光的淡黄色粉末。色泽鲜艳,着色力强,高遮盖力,耐晒,耐热性好,微溶于乙醇、苯和丙酮等有机溶剂。主要用于涂料、涂料印花、油墨、文教用品和塑料制品着色。吸油量22～60,耐光性6级,耐温性160℃,耐酸碱性5级,耐水和油性

4 级。

(2) 571 甲苯胺红(P. R. 3),572 甲苯胺紫红(P. R. 13)和银朱 R (P. R. 4) 甲苯胺红是乙萘酚系颜料的主要品种,商品有多种色光及牌号,大量用于油性漆及乳化漆中。由于耐溶剂性不佳,在醇酸漆中使用受到限制。

银朱 R 是带黄相的大红,至今仍是重要的大红色品种,用于制漆及文教用品着色。见表 4-37。

表 4-37 甲苯胺红、银朱 R、甲苯胺紫红性能

项 目	571 甲苯胺红	银朱 R	572 甲苯胺紫红
C. I. 颜料号	P. R. 3	P. R. 4	P. R. 13
色 光	黄光红	黄光红	紫红
密度/g·cm^{-3}	1.34~1.52	1.45~1.60	
吸油量/g(100 g)$^{-1}$	33~80	34~70	40~50
耐光性/性	6	6	7
耐温性/℃	120	100	140
耐酸性/级	4	5	5
耐碱性/级	4	5	4
耐水性/级	3	5	
耐油性/级	3	4	

(3) 大红粉(P. R. 21),颜料亮红 N(P. R. 22),永固红 FGR(P. R. 112) 这是色酚 AS 系颜料,主要为红色品种。一般具有较好的牢度性能,特别是耐碱性尤为优越。使用最多的是 5203 大红粉,广泛用于制造涂料。永固红 FGR 和亮红 N 是色彩鲜艳的大红色,牢度优异,主要用于涂料、水性漆、涂料印花浆和人造丝的着色。由于大红粉在日晒下是泛金光,现在多用其他的大红颜料。性能指标见表 4-38。

表 4-38 大红粉、颜料亮红、永固红性能

项 目	5203 大红粉	颜料亮红 N	永固红 FGR
色 光	黄光红	黄光红	艳红
密度/g·cm^{-3}		1.30~1.47	1.38~1.65
吸油量/g·(100 g)$^{-1}$	57	34~68	35~86

项　　目	5203 大红粉	颜料亮红 N	永固红 FGR
耐光性/级	3～4	5	7
耐温性/℃	100	120	150
耐酸性/级	5	5	5
耐碱性/级	3	2	5
耐水性/级	3～4	4	5
耐油性/级	1	2	4～5
pH(10％水浆)	7	7	3.5～7

　　(4) 永固黄 H4G(P. Y. 151)　系苯并咪唑酮系颜料。在单偶氮颜料的结构中引入环状酰胺基团,提高分子的极性,使分子间形成较强的氢键能力,从而影响分子的聚集状态,降低了颜料在有机溶剂中的溶解度,增强了耐迁移性能。氢键的存在能提高颜料分子的稳定性,增强对光和热的抵抗能力,使耐光性、耐热性都有明显改善。

　　永固黄 H4G 的色光为绿光黄色,密度 1.57 g/cm³,吸油量 52,耐光性 7～8 级,耐温性 250℃,耐酸碱、水、油性均为 5 级,10％水浆的pH 值为 7.3。

　　(5) 双偶氮颜料　颜料的分子中含有两个偶氮基的颜料,包括双芳胺类黄色偶氮颜料(联苯胺黄 G,永固黄 HR)及吡唑酮类双偶氮颜料(永固橙 RL 等)。其性能指标见表 4-39。

表 4-39　双偶氮颜料主要性能

项　　目	联苯胺黄 G	永固黄 HR	永固橙 RL
C. I. 颜料号	P. Y. 12	P. Y. 83	P. O. 34
色　光	黄色	红光黄	红光橙
密度/g·cm⁻³	1.4	1.27～1.50	1.3～1.4
吸油量/g·(100 g)⁻¹	25～80	39～98	43～79
耐光性	4	4	6
耐温性/℃	180	200	180
耐酸性/级	5	5	4
耐碱性/级	5	5	5
耐水性/级	5	5	4

项　　目	联苯胺黄 G	永固黄 HR	永固橙 RL
耐油性/级	4	5	5
pH(10%水浆)	6~8	6~7	6~7

(6)偶氮缩合颜料　偶氮颜料具有制造工艺简单、色光鲜艳、着色力高的优点;但存在不少难以克服的缺点,如耐光、耐热、耐溶剂性差,影响了它们的用途。如果在偶氮颜料经偶会合成后再同含有氨基的化合物进一步缩合成含酰氨基的化合物,如偶合和缩合的步骤增多,就可以大大增加颜料的分子质量,所以又叫大分子颜料。由于分子质量增加,往往耐溶剂性提高,有些品种的耐光、耐热性也显著提高。现已生产出一些黄色和红色品种,用于制造无毒、无铅的玩具漆。

偶氮缩合颜料(大分子颜料)主要物性能见表4-40。

表4-40　偶氮缩合颜料主要性能

项　　目	大分子黄 8GN	大分子红 BRN	缩偶氮大红 R	缩偶氮大红 4RF
C.I.颜料号	P.Y.128	P.R.144	P.R.166	P.R.242
色　光	绿光黄	蓝光红	黄光红	黄光红
相对分子质量	1229.25	828.94	794.50	930.46
密度/g·cm^{-3}	1.53	1.45~1.55	1.57	1.61
吸油量/g·(100 g)$^{-1}$	56~70	50~60	55	55
耐光性/级	7~8	7	7~8	7~8
耐温性/℃	200	250	250	200
耐酸性/级	5	5	5	5
耐碱性/级	5	5	5	5
耐水性/级	5	4	5	5
耐油性/级	5	4	5	5
pH(10%水浆)	5~6	6.8	7	6~7.5

(7)偶氮色淀类颜料

①LA57-02耐晒油漆湖蓝色淀颜料(P.B.17:1)　是一种酸性染料色淀颜料,俗名锡利蓝。系用酞菁酮二磺化染料,以氯化钡作沉淀剂,固着于硫酸钡载体上所得到的色淀。外观为天蓝色粉末,吸油量(25±5)%,耐光性、耐热性较好,色泽鲜艳。用于涂料中配制各种颜色

比较鲜艳的色漆。耐晒性 6 级,耐热性 80℃,耐酸性 4～5 级,耐碱性 1 级。

② 立索尔大红(P.R.49∶1) 为红色粉末,着色力强,遮盖力差,耐晒性 4 级,耐热性 130℃,耐酸性 3 级,耐碱性 3 级,吸油量(50±5)%。主要用作油墨、水彩、油彩和蜡笔等的着色颜料,也可用于涂料。

5.3.2 酞菁颜料 酞菁(H_2Pc)是一个大环化合物,不含金属元素,其本身很少用于颜料。酞菁可形成多种金属络合物,作为颜料使用的有铜酞菁(CuPc)、钴酞菁及铁酞菁,但后两者的用量极少。

(1)酞菁蓝 其组成是细结晶的铜酞菁。具有鲜明的蓝色,耐光、耐热、耐酸、耐碱、耐化学性能优良,着色力强,是当前性能最为优良的蓝色颜料。分子式 $C_{32}H_{16}CuN_8$。酞菁蓝已知有 9 种晶型,晶型不同影响其应用性能。α 型呈红光,β 型呈绿光,ε 型呈大红光。热力学稳定性 $α<ε<β$。

酞菁蓝 B 为亚稳 α 型酞菁蓝,带红光蓝色粉末,色泽鲜艳,着色力高,具有较高的性价比。此类颜料晶型稳定性较差,主要应用于油墨、涂料及涂料印花浆等(P.B.15)。

酞菁蓝 BS 为稳定 α 型酞菁蓝(P.B.15∶1),带红光蓝色粉末,具有耐有机溶剂和抗结晶性。与酞菁蓝 B 比较,透明度和着色力降低,但有好的耐光性、耐候性、耐迁移性及耐热稳定性等。不具有抗絮凝性。可应用在各种涂料中,但不能应用于一些特殊要求的油漆体类。

酞菁蓝 BS(P.B.15∶2)为抗结晶性,抗絮凝性的 α 型酞菁蓝。主要用于涂料着色。

酞菁蓝 BGS(P.B.15∶3)为 β 型酞菁蓝,是一种稳定的晶型,色光明显偏绿,高着色力易分散。具较好的耐光、耐候牢度和热稳定性,良好的耐溶剂和耐皂化性、耐酸碱性,是涂料工业中最为重要的蓝色颜料品种。

酞菁蓝(P.B.15∶4)为抗结晶性,抗絮凝性的 β 型酞菁蓝,主要应用于涂料着色。除分散性、抗絮凝性及流动性外,其他性能与 P.B.15∶3 基本一致。用于涂料,市场量很少。

(2)酞菁绿 酞菁绿 G(P.G.7)化学组成是多氯代铜酞菁,色光是蓝光绿色,具有良好的应用性能,如耐光性、耐候性及耐热稳定性及耐溶剂性等,是涂料的重要绿色颜料。P.G.36 酞菁绿是氯溴混合取代的铜酞菁颜料,属于黄光绿色,耐性较好,分子质量比酞菁绿 G 大,但着色力比酞菁绿 G 低,档次价格要高。主要用于高档涂料及油墨。酞菁绿性能见表 4－41。

表 4－41 酞菁绿性能

项 目	酞菁蓝 B	酞菁蓝 BS	酞菁蓝 BGS	酞菁绿 G	酞菁绿 (P. G. 36)
C.I 颜料号	P. B. 15	P. B. 15：1	P. B. 15：3	P. G. 7	P. G. 36
相对分子质量	576.10	576～610	576.07	1029～1127	1293.90
平均粒径/μm	0.08	0.05	0.07～0.09	0.03～0.07	0.03～0.06
色 光	红光蓝	亮红光蓝	绿光蓝	蓝光绿	黄光绿
密度/g·cm^{-3}	1.5～1.70	1.50～1.70	1.55～1.65	1.80～2.40	2.31～3.19
比表面积/(m^2·g^{-1})	30～90	53～92	38～90	41～62	30～54
吸油量/g·(100 g)$^{-1}$	32～70	30～80	45～60	22～50	20～46
耐光性/级	7～8	7～8	7～8	7～8	7～8
耐温性/℃	200	200	200	200	200
耐酸性/级	5	5	5	5	5
耐碱性/级	5	5	5	5	5
耐水性/级	5	5	5	5	5
耐油性/级	5	5	5	5	5
pH(10%水浆)	6.5～8.0	5.0～8.0	5.0～8.0	4.0～9.0	4.5～7.5

5.3.3 多环颜料

(1) 喹吖啶酮类颜料 喹吖啶酮类颜料的化学结构是四氢喹啉二吖啶酮,习惯称喹吖啶酮。尽管其分子质量比酞菁类颜料小得多,但它们像酞菁类颜料一样具有很好的耐候等牢度。主要色调为红紫色,通常也称为酞菁红或酞菁紫。主要应用于高档工业漆、水性装饰漆、建筑涂料及户外广告漆等。喹吖啶酮类颜料性能见表 4－42。

表 4－42 喹吖啶酮类颜料性能

项 目	喹吖啶酮紫	喹吖啶酮红	喹吖啶酮红	喹吖啶酮红	喹吖啶酮红
C.I 颜料号	P. V. 19	P. R. 122	P. R. 202	P. R. 206	P. R209
相对分子质量	312.32	340.37	381.22	—	381.22

项　目	喹吖啶酮紫	喹吖啶酮红	喹吖啶酮红	喹吖啶酮红	喹吖啶酮红
色　光	紫黄光红	蓝光红	蓝光红	红褐色	品红色
密度/g·cm^{-3}	1.5～1.8	1.40～1.50	1.51～1.71	1.45～1.52	1.56
吸油量/g·(100 g)$^{-1}$	40～70	40～65	34～50	27～39	60
耐光性/级	7～8	7～8	7～8	7～8	7～8
耐温性/℃	200	250	250	250	250
耐酸性/级	5	5	5	5	5
耐碱性/级	5	5	5	5	5
耐水性/级	5	5	5	5	5
耐油性/级	5	5	5	5	5
pH(10%水浆)	6～9	6.2～6.7	3.0～6.0	3.5～9.0	5～7

(2) 二噁嗪类颜料　该颜料的母体是三苯二噁嗪。该系列颜料主要为紫色,主要品种为颜料紫23与颜料紫37。

颜料紫23又称6520永固紫PL,还称之为咔唑紫,分子呈对称性与平面性,使其十分稳定。在冲淡色情况下仍具有优异的色光,耐气候牢度,是一种通用型紫色颜料紫。色调有蓝光与红光两种,色泽鲜艳,着色牢度高,耐晒牢度好,耐温性比其他多环颜料要低些,通常在160℃左右就发生变化。它几乎耐所有有机溶剂,可在很多介质中使用。

颜料紫37比颜料紫23要红得多,遮盖力强,着色力要弱些,具有较好的流动性与光泽,其他性能基本上与颜料紫23一样。主要应用于高档汽车漆。目前仅瑞士CIBA公司生产,产量较小。

颜料紫23的C.I.颜料号为P.V.23.,相对分子质量589.5,吸油量45,色光为蓝光紫,平均粒径0.04～0.07 μm,耐光性7级,耐温性160℃,耐酸性、耐碱性、耐水性、耐水性、耐油性均为5级。其10%水浆的pH为6.2。

(3) 异吲哚啉酮系颜料和异吲哚系颜料　它们是20世纪60年代中期继喹吖啶酮和二噁嗪紫颜料之后发展起来的一类新型高档有机颜料。具有很好的耐溶剂性、耐迁移性、耐酸碱性、耐氧化还原性,耐热性高达400℃,耐晒牢度,耐光牢度也非常好。主要用于高档工业漆及油墨。

异吲哚啉酮黄 2GLTE(P. Y. 109)呈亮绿光黄,着色力高,易分散。耐晒牢度随 TiO_2 的加入先升高再降低,如本色耐光性为 6~7 级,而深色(颜料:TiO_2＝1:1)时耐晒牢度可达 7 级,按 1:3 到 1:25 用 TiO_2 冲淡耐晒牢度可达 7~8 级,冲淡比例再升高耐晒牢度会明显下降。主要用于高档工业漆、建筑涂料及油墨。

异吲哚啉酮黄 2RLT(P. Y. 110)为红光较重的黄色,被认为是所有有机颜料红光黄色中最为稳定的一种。广泛用于高档汽车漆、工业漆、建筑涂料。

异吲哚啉黄(P. Y. 139)呈红光黄色,其各项性能良好,广泛应用于高档涂料、油墨及塑料。在水性体系中耐碱性不是很理想,一般不推荐用于水性装饰漆。

异吲哚啉酮类颜料和异吲哚系颜料性能见表 4-43。

表 4-43 异吲哚啉酮系颜料和异吲哚系颜料性能

项 目	异吲哚啉酮黄 2GLTE	异吲哚啉酮黄 2RLT	异吲哚啉黄
C. I 颜料号	P. Y. 109	P. Y. 110	P. Y. 139
相对分子质量	655	641.94	360.30
色 光	绿光黄	红光黄	红光黄
密度/g·cm^{-3}	1.84	1.82	1.74
吸油量/g·(100 g)$^{-1}$	40~55	36~77	45~69
耐光性/级	7~8	7~8	7~8
耐温性/℃	250	250	250
比表面积/m^2·g^{-1}	29	40~65	—
耐酸性/级	5	5	5
耐碱性/级	5	5	5
耐水性/级	5	5	5
耐油性/级	5	5	5
pH(10%水浆)	5.8	6.5~8.7	5.5~7.0

(4) 吡咯并吡咯二酮颜料 该产品(即有名的 DPP 系颜料)是由瑞士 Ciba 公司在 1983 年研制的一类全新结构的高性能有机颜料,主要色为红色与橙色。该系列颜料颜色鲜艳,着色力高,流动性好,同时

具有良好的耐光性、耐候性和耐热性;但耐碱性不如其他类多环有机颜料。广泛用于高档涂料中,尤其是汽车漆、工业漆及建筑漆等。

DPP 红(P. R. 254)是 Ciba 在 1986 年开发的第一个 DPP 系颜料商品,具有很好的着色性能和牢度性能,色泽鲜艳,着色力强度高。广泛应用于工业漆、各类色漆水性涂料等。DPP 红(P. R. 255)呈黄光红色,具有较高的遮盖力、优异的耐气候牢度,被推荐用于汽车漆和高档工业漆。DPP 红(P. R. 264)是蓝光红,有较高的透明度和着色温度,耐酸碱均为 5 级,耐有机溶剂为 4~5 级,主要推荐使用在汽车漆和高档工业漆中。DPP 橙(P. O. 73)呈艳丽的橙色,耐芳烃类溶剂牢度为 5级,但耐酮、醇、酯类溶剂的牢度为 3 级或 3~4 级。

吡咯并吡咯二酮颜料性能见表 4-44。

表 4-44　吡咯并吡咯二酮颜料性能

项　目	DPP 橙 P. O. 73	DPP 红 P. R. 254	DPP 红 P. R. 255	DPP 红 P. R. 264
C. I 颜料号	P. O. 73	P. R. 254	P. R. 255	P. R. 264
相对分子质量	400.52	357.19	288.30	
色　光	艳橙色	亮红色	黄光红	蓝光红
密度/g·cm^{-3}	1.3	1.6	1.41	1.35
吸油量/g·(100 g)$^{-1}$	53	60	40~59	57
耐光性/级	7~8	7~8	7~8	7~8
耐温性/℃	200	200	200	200
耐酸性/级	5	4~5	5	5
耐碱性/级	5	4~5	5	5
耐水性/级	5	4~5	5	5
耐油性/级	4~5	4~5	4~5	4~5

(5) 喹酞酮系颜料　喹酞酮本身是一类古老的化合物,但作为颜料的使用历史不长,是 20 世纪由 HF 公司研制开发的新型高档有机颜料。这类颜料具有耐晒、耐气候、耐热、耐溶剂及耐迁移性。色光主要为绿光黄色,颜色鲜艳。其中最典型的品种是 BASF 公司生产的颜料黄 138,具有高度着色强度、优异的牢度。最近几年国内也有个别厂家生产。主要用于汽车漆、高档工业漆。吸油量 30~40,耐温性 250℃,耐光性 7~8 级,其余耐化学性均为 5 级。

（6）蒽醌系颜料 蒽醌系颜料是指分子中含有蒽醌结构或以蒽醌为起始原料的一类颜料，是一类还原颜料。色泽非常坚固，色彩范围较广；但生产特别复杂，生产成本很高。其颜料具有优良的耐光牢度、很好的耐溶剂性与耐迁移性。

蒽醌黄（P. Y. 24）呈红光黄，与铝粉浆复合使用，具有很好的耐气候与耐温性。非常适合用于汽车面漆与其他多钟油漆着色。

蒽醌红（P. R. 168）呈黄光大红色，颜色鲜艳，具有优异的各项应用牢度，其耐晒与耐候牢度是已知有机颜料最好品种之一，几乎耐所有有机溶剂。主要用于高档汽车漆与工业漆；但应用于烘烤温度过高的涂料中耐重涂性不是非常理想，一般比较适合 120～160℃烘烤条件。

蒽醌红（P. R. 177）主要应用于高档工业漆、塑料等，具有很好的透明度和各项应用牢度；但用 TiO_2 冲淡后耐气候牢度明显降低，同时还会与铝或其他还原性物质起反应。

蒽醌蓝（P. B. 60）作为颜料使用前，一直当还原染料使用。具有良好的透明性和耐候性，着色力强，但较酞菁蓝要低些。主要用于轿车漆，特别是金属漆中着色。

蒽醌系颜料性能见表 4－45。

表 4－45 蒽醌系颜料性能

项 目	蒽醌黄 (P. Y. 24)	蒽醌红 (P. R. 168)	蒽醌红 (P. R. 177)	蒽醌蓝 (P. B. 60)
C. I 颜料号	P. Y. 24	P. R. 168	P. R. 177	P. B. 60
相对分子质量	408. 42	464. 12	444	442. 42
色 光	红光黄	黄光红	红光	红光蓝
密度/g·cm^{-3}	1. 55～1. 65	1. 4～1. 99	1. 45～1. 53	1. 45～1. 54
吸油量/g·(100 g)$^{-1}$	39～49	40～58	55～62	27～80
耐光性/级	7	8	7～8	6～7
耐温性/℃	220	200	260	200
耐酸性/级	5	5	5	5
耐碱性/级	4	5	3	5
耐水性/级	5	5	5	5
耐油性/级	5	5	5	5

（7）苊系与苊酮颜料 苊系为苊酮颜料均属还原颜料。苊系颜料主要为红色品种，也称苊红颜料，有大红与紫红等色谱。苊酮颜料品种

较少,主要有颜料黄 194 与颜料橙 43。其性能可与喹吖啶酮红相媲美,耐晒性、耐候性较好,耐热性高达 350℃ 以上。目前该类颜料品种较多,但商品化品较少,主要用于高档工业漆、耐热性要求较高的涂料品种。

茈红 179 是茈系颜料中最为重要的品种,尤其适合于高档汽车漆(OEM)及末道漆。呈正红色,有极好的耐气候牢度和耐溶剂性,对碱十分稳定,可用于各类水性漆。

茈红 123 呈中红色,具有良好的耐气候牢度和耐溶剂性,比较适合应用在色漆或建筑乳胶漆着色。

茈红 224 品种较多,主要适用于工业漆,尤其是轿车面漆。高透明性品种主要用于金属漆。由于它是一个酸酐对碱十分敏感,一般不能用于碱性体系。

茈酮橙 43 是反式异构体,呈红光橙色,比顺氏异构体(茈酮黄194)商业价值要大得多,是涂料工业的一种重要橙色品种。本色与深色在户外暴晒容易变暗。用 TiO_2 冲淡具有较好的耐气候牢度性。上述颜料的主要性能见表 4-46。

表 4-46　茈系与茈酮颜料性能

项　　目	茈红 123	茈红 179	茈红 224	茈酮橙 43
C.I颜料号	P.R.123	P.R.179	P.R.224	P.O.43
相对分子质量	630.64	418.40	392.32	412.40
色　光	红色	暗红色	蓝光红	红光橙
密度/g·cm⁻³	1.43~1.57	1.41~1.65	1.58~1.75	1.49~1.87
吸油量/g·(100 g)⁻¹	45~49	17~50	25~50	96
耐光性/级	7	8	7~8	6~7
耐温性/℃	220	200	260	200
耐酸性/级	5	5	5	5
耐碱性/级	4	5	3	5
耐水性/级	5	5	5	5
耐油性/级	5	5	5	5

(8) 硫靛类颜料　硫靛类颜料也属于还原颜料,其色光鲜艳,着色力高,色彩主要为红色与紫色。常用于汽车漆与高档塑料制品,由于对人体毒性小也可作食用色素使用。

硫靛红 88 是硫靛的四氯代衍生物,主要用于涂料与色漆中。鲜艳紫红色具有较好的遮盖力、耐晒牢度及耐气候牢度。硫靛红 181 对人体几乎无毒,可作为食用色素使用。

硫靛红 88 的 C. I. 颜料号为 P. R. 88,相对分子质量 434.14,密度 $1.47\sim1.90\ g/cm^3$,平均粒径 $0.10\ \mu m$,吸油量 $33\sim58$,耐温性 $188\,℃$,耐光性 $6\sim7$ 级,耐酸性 5 级,耐碱性 $3\sim4$ 级,耐水性 5 级,耐油性 5 级,10% 水浆的 pH 为 7.0。

5.3.4　其他杂类颜料

(1) 亚硝基颜料　多数品种耐溶剂性较差,着色力、耐光牢度一般。代表品种为颜料绿 8(P. G. 8)。

(2) 氯次甲基类颜料　通常为金属络合颜料,含有氮亚甲基 (CH—N=)。此类颜料耐热、耐光、耐候性均好。代表品种为颜料橙 68(P. O. 68)。

(3) 三芳甲烷类颜料　该品种是一种阳离子型的化合物,颜色非常艳丽,着色力非常高,但各项牢度不太好。主要为蓝绿色。该类颜料主要是以三芳甲烷类的酸性或碱性染料为母体,使用不同的沉淀剂处理得到的色淀或色原。

色原——把染料溶解的溶液,用沉淀剂直接沉淀,使在水中成不溶性色素,称为色原。

色淀——把染料溶解的溶液,染附在体质颜料上,用沉淀剂使之沉淀固着后,在水中形成不溶性的物质,称之为色淀。

主要代表为颜料紫 3(P. V. 3),相对分子质量 $6850\sim7818$,色光为亮蓝光紫,密度 $2.1\sim2.3\ g/cm^3$,吸油量 $41\sim77$。

5.3.5　溶剂型颜料　这是一类油溶性和醇溶性颜料,主要用于生产透明性色漆。

(1) 油溶红(Solvent R. 24)　又名烛红。纯品为暗红色粉末,不溶于水,溶于乙醇和丙酮,易溶于苯。主要用于油脂、肥皂、蜡烛橡胶玩具、塑料制品和透明色漆的着色,如用于酚醛红棕透明漆(俗称改良金漆)。耐光性 $4\sim5$ 级,耐热性稳定到 $120\,℃$,醇溶性微溶,细度(100 目筛余物)$\leqslant5\%$。

(2) 耐晒醇溶火红 B(Solvent R. 109)　外观为红色到红褐色粉末,色泽鲜艳透明。在乙醇中溶解度较高,耐热性和耐光性较好。用在透明红氨基烘漆中。耐光性 6～7 级,耐热性 180℃,耐酸性 4 级,耐碱性 1 级,95%乙醇中溶解度为 50 g/L,95%乙醇中不溶物≤1%。

(3) 耐晒醇溶黄 GR(Solvent P. Y. 19)　主要用于涂料透明色漆。耐光性 6～7 级,耐热性 200℃,耐酸性 4 级,95%乙醇中溶解度 70 g/L。

(4) 苯胺黑(P. BK. 1)　是有机颜料中唯一的黑色颜料。将苯胺通过氧化反应而得到苯胺黑颜料。山东青岛染料厂生产的苯胺黑又叫醇溶苯胺黑(Solvent P. BK.5),上海染料化工厂、上海染化七厂等厂生产油溶性苯胺黑(Solvent P. BK. 7),它们用于塑料、胶木粉、油墨等的作色。日本东京色栈工业株式会社生产多种牌号的苯胺黑,如 2 号超级黑、30 号苯胺黑。大量用于皮革着色,也用于高档黑色家具漆。

(5) 醇溶耐晒蓝 HL(Solvent B. 24)　外观为深蓝色粉末。可溶于醇类和烃类,耐光性较好,耐光性 5～6 级,耐热性 120℃,耐酸性 4 级,耐碱性 1 级,95%乙醇中的溶解度 30 g/L。主要用于喷漆、烘漆、赛璐珞、聚氯乙烯、有机玻璃和铝箔等着色。

(6) 醇溶耐晒绿 HL　外观为深绿色粉末。溶于醇类,耐光性较好,耐光性 5～6 级,耐热性 120℃,耐酸性 4 级,耐碱性 1 级,在 95%乙醇中溶解度 30 g/L。主要用于喷漆、烘漆、赛璐珞、聚氯乙烯、有机玻璃和铝箔等着色。

5.4. 功能颜料

5.4.1　珠光颜料　珠光颜料因其光泽强,装饰效果好,无毒,耐光,耐候,耐酸,耐碱,耐热,分散性好,不导电,不导磁等优良性能,而被广泛应用于汽车漆、摩托车漆、自行车漆及玩具、装饰品涂层等。珠光颜料是一种薄片,有高的折射率,由于光的干涉作用呈现珠光色泽。

天然的珠光颜料来自珍珠、鱼鳞。人工合成的品种早期含 Hg_2Cl_2、$PbHPO_4$ 或 $PbHASO_4$ 的制品,后来出现了碱式碳酸铅型珠光颜料,均有一定毒性。在 20 世纪 60 年代又出现了毒性较低的氯氧化铋型的珠光颜料。

当今生产的珠光颜料是以云母钛型为主,以云母片状石英、片状氧化铝或片状玻璃粉末为基材,在其表面包覆一层高折射率的金属氧化物透明薄膜复合而成,当光照射到珠光颜料平整界面时,会产生反射光和折射-反射光,它们之间相互干涉产生一种立体感强的珠光色彩。

云母钛型珠光颜料是以 TiO_2 沉积在玻璃光泽的白云母或金云母片上,一般呈银白色的珠光色彩,如改变 TiO_2 的厚度可以产生彩虹系列的珠光颜料。如在 TiO_2 的配合中加入 Fe_2O_3 或少量的 Cr_2O_3,可以产生金色视觉的颜料,如全都以 Fe_2O_3 沉积于云母片可以得到青铜色或紫铜色等金属光泽。目前还有沉积 TiO_2 后的珠光颜料配上各种颜料或色浆调色,可得到一系列着色珠光颜料,有红、蓝、绿、紫等深浅不同的品种。金属氧化物包膜云母氧化铁珠光颜料是一种新型的合成珠光颜料,它以云母氧化铁粉末为基片,在其表面包上一层金属氧化物膜,利用两者对光的折射率的差异,干涉出五光十色。

珠光颜料可分为银白色型,彩虹色型和有机/无机物着色型:

——银白色型 当云母表面 TiO_2 薄膜的光学厚度<200 nm 时,其珠光色泽随着云母的粒径和 TiO_2 包覆率(即此表面积上的 TiO_2 含量)的不同而呈现银白色丝光变化。

——彩虹型 当云母表面所镀氧化物薄膜的厚度为 200~400 nm 时,随着薄膜厚度的不同产生的光学效应也不相同,从而引起不同的干涉效应,使颜料呈现出绚丽多彩的色泽,从银白色→绿色→金红色→红色→紫红色的一系列变化。

——着色型 在已制得的云母基珠光颜料表面再包覆一层透明或半透明的有色无机物或有机物(如氧化铁、铁蓝、铬绿、炭黑、有机颜料及染料等),使用颜料的珠光光泽和有色物质的光学性共同起作用,提高其着色性能。

5.4.2 荧光颜料 有机荧光颜料也叫做日光荧光颜料,是吸收可见光及紫外光后把原来人眼不能感觉到的紫外荧光转变成一定颜料的可见光。其总的反射强度高于一般普通有色颜料。荧光颜料分为荧光色素颜料和荧光树脂颜料两种类型。

(1)荧光色素颜料 这类颜料能保持强荧光性,具有鲜艳的色彩。它是一种有机荧光颜料,和一般的有机颜料一样是色素的集合体粒子。这类荧光色素主要是耐光牢度较低,虽然着色力较高但荧光强度及鲜明性较荧光树脂颜料差,目前几乎被荧光树脂颜料所取代,唯其中黄色品种还在使用。

(2)荧光树脂颜料 这类颜料是将带有荧光的可溶性染料混入某些树脂的初期聚合物中,待树脂固化后经粉碎成细微粉末。荧光树脂颜料实际上树脂是作为可溶性染料的载体而存在。常用于荧光染料有红、黄、蓝 3 种基本色,用它们可以拼配成较多的色谱。荧光涂料常涂于安全通道、安全门、消防器材、交通标志、广告、建筑物、装饰品等。

5.4.3　示温颜料　示温颜料即变色颜料。使用变色颜料做成色漆,涂刷在不易测量温度变化的地方,可以漆膜颜色的变化观察到温度的变化,这种颜料称为热敏颜料或示温颜料。

这类颜料分为两类:一类为可逆性变色颜料,当温度升高时,颜色发生变化,冷却后以恢复到原来的颜色;另一类为不可逆变色颜料,它们在加热时发生不可逆的化学变化,因此在冷却后不能恢复到原来的颜色。

常用的不可逆变色颜料为有铅、镍、钴、铁、镉、锶、锌、锰、钼、钡、镁等硫酸盐,硝酸盐,硫化物,氧化物以及偶氮颜料,酞菁颜料等。变色温度在 100℃以上,最高可达 800～900℃。

常用的可逆变色颜料主要是 Ag,Hg,Cu 的碘化物、络合物或复盐的钴盐,镍盐与六亚甲基四胺所形成的化合物。变色温度一般在 100℃。

5.4.4　金属颜料　金属颜料是颜料中的一个特殊种类,其历史悠久。随着现代工业的发展,对金属粉的需求越来越大,种类也随之增加。常见的金属粉有铝粉、锌粉、铅粉、钛粉,合金形成的金属粉有铜锌粉(俗称金粉)、锌铅粉、不锈钢粉等。

与其他颜料相比,金属颜料有它的特殊性。由于粉末状的金属颜料由金属或合金组成,有明亮的金属光泽和颜色,因此很多金属颜料—— 如铜锌粉,铝粉等——用作装饰性颜料。大多数金属颜料都是鳞片状粉末,它调入成膜物而且涂装成膜时像落叶铺地一样与被涂物平行,互相联结,互相遮掩,多层排列,形成屏障。金属鳞片阻断了成膜物的微细孔,阻止外界有害气体和液体在涂膜中的渗透,保护了涂膜及被涂装物品,这是它物理屏蔽的防腐能力。金属粉能反射日光中的紫外线的 60%以上,又能防止涂膜因紫外线照射老化,有利于延长涂膜的寿命。

金属颜料是极微细的粉末,除鳞片状外也有球形、水滴形、树枝形的,都与其制造方法有关。金属粉末须经过表面处理才具有颜料特性,如分散性、遮盖力等。不同的表面处理可使金属亲油或亲水以适应不同涂料的要求。

　　大多数金属颜料通过物理加工方式进行生产,使纯金属或合金成为特定的粉末,如从固态,液态及气态金属转化为粉末。

　　(1) 铝粉(银粉)(铝银粉)　颜料用铝粉粒子是鳞片状的,也正是由于这种鳞片状的粒子状态,铝粉才具有金属色泽和屏蔽功能。铝粉由于用途广,需求量大,品种多,是金属颜料中的一大类。

　　(2) 铝粉浆(银粉浆)(铝银浆)　铝粉浆分为漂浮型、非漂浮型、水分散型3种。非漂浮型铝粉颜色发暗,沉于漆液底部供作锤纹漆、防锈漆、美术漆等使用。漂浮型铝粉浆颜色发亮漂浮于表面,供作磁漆耐热漆或底漆使用。金属闪光铝粉浆属于非漂浮型,它比一般非漂浮型铝粉浆光泽高,金属感强,粒度分布窄,没有大的颗粒。水分散型铝粉浆用于水性漆。铝粉浆分类及其性能见表4-47。

表4-47　铝粉浆分类及其性能

铝粉浆类型	溶剂	助剂类型	金属含量/%	水分/%	密度/g·cm⁻³	平均粒度
漂浮型	脂肪烃芳烃	硬脂酸,软脂酸,钛酸脂,稳定剂,分散剂	65	≤0.1	1.4	50～20
非漂浮型	脂肪烃芳烃	油酸,亚油酸,金属皂类,分散剂	65	≤0.1	1.5左右	10～30
水分散型	脂肪烃醇,酯,水	金属皂类,表面活性剂				

　　(3) 66锌铝浆　含锌铝的片状金属颜料,固体分(60±2)%,细度(325目筛全物)≤2%。主要用于桥梁、铁塔、化工设备及其他钢铁防腐漆。

　　(4) 铜锌粉　俗称金粉,是铜锌合金制成的鳞片状细粉末。有类似黄金的色光,依据含铜量的不同而呈现黄色到金红色,粒子大小不同光泽也有差异。与铝粉比,铜锌粉密度大,遮盖力较差,反射光和热的性能较差。其应用不如铝粉普遍;用于涂漆装饰,继而又用到印刷工业上制造印金油量。

　　(5) 锌粉　锌粉在色漆中主要用作防锈颜料用。锌粉密度大,易沉淀,制漆时除加少量防沉剂外一般与漆基分装,现配现用。

　　(6) 铅粉　铅具有较好的耐腐蚀性,在大气、海水和淡水中稳定,对硫酸、磷酸、氢氟酸及铬酸有防腐性。铅粉用于粉末冶金、无油润滑剂的组分,与成膜物质混合可用于防腐蚀涂料。

(7)钛粉 钛在常温下对各种酸碱都有很好的耐腐蚀性。对氧的亲和力很强,在其表面生成致密的氧化膜,具有良好的化学稳定性。

钛粉的防腐、化学稳定性优良和无毒的特点,使之在化学工业、食品工业方面的涂装有广泛的使用范围。

(8)不锈钢粉 不锈钢粉具有良好的化学稳定性,能防止化学腐蚀。颜色浅,高光泽的金属粉还有保温能力。这类金属粉几乎不吸收光线,能反射可见光、紫外光,对于热辐射也是如此,因此可用于需要保温、防止光和热辐射的物品如贮存油品、气体的罐塔上。

5.4.5 防锈颜料 防锈颜料是不以着色为目的而是用于配制防锈漆的一类颜料,有保护金属表面不被腐蚀的作用。早期的品种是红丹、铬酸锌颜料,其防腐蚀的效果早已有定论。因含有铅及六价铬,属于有毒颜料。当前应积极发展一些高效、无毒的防锈颜料,以代替早期的有毒品种。

(1)红丹 也叫铅丹,含有 97% 以上的 Pb_3O_4,余为 PbO。是一种历史悠久的防锈颜料,和亚麻仁油配制的防锈漆防锈能力很好,特别是它对钢铁表面处理的要求不高,在残留一些锈蚀或氧化膜的表面上仍有很好的防锈效果。但红丹含铅量高,有毒性,易沉淀及肝化。红丹不能用于轻金属表面防锈。另外,涂红丹防锈漆以后不能暴露时间长,应涂上面漆,否则在大气中二氧化碳作用下变成碱式碳酸铅而发白粉化。

(2)锌粉 利用阴极保护原理,将金属锌熔融于钢铁表面,以防止钢铁构件在大气中锈蚀,已被广泛应用。在涂料中,主要以含量高的锌粉作为颜料的富锌底漆,其原理主要就是通过锌粉粒子之间的紧密接触作为一个牺牲阳极保护钢铁,本身的氧化产物又起到一种封闭作用,阻止腐蚀介质的透入。

(3)氧化锌 它不是单独防锈作用的颜料,通常配上其他颜料用于防锈漆。由于它对酸性物质具有高度的反应性和提高了漆的 pH,因而减缓了腐蚀条件,所形成的皂类有助于防止贮存中颜料的硬结。

金属冶炼厂常有一种副产物,叫含铅氧化锌(含 5% 以上 $PbSO_4$ 或 PbO),防锈效果较好。除了铅盐的作用外,其粒子形状一部分呈针状,有助于提高漆膜的封闭性和耐候性,曾用在有名的 HO_6 - 2 环氧酯铁红底漆中。近年来由于货源稀少,已经用 ST -防锈颜料代替含铅氧化锌。

(4) 铬酸盐类防锈颜料　铬酸盐类颜料能提供铬酸根离子,配成涂料后其六价铬在金属表面可形成钝化层,有防锈、防腐蚀的功能,防锈效力可靠。已成为防锈颜料中一个大类,主要品种有锌铬黄、钙铬黄、锶铬黄、碱式硅铬酸铅、铬酸二苯胍等。

① 锌铬黄　淡黄色或中黄色粉末,耐光性较铅铬黄好,但遮盖力和着色力稍低。微溶于水,在酸或碱中能完全溶解,有阳极保护钝化作用。

109 锌铬黄($4ZnO \cdot CrO_3 \cdot 3H_2O$)主要用于配制各类防锈底漆,如 H06 - 2 环氧酯锌黄底漆,用于轻金属表面打深防护。

309 锌铬黄($ZnCrO_4 \cdot 4Zn(OH)_2$),也叫四盐基锌黄。其中的 $Zn(OH)_2$ 能部分参与磷酸和聚乙烯醇缩丁醛的作用,所形成的配位化合物能很好地钝化金属表面和提高附着力。

② 碱式硅铬酸铅　它是包核颜料中最典型的一个品种。核心为微细的二氧化硅微粒,表面包覆层为二碱式硅酸铅和一碱式铬酸铅。主要用于涂料,制备各种类型的钢铁防锈涂料。该颜料可与各种颜料配合使用,几乎能同所有的漆料结合,包括溶剂性和水性漆中。密度 $3.95\sim4.1$ g/cm³,平均粒度 $4\sim7$ μm,吸油量 $10\sim19$,比表面积 $1.3\sim3.3$,水萃取液 pH 为 $8.3\sim8.6$。该颜料具有优良的耐久性、高度的防锈性能、相对较低的着色强度以及质量轻而在经济上具有优越性。它的着色力和有助于漆膜耐久性提高的特点使之可以和彩色颜料配合,以制备各种色漆。由此制得的涂料保色性好,适宜做中涂层和面漆,防锈体系中的"深度保护"这一概念便是由此而提出的。含铅量少、毒性低也是其优点之一。

③ 锶铬黄($SrCrO_4$)铬酸锶　淡黄色结晶体或粉末,主要用于防锈底漆中。可以配制锶黄丙烯酸底漆,用于铝镁合金,也有用于配制锶黄环氧聚酰胺底漆作为飞机机身涂料,还可以和铝粉并用。

④ 钙铬黄($CaCrO_4$)铬酸钙　外观呈柠檬黄色粉末,其特点是较高的水溶解度与三氧化铬含量,是铬酸盐防锈颜料中三氧化铬含量最高,毒性最大的一种,应用时应选用抗水性能良好的树脂作基料。

⑤ 钡铬黄($BaCrO_4$)铬酸钡　柠黄色粉末,有一定水溶性,相对密

度 3.65,折射率 1.9,吸油量 11.6%,比容为 300 g/L。钡铬黄不能用作着色颜料,只能作为防锈颜料,可替代部分锌黄。从发展趋势看,这是涂料行为可以供选用的铬酸盐防锈颜料的品种之一。

⑥ 铬酸二苯胍 淡黄色粉末,呈中性至微碱性,性能稳定,水溶性低,对漆料的适应范围较广,一般溶剂型与挥发型漆中均可使用。在通常的锌黄或红丹漆中可将主要的防锈颜料抽掉 50%,将其加入总不挥发分的 2%~5% 或适当增加用量单独使用。在水溶性的金属用乳胶漆中对于控制初期锈蚀也较有效。

(5)磷酸盐类防锈颜料 磷酸锌 20 世纪 60 年代才开始应用,是重要的无毒防锈颜料。其防腐蚀机制与铬酸盐相仿,不过作用较慢。随后又出现了一些磷酸锌的改性品种以及多种复合的磷酸盐防锈颜料新品种,如聚磷酸铝、磷酸钙、磷酸钛、磷化铁、磷钼酸锌、磷硼酸锌等。

① 磷酸锌类 磷酸盐防锈颜料中,开发和应用最早、用量最大的是磷酸锌颜料。它具有如下一些优点:白色或浅色,折射率低,容易调色;能分散在油性和水性基料中;用它制备的涂料具有良好的施工性能,并对金属底材或与面漆涂膜具有较强的附着力;原料易得,价格适中;等等。

研究发现,颗粒微细化是提高磷酸锌系颜料活性的基本条件;化学改性则是对磷酸锌系防锈颜料进行表面包膜处理和进行本体掺杂处理,以增加新的阳离子或增加新的阴离子或同时增加新的阳离子和新的阴离子,达到活性和扩大应用范围的目的。

409-1 磷酸锌(也叫磷锌白)为白色粉末,磷酸锌含量 ≥45%,吸油量 40;也有磷酸锌含量 ≥98% 的品种,但价格较高。

颜料与颜料经复合而成的颜料称为组合颜料,也称多相颜料,主要借助于颜料间的协同叠加效应,以达到提高颜料性能的目的,如磷酸锌-磷酸铁组合颜料、磷酸锌-铁红组合颜料、磷酸锌-铬酸锌组合颜料、三聚磷酸铝-磷酸锌-氧化锌组合颜料等。由于合锌化合物已被列入对水生生物有害的物质,故开发此类产品的替代物迫在眉睫。

② 三聚磷酸铝 这类颜料为非挥发性白色微晶粉末,难溶于水,微溶于醇,对酸比较稳定,热稳定性好,储存稳定性和耐候性良好;不含铅、铬等有害重金属元素,无毒,对皮肤无刺激作用。其优点在于:

——无毒无公害,其毒性试验 LD(RAT)≥5 g/kg;

——防锈性强,具有化学防锈与隔绝防锈的双重效果;

——应用成本有优势,密度低,用量小;

——可与金属离子形成螯合物提高漆膜附着力,还可改善漆膜的柔韧性、抗冲击性及防起泡性。

用于溶剂型涂料为 SAP-1 型三聚磷酸铝,用于水性涂料用 SAP-2 型三聚磷酸铝。其性能指标见表 4-48。

表 4-48 三聚磷酸铝性能

型号	P_2O_5/%	AP_2O_3/%	游离水分/%	水溶物/%	吸油性	pH	45 μm 筛余物/%	白度(以碳酸钙白度为100)
SAP-1	≥42.5	≥10.5	≤2.0	≤1.0	45±5	4.5~6.5	≤0.15	≥90
SAP-2	≥30.5	≥8.8	≤2.0	≤1.0	45±5	5.0~7.0	≤0.15	≥90

(6) 硼酸盐类防锈颜料

① 硼酸锌($ZnO \cdot 3B_2O_3 \cdot 3.5H_2O$) 外观为白色细微粉末,密度 2.8 g/$cm^3$,折光率 1.58,吸油量 45,平均粒度 2~10 μm。国外商品名 Firebrake-ZB。白色粉末状硼酸锌不易吸潮,从 ZB-2335(低密度,低锌,高硼品种)到 ZB-325(高密度,高锌,低硼品种),所有硼酸锌与锑白比具有较低的密度,易分散。用以代替锑白做阻燃剂。硼酸锌在阻燃剂体系中可单独使用,也可与锑白一起使用,在许多配方中可代替 25%~70%锑白,使总成本下降。在涂料中作为膨胀型阻燃材料使用,不仅能消烟阻燃,而且还具备防锈防霉防污的性能。与磷酸锌复配得当其防锈性能大于磷酸锌或相当于锌铬黄,是一种良好的无毒防锈颜料。

② 偏硼酸钡($BaB_2O_4 \cdot H_2O$) 常用无定形水合二氧化硅进行包覆处理以改善其性能,实际产品就是改性偏硼酸钡。其外观为白色结晶型颗粒,溶液呈碱性,遮盖力和着色力均很低,水可溶物≤0.30%,水悬浮液 pH 9.0~10.5,吸油量 20~35,325 目筛余物≤0.5%,挥发物≤1%。作为防锈颜料,其阴离子基因有阳极钝化作用,又具有一定水溶性,因此常和其他水溶性更小的颜料——如红丹、锌黄、铬酸钡、氧化锌、铅铝粉等——配合使用,提高防锈效果。

偏硼酸钡的特点是它的防腐杀菌性,可在乳胶漆中作杀菌防腐剂。

它在溶剂型漆或乳胶漆中有助于提高抗粉化性和保色性,在外用漆中防止污染,也配合含卤素化合物用于防火剂。

(7) 钼酸锌 市场上的白色钼酸锌以碱式钼酸锌(XZnO·ZnMoO₄)和以碱式钼酸锌、钼酸钙为主要成分,一般均含有一定比例的填料。719 钼酸锌吸油量 32,水污物≤0.1%,105℃下挥发物≤1%,系上海一品颜料有限公司生产,能用于底漆、面漆以及底面结合的漆。它的毒性小,使用安全,所制成的底漆可以呈白色,使白色面漆的遮盖力要求可以降低,从而节约制造面漆所用的钛白粉的用量。此外,它本身也有一些遮盖力,可以替代部分遮盖力强的白色颜料和含铅、含铬的防锈颜料,广泛用于各种底漆和面漆中,其中包括水性漆;有时还同磷酸盐防锈颜料配合使用,如钼酸离子同磷酸离子的比例以 7:3 配合,可得到较好的防锈效果。

(8) 屏蔽型防锈颜料 片状颜料能在涂料中排列成层,层层叠加,形成交叉而封闭性良好的屏蔽层,使外界的水分、气体、紫外线无法侵入金属表面,收到防锈效果。属于这类颜填料有片状云母氧化铁、片状铝粉、玻璃鳞片及不锈钢鳞片等。这类颜填料目前用于重防腐蚀涂料较多,而且其用量与年俱增。

① 云母氧化铁 天然云母氧化铁(Fe₂O₃)具有云母状的片状结构,是天然矿石精选后经过粉碎、水漂、干燥、过筛分级而成。有云母氧化铁灰和云母氧化铁红两种形式。前者主要用于钢结构的防护面漆,后者多用于防锈底层。上海一品颜料有限公司生产的云母氧化铁产品 MIOG-2 和 MIOR 主要性能见表 4-49。

表 4-49 MIOG-2 和 MIOR 主要性能

型号品种	外观	Fe₂O₃含量/%	兑状含量/%	吸油量/g	325 目筛余物/%	密度/g·cm⁻³	pH 值
MIOG-2 云母氧化铁灰	灰色金属光泽粉末	≥90	≥60	10~19	≤5.0	2.2~2.6	6.5±1
MIOR 云母氧化铁红	红褐色粉末	≥90	≥60	9~16	≤0.5	1.7~1.9	6.5±1

合成云母氧化铁在 20 世纪 80 年代在英国投产,质量较天然好,但生产成本比天然产品高。通过平滑的合成云母氧化铁表面用化学法涂

上高折光率的金属氧化物(如二氧化钛、氧化锆等),可以得到具有金黄色、紫色、蓝色、绿色金属光泽的合成云母氧化铁,改善了颜料的附着力和润湿性,防锈性能也有很大提高。

② 玻璃鳞片 玻璃鳞片是一种表面经特殊处理的极薄的鱼鳞状玻璃片(厚 $2\sim8\ \mu m$);但由于玻璃属于脆性材料,薄化比较困难,使用上受到一定的局限。

玻璃鳞片在涂层中可以形成数十层的排列,形成曲折复杂的渗透扩散路径,延长腐蚀介质渗透到底材的路径和时间。通过硅烷偶联剂处理玻璃鳞片,可以提高其强度、耐冲击性和耐腐蚀性,且明显加强了玻璃鳞片与树脂间的黏结力,相应增加了深层的抗渗透性和耐水性。

玻璃鳞片涂料已经成功运用在化工、石油、海洋工程、运输、能源及水处理等各个领域。玻璃鳞片涂料的性能与玻璃鳞片的用量有很大关系:用量太少,涂层中的玻璃鳞片不足以形成片与片之间的重叠排列,抗渗透性不好;随着用量的增加,屏蔽作用增大,抗渗透性随之提高;但用量过大反而不利于玻璃鳞片之间在涂层中的排列,会造成杂乱无序的排列,增加了涂层内部的空隙,降低了涂层的致密性。在玻璃鳞片的最佳应用范围内,涂层中大量的玻璃鳞片形成很多小区域,使涂层中的微裂纹、微气泡相互分割,达到减慢介质的渗透速度。玻璃鳞片的存在不仅减少了涂层与底材之间的热膨胀系数之差,而且还明显降低了涂层本身的硬化收缩率,不但有助于抑制涂层龟裂剥落等的出现,而且可提高涂层的附着力与抗冲击性能。

③ 不锈钢鳞片 不锈钢鳞片是用超低碳不锈钢经雾化后再碾磨而成,可有干态与浆料两种形式。不锈钢中的铬形成一种钝化的防锈膜,能自行修复损伤。不锈钢鳞片可用于环氧、聚氨酯、含氟树脂等多种基料中,与其他颜料的相容性也很好。

不锈钢鳞片比玻璃鳞片柔软,厚度薄,与漆膜相容性好,附着力强,这也是不锈钢鳞片防腐蚀性效果显著的原因;但不锈钢鳞片生产工艺要求高、成本高,使其大量使用受到限制。

涂料中不锈钢鳞片的加入降低了漆膜的内应力,防止了厚膜漆的开裂与剥离,再加上鳞片的镜面反射率高,又是多层结构,避免了日光穿透漆膜,从而提高了漆膜的抗老化性。鳞片涂料的抗水渗透性比普通环氧涂料高 6～15 倍,比环氧玻璃钢高 4 倍,涂层的冲击强度、附着力、硬度、耐磨性都有明显提高。鳞片涂料能使腐蚀介质需要迂回渗透才能进入底材表面,这样延缓了腐蚀介质进入的时间,故在非常苛刻的环境中有很好的耐腐蚀效果。

(9) 其他防锈颜料　由于对环保控制的要求日益提高,新型的环保防锈颜料层出不穷。

① ST 防锈颜料　矾浆经过多道工序精制后的成品,作为一种新型无毒防锈颜料,可等量或部分取代含铅氧化锌、偏硼酸钡、红丹、铁红、锌黄等。因该产品微细稳定,故称之为 ST 防锈颜料。产品由 $Al_2O_3 \cdot KAl(OH)_2SO_4$,$SiO_2$,$Fe_2O_3$ 及 TiO_2 等物质组成。外观为微红或白色粉末,密度 2.70～2.76 g/cm³,水溶度≤0.8%,105℃ 挥发物≤2.5%,吸油量 20～35,水悬浮物 pH 5～7,325 目筛余物≤0.5%。

② CT 防锈颜料(钙铁粉)　钙铁粉是一种呈片状结构的铁酸盐防锈颜料,在耐湿热、耐盐水、抗老化方面优于红丹,是一种理想的防锈颜料。

其外观为灰黄色粉末,325 目筛余物≤0.5%,水溶物≤2.2%,含水量≤0.7%,吸油量≤3.5,pH 8～10。

③ 铁钛粉　上海铬黄颜料厂生产的 W-803A 铁钛粉由经过表面高温包覆处理的超微细复合粉体及少量金属盐类结合而成,具有优良的防锈性能、较好的耐酸和耐碱性,能耐高温,不溶于水,是一种无毒或低毒的复合防锈颜料,用于防锈漆替代红丹。本产品在运输、储存过程中应避免与水接触。

产品外观为橘红色粉末,400 目筛余物≤1.0%,吸油量 6.0～15.0,水溶物≤1.0%,105℃挥发物≤1.0%,水悬浮物 pH 7.5～9.5,密度(27℃)2.9～3.5 g/cm³。

④ 磷铁粉　外观为深灰色粉末,颗粒大小有 500 目、800 目、1200 目多种规格,吸油量 16,水分≤1%,pH 5～7,筛余物≤1.0%,含磷量≥(22～24)%。该品无毒,无臭,无异味,具有良好的导电性与导热性以及防腐性、耐磨、耐高温、附着力强等优点,是一种具有优异特性的防锈颜料。可减少富锌漆焊接与切割产生的锌雾,改善工作环境,提高劳动保护水平,降低生产成本,增强产品的导电性能,特别适用于储罐与管道防腐涂料体系,也可用于生产车间底漆,防锈能力优良。

⑤ 复合磷钛粉 常州众普环保新材料科技有限公司运用超微(细)技术开发的一种高性能的防锈颜料,即复合磷钛粉系列防锈颜料,具有优良的防锈性能,广泛应用于工业漆及重防腐涂料。

A. D-500 型复合磷钛防锈颜料 该产品以聚磷酸钙锌为载体,复合一定量的超微(钛基)粉体材料复合而成的。由它制成的防锈漆漆膜致密,附着力强,可以部分取代锌粉用于富锌底漆,无毒,无害。外观为白色或米黄色粉末,P_2O_5 含量 $\geqslant$ 20.0%,超微细粉体 $TiO_2 \geqslant 1.0\%$,500 目筛余物 $\leqslant 1.0\%$,密度(27℃)2.8~3.1 g/cm^3,吸油量 16,水溶物 $\leqslant 0.5\%$,105℃ 挥发物 $\leqslant 1.0\%$,水悬浮物 pH 7~9。

B. H-802 型复合磷钛防锈颜料 本产品经过表面处理的复合氧化物以金属盐类为载体,引入一定量的复合超微粉体而成,制漆过程极易分散,制成的防锈漆稳定性好,不易分层,防锈能力强,适用于各类醇酸环氧防锈底漆及底面合一防锈漆。本产品含铅量远低于红丹,色泽鲜艳,可部分或全部取代红丹。外观为橘红(黄)色粉末,硅酸盐以 SiO_2 计 $\geqslant 9.0\%$,400 目筛余物 $\leqslant 1.0\%$,密度(27℃)3.2~3.6 g/cm^3,吸油量 10~18,水溶物 $\leqslant 1.0\%$,105℃ 挥发物 $\leqslant 1.0\%$,水悬浮物 pH 7.5~9.5。

C. X-500 型复合磷钛防锈颜料 该产品以铁合金粉末为载体,以含磷助剂改性的复合型防锈颜料,可取代锌粉,也可与锌粉搭配使用,用于富锌底漆。该品属无毒、无害产品。外观为灰色粉末,Fe_2O_3 含量 $\geqslant 30.0\%$,$P_2O_5 \geqslant 28\%$,500 目筛余物 $\leqslant 1.0\%$,密度(27℃)4.7~5.1 g/cm^3,吸油量 16,水溶物 $\leqslant 0.5\%$,105℃ 挥发物 $\leqslant 1.0\%$,水悬浮物 pH 值 7.5~9.5。

5.5 填料(体质颜料)

填料是一类在涂料中以"填充"为主要作用的微细颗粒状物质,不溶于分散介质中,也称为体质颜料。填料干粉的外观大多为白色或浅灰色,一般在介质中其遮盖力、消色力均很低。通过在介质中加入填料,可有效改变介质中的非颜色性的物理与化学性质。

填料在涂料中主要有两方面作用:一是"填充"作用,降低成本;二是通过加入填料改变漆膜或漆料的物理和化学性能。现在涂料技术更加重视填料的第二方面作用。如通过选择不同种类和数量的填料,可有效改善涂料的储存性能和施工性能,提高漆膜的机械强度、耐磨、耐水、抗紫外线、隔热和抗龟裂等性能。

与颜料相比,大部分填料具有成本低、吸油量低和较易分散等优点。

填料已广泛应用于涂料、油漆、建材、纸张、塑料、化妆品、医药、食品及印刷材料等行业。随着国家提出的低碳经济,节能(能源与资源)环保成为发展的主旋律,可以预测填料未来的趋势是功能化、差别化、超细化、纳米化、无尘化、环保安全等。

填料的种类繁多,用途各异。在涂料中使用的主要品种有天然的碳酸钙、重晶石粉、石英粉、滑石粉、高岭土、云母粉、硅灰石、白云石、凹凸棒土、石膏粉、石棉粉以及人工合成的轻质碳酸钙、沉淀硫酸钡、合成硅酸铝、工业碳酸钡、工业水合碱式碳酸镁等品种。

5.5.1 碳酸钙 天然产品重质碳酸钙又叫石粉、老粉、大白粉等,系用天然石灰石经过破碎、磨粉、过滤、干燥、粉碎等工序制成。产品质地粗糙,密度较大,易沉淀,多用于厚漆及某些底漆中。

人造产品轻质碳酸钙系由天然石灰石经过煅烧成氧化钙,再加水及通二氧化碳合成沉淀碳酸钙,干燥粉碎而成。其质地纯,粒度小,体质轻,多用于平光漆及水性漆中。在有光漆中少量使用可改进悬浮性及平滑性,在底漆中使用可降低漆膜起泡和开裂现象。

各种碳酸钙都可以活化处理(用硬脂酸或各种偶联剂),经处理碳酸钙称为活性碳酸钙。石粉的吸油量约为 27,但轻质碳酸钙吸油量为 $60\sim90$。

纳米碳酸钙具有细腻、均匀、白度高、光学性能好等优点,可增加涂料的透明性、触变性和流平性;同时漆膜具有纳米粒子表面效应,形成屏蔽作用,从而达到抗紫外老化的效果与提高涂料机械强度等多种优点。

5.5.2 白云石粉 主要成分 $MgCO_3 \cdot CaCO_3$,系由天然白云石经粉碎筛选而得,一般呈白色、黄色或灰白色。在涂料中用量有限,用作填料,主要起白色颜料作用,遮盖力弱。

5.5.3 石膏粉 石膏粉学名 $CaSO_4$,分生石膏和熟石膏粉两种。生石膏是二水物 $CaSO_4 \cdot 2H_2O$,呈白色、粉红色、淡黄色或灰色。熟石膏是半水物 $CaSO_4 \cdot 1/2H_2O$,也称为煅石膏,是生石膏加热至 105℃脱水而成。

石膏粉用作磨光粉、涂料用白颜料、纸张填充物、气体干燥剂等。

5.5.4　硫酸钡（$BaSO_4$）　天然产品称为重晶石粉,合成产品称沉淀硫酸钡,折光率1.46,表现出颜色较白,具有一定遮盖力。重晶石粉吸油量约为9,沉淀硫酸钡为10～15。

重晶石粉在涂料中主要作用于底漆中,利用它的吸油量低、耗漆甚少特性可制成厚膜底漆,填充性能好,流平性好,不渗透性好,增加漆膜硬度和耐磨性。

沉淀硫酸钡性能更优于天然产品,其白度高,质地细腻,抗起霜,抗铁锈污染,是建筑涂料常用填料之一;其缺点是密度大,易沉淀。

5.5.5　二氧化硅（SiO_2）　有天然产品与人造产品两大类,主要成分是二氧化硅,部分品种是含水二氧化硅。

（1）天然无定型二氧化硅　无定型是指非结晶性,颗粒大部分在40 μm以下,为细白粉密度为2.65 g/cm^3,折射率为1.54,吸油量为29～31,pH为7。因其价廉和化学稳定性好,在涂料中广泛用作填料,如用于底漆、平光漆和地板漆等。

（2）天然结晶性二氧化硅（硅微粉）　由天然石英砂纯化、研磨和过筛制成。为白色粉末,吸油量24～36,密度2.65 g/cm^3,折光率1.55,pH 7,粒径1.5～9.0 μm。由于它色白、耐热、化学稳定性好,在涂料中不仅起到填充作用,而且涂料涂刷性及耐候性均好。粉状石英砂定大量用于真石漆和饰纹涂料中,不同粒度的硅微粉用在地坪涂料中。

（3）天然硅藻土　硅藻土为含水二氧化硅,含水量不定,分子式$SiO_2 \cdot nH_2O$。它是海生生物的遗骸,资源非常丰富。由于来源和制法不同,质量波动较大。可由灰色粉末至细白粉末,密度为2 g/cm^3,质轻,颗粒蓬松,折光率1.42～1.48,颗粒较粗,具有多孔性,吸油量高达120～180。它有引进气孔而提高遮盖力的作用,主要用于平光漆及厚质漆中。

（4）沉淀法二氧化硅（沉淀法白炭黑）　外观为白色无定形粉末,密度2 g/cm^3,吸油量110～160,折光率1.46,化学成分为$SiO_2 \cdot nH_2O$。其结合含水量通常为4.6%,具有吸湿性,在涂料中作为体质颜料、中性颜料。其稳定性好,但难以分散。沉淀法白炭黑占白炭黑总量的90%,主要用于橡胶,其余用于造纸、涂料、油墨等。

（5）气相二氧化硅（气相白炭黑）　合成气相二氧化硅又称气相白炭黑,是一种极纯的无定形二氧化硅。在不吸附水的情况下纯度超过98.8%;外观为带蓝相的白色松散粉末,密度 2.2 g/cm³,折射率 1.45,粒度极细,平均粒径为 0.012 μm,表面积可达 50～350 m²/g;吸油量高达 280,化学稳定性强。

气相二氧化硅比一般二氧化硅性能优良,经表面处理后按照用途不同形成系列产品,主要有疏水和憎水两大类。主要用于黏结剂、涂料、制药、塑料、硅橡胶等行业。

气相二氧化硅在液体介质中呈现增稠性和触变性,可防止颜料在漆中下沉,一般加入 1%～4%就可获得适宜的触变性。

（6）纳米二氧化硅　纳米二氧化硅是无定形白色粉末,表面存在不饱和双键及不同键合状态的羟基,其分子状态呈三维链状结构,这种结构可以赋予涂料优良的触变性和分散稳定性。纳米 SiO_2 具有极强的紫外光反射能力,在涂料中形成屏蔽作用,达到抗紫外光老化的作用,同时增加涂料的隔热性。

纳米 SiO_2 是一种良好的涂料添加剂,可明显改善涂料的开罐效果,涂料不易分层,具有触变性、防流挂,施工性能良好,抗老化性热稳定性、强度等都有所提高。

5.5.6　硅酸盐类

（1）滑石粉　将天然滑石矿粉碎而成。其主要成分为水合硅酸镁,分子组成为 $3MgO \cdot SiO_2 \cdot H_2O$,为白色鳞片状结晶,含有杂质呈淡黄、淡绿、淡蓝色。因产地、加工方法不同产品质量有较大不同。细度有普通 325 目,还有超细化石粉 1250 目、2500 目甚至 5000 目。广西桂广滑石开发有限公司生产的医药级、工业级及超细滑石粉白度较好。

滑石粉密度为 2.7～2.8 g/cm³,折光指数 1.59,吸油量 15～35。用于典型的内墙涂料时可提高耐擦洗性,用于防腐蚀涂料时可改善防护效果。

（2）高岭土　也称为瓷土、中国黏土。主要矿物成分为高岭石,是各种结晶岩破坏后的产物,分子式为 $Al_2O_3 \cdot SiO_2 \cdot nH_2O$,也是片状结构。加入高岭土可以改善触变性和沉淀性。煅烧高岭土对流变性能没有影响,可增强遮盖性和白度,节约钛白粉。

高岭土可分为煅烧高岭土和水洗高岭土。一般说来,煅烧高岭土的吸油量、不透明性、孔隙率、硬度和白度都高于水洗高岭土。二者性能对比见表 4 - 50。

表 4 - 50　高岭土品种及其性能

品　种	折射率	GE 白度	中位粒径 /μm	吸油量 /g·(100 g)$^{-1}$	比表面积/m^2·g^{-1}	10% 悬浮液 pH	粒子形状
煅烧高岭土	1.62	84~97	0.8~2.9	50~95	8~16	5.0~6.0	片状
水洗高岭土	1.56	80~92	0.2~4.8	30~45	6~20	3.5~8.0	卷曲状/ 片状

(3) 硅灰石　主要成分为偏硅酸钙 $CaSiO_3$。颜色为白色,优等品白度可达≥90%。相对密度 2.8 g/cm^3,折光率 1.62,吸油量 15~30,具有湿膨胀性低,电耗率低等特性。在一定程度上硅灰石可代替石棉使用,具有增强作用、降低裂纹敏感性及一定的增稠和触变作用。

硅灰石在涂料工业中可作为体质颜料兼增亮剂使用,能增加白色涂料明亮的色调,在不使涂料白度和遮盖力下降的条件下能取代部分钛白粉。硅灰石的吸油量低,且有很高的填充量,可以降低涂料成本。硅灰石可作为涂料良好的平光剂,并可改善涂料的流平性。硅灰石的粒子形状使它可作为涂料良好的悬浮剂,使色漆的沉淀柔软易于分散。硅灰石粉碱性大,非常适用于聚醋酸乙烯乳胶漆,改进着色颜料分散。硅灰石还具有改进金属涂料的防腐蚀能力,除用作水性漆外还可用于底漆、中间涂层、路标涂漆等。用于涂料中能提高涂料的耐磨性和耐候性。

人工合成产品为水合硅酸钙,化学组成为 $CaSiO_3 \cdot nH_2O$,它由硅藻土与石灰混合后高温下在水浆中形成。这种合成产品又可分为常规型和处理型。它是白色蓬松粉末,比天然硅灰石体轻、蓬松,具有较高的吸附能力,粒度较小(10~20 μm),高比表面积(175 m^2/g),吸油量高达 280,密度 2.26 g/cm^3,折射率 1.55,pH 值 9.8。

(4) 云母粉　云母是复杂的硅酸盐类,从化学组成看是滑石粉晶格中的一部分硅被铝取代。云母的组成非常复杂,因含有各种不同的金属盐,所以有不同的光泽。

云母粉是天然云母经过干式或湿式研磨后,除去杂质经分级过滤干燥而成。外观为银白色至灰色,密度为 2.82 g/cm³,折射率为 1.58,吸油量 40~70,粒径 5~20 μm。云母粉在涂料中的水平排列可阻止紫外线的辐射而保护漆层,改善系统的光稳定性,还可防止水分渗透。云母具有优良的耐热性、耐酸性、耐碱性和电气绝缘性,能起阻尼、绝缘、减震的作用,能提高漆膜的机械强度、抗粉化性、耐久性。可用于阻尼漆、防火漆、乳胶漆等。

在含有滑石粉的配方中加入云母粉,涂料的抗腐蚀性增加,表面硬度增加,耐擦洗性提高,颜料的效率提高。

(5)绢云母 是一种细粒的白云母,属层状结构的硅酸盐,分子式为 $K_2O \cdot Al_2O_3 \cdot 6SiO_2 \cdot 2H_2O$。晶体为鳞片状,富弹性,可弯曲。其粒度为 200~300 目,吸油量 20~50,pH 5~8。绢云母具有良好的耐酸耐碱性,化学稳定性好,有中等的干遮盖力和较好的悬浮性。用在涂料中可提高涂料的耐候性,阻止水汽渗透,防止龟裂,延迟粉化。

(6)合成硅酸铝 合成硅酸铝实际上是硅酸铝钠,是一种无定形高分散的体质颜料,密度 2.0~2.1 g/cm³,pH 9.5~10.5,是一种优良的涂料原料。进口的原料 P820 即属于这类产品。合成硅酸铝通常粒子为 1.5 μm,粒径小,粒度分布窄,没有沉淀分层现象,使涂料的悬浮性大大提高,使涂料色相纯正,着色力强,遮盖力提高;可提高涂料的分散性及细度指标,对涂料的外观、光泽度、丰满度、硬度都有良好的效果。

合成硅酸铝不会与磷酸盐分散剂作用,可使乳胶漆具有良好的分散稳定性。合成硅酸铝的超细性能及高分散性能使乳胶漆稍微增稠,以防止颜料沉淀及表面分水现象。乳胶漆的漆膜耐擦洗性及耐候性不会因为超细硅酸铝的加入而下降。合成硅酸铝可用于无光和半光溶剂型漆及白二道底漆等颜料体积浓度较高的配方中,替代钛白粉的用量的 10%~20%,漆的遮盖力不会减弱。

(7)石棉粉 由天然石棉经加工处理而得,是纤维状矿石,为各种成分之硅酸盐,主要成分 $2SiO_2 \cdot 3MgO \cdot 2H_2O$。

商品石棉即温石棉,主要成分为含水硅酸镁。它用作耐高温漆的填料,外观为白色或淡黄色粉末。无 100 目筛余物。500℃加热减量≤1%。

(8)凹凸棒土 本品又称 OT 棒土,是一种富镁纤维状黏土矿物,化学组成是含水硅酸镁铝。外观呈青灰色或灰白色,颗粒细腻,结构特殊,内部多孔道,为空心的棒状体。是一种很好的吸附剂,在水性漆中起增稠、悬浮作用。

5.6　涂料色浆

当前人类对环境日益关注,"三废"污染是各涂料生产企业所面临的问题,而使用水浆颜料(色浆)与其他非粉末颜料制物(如各类颜料分散体、色母、色膏、可分散颜料等)可有效地解决粉尘与污水的污染。为满足使用便捷,便于配色,省去了费能、费力、费时的分散研磨工序,改善颜料应用性能(如提高展色性,有效防止浮色和发花等),提高功效等需求,颜料的新型制备物已成为颜料品种发展的主要方向之一,专业性也越来越强,出现了多种剂型颜料制备物,如涂料色浆、皮革色膏、塑料色母、涂料印花浆、油墨色浆等。

涂料色浆是指用于涂料调配色的一种着色剂,是一种颜料制备物,由粉末颜料、溶剂(水和有机溶剂)、树脂、颜料分散剂及多种功能稳定性通过强力机械复合加工而成,具有良好的分散与稳定型、可流动、与涂料具有良好的相容性等。

涂料色浆体系分为水性色浆、溶剂型色浆与水油两用;按用途可分为工业漆色浆、建筑涂料色浆(含乳胶漆色浆)、装饰涂料色浆等;按添加方式分为工厂调色(厂用)色浆与机械调色(机用)色浆。通常习惯按体系与添加方式进行分类。

5.6.1　水性色浆　目前建筑涂料用水性色浆形成一种粉末颜料外的主要的剂型,并已自成体系。国内外产品品种繁多。为规范色浆行业发展,促进涂料工业进步,我国已于 2006 年由常州涂料化工研究所、昆山世名科技开发有限公司等 5 家主要起草单位拟定了化工行业标准 HG/T 3951‑2007《建筑涂料用水性色浆》,并对色浆的着色力、颜色、黏度、有机挥发分(VOC)与重金属限量及在容器中状态等 16 项进行了规定。

建筑涂料用水性色浆按使用方式分为厂用色浆与机用色浆。机用色浆在色浓度、色差、着色力、黏度、密度及装机稳定性等方面提出了更高的要求。厂用色浆不受品种数量限制,只要符合颜色、耐性等要求的品种就可以加工制备色浆出售;而机用色浆受调色设备的限制,一般为 10 支、12 支、14 支或 16 支组,每组要求有尽可能大的覆盖色空间,颜色还要均匀分布在整个色区中,便于调配更多颜色。

(1) 厂用色浆主要品种　① 汽巴优壁色-S水性色浆(瑞士Ciba精化)(20种);② 科莱恩Colanyl系列水性色浆(德国Clariant公司)(21种);③ 昆山世名SM系列高性能水性色浆(昆山市世名科技开发有限公司)(21种);④ 德固赛Flexobritec色浆(德国德固赛公司)(22种);⑤ 希必思"美晨"(DAWN)水性色浆(上海希必思公司)(12种);⑥ 巴斯夫水性色浆(德国BASF公司)(24种);⑦ 深圳海川水性色浆(深圳海川色彩公司)(13种)。

(2) 机用水性色浆主要品种　① 昆山世名NV系列低VOC环保机用色浆(15种);② 德固赛机用色浆COLORTREND888系列(14种);③ 芬兰迪古里拉(TIKURILA)色浆(16种)。

5.6.2　溶剂型色浆　溶剂型色浆是以有机溶剂和树脂为分散介质,色强度和流变性经过严格控制的颜料浆。由颜料、油性树脂(如多羟基饱和聚酯、醛酮树脂、醇酸树脂、环氧树脂及丙烯酸树脂等)、颜料分散助剂、稳定剂、助溶剂及功能助剂等组成。

溶剂型涂料应用范围广,不同应用对象对涂料的性能要求不同,故溶剂型涂料所用的树脂与溶剂种类繁多。不同极性溶剂和不同反应活性的树脂对色浆要求是不同的,在很大程度上限制了溶剂型通用色浆的发展。选择溶剂型色浆的关键不只是色浆与涂料的相容性,更为重要的是考虑添加色浆后对涂料性能负面影响程度,尤其是高档工业涂料;因此,大多数有规模的溶剂型涂料厂采用定制加工或自行研磨色浆。

但是,人们还是希望能制备通用性更为广泛的溶剂型色浆以满足一些常用溶剂型涂料的配色要求;因此选择研磨树脂至关重要,它不仅影响色浆与涂料的相容性,涂膜性能,还影响色浆的色浓度、鲜艳度(光泽)、稳定性和流变性等。目前,通过试验,已确定醛酮树脂具有很好的通用性和颜料润湿性,比较适合制备溶剂型通用色浆。目前,已有无树脂溶剂型色浆,其通用性更强;但要开发高颜料含量无树脂溶剂型色浆,困难较大。

溶剂型色浆按研磨介质组成可分为树脂色浆和无树脂色浆,树脂色浆又可分为常规树脂色浆和微脂色浆。

(1) 常规树脂色浆　用成膜树脂研磨单个颜料或混合颜料的传统

色浆制备方法,这是目前最常用方法,具有质量稳定、小批量生产方便的优点;但此法要求色浆贮藏空间大,固定成本消耗高,并且色浆研磨时间长,交货时间也会受限。

(2) 微脂色浆　采用通用树脂(如醛酮树脂),制备能应用于多个体系的高浓度色浆。这种方法可以节省空间,小批量生产时灵活,成本低,交货时间快,同时颜色展现好;但通用树脂的相容性毕竟有限,并且所添加的树脂还是会影响漆膜的一些性能,配方的调整也很困难。

(3) 无树脂色浆　采用分散剂及溶剂(或水)直接研磨颜料,可适用于几乎所有的树脂体系。这种方法具有微脂色浆的所有优势,并且避免了微脂色浆的缺陷,可以应用于绝大部分常规的树脂体系,具有高品质、通用性、经济型(高颜料载入量)及配方调整方便、市场反应速度快的优点。

(4) 水油两用型色浆　水油两用型色浆是指既可用于水性涂料着色,又可用于油性涂料(溶剂型涂料)着色的颜料浆。由于技术上要解决色浆在水与其他多种有机溶剂中的稀释性(极性差异较大),该类色浆开发难度较大。国外一些色浆生产厂商也推出了此类色浆,多数为二元醇色浆,主要推荐用于水性建筑装饰涂料和一些中长油度的醇酸、丙烯酸涂料。因此,水油两用型色浆原则上是指用于部分水性涂料中和一些弱极性油性涂料着色的颜料浆,主要为了方便一些民用涂料零售店家装涂料配色。这类色浆市场上比较少,如德固赛 COLORTREND888 系列色浆、昆山世名科技公司的 U 系列色浆,需求量也不是非常大。

5.7　颜料检测技术

5.7.1　颜色　颜色是评定颜料产品质量的重要指标。颜色的表达一般可分为两类:一类用颜色 3 个基本属性来表示,如将各个物体进行分类和评定的孟塞尔颜色系统,写成 HV/C,H 表示色调,V 表示明度,C 表示彩度;另一类是以两组基本视觉数据为基础,建立一套颜色表示测量的计算方法即 CIE 标准色度学系统。

颜色的检验方法分两类:一类是颜色比较法,即与参比样品目视或仪器测试比较给出结果;另一类是直接测色法,即用仪器或目视直接给出颜色的量值或标号。

适用标准《颜料颜色的比较》(GB/T 1864 - 2012)。采用平磨仪,标准光源,湿膜制备器和无色透明光学玻璃。以精制亚麻仁油为分散介质,用平磨仪分别制得试样和标样浆,刮于玻璃板上,于散射日光或标准光源下比较两者颜色差异。

5.7.2　白度　白度指物体表面色白的程度,一般以白度指数 W 表示,该值愈大,则白色程度愈大。颜料白度测定是针对白色颜料而言,一般分干粉白度测定和油膜白度测定。

颜料白度测定一般使用白度计、色差计进行,仪器型号很多。

干粉白度测定前,取适量粉末,用粉末制样器制成粉饼,表面要求平整,无凹凸点和划痕。油膜白度测定前,按适当方式将颜料制成颜料浆,取少量浆于油膜制样器中,加光学玻璃薄化,使浆与玻璃片紧密接触。

5.7.3　消色力　是白色颜料的重要光学性能之一;指在一定试验条件下,白色颜料使有色颜料变浅的能力。测试方法有目视法、仪器测定法和雷诺指数法。

采用标准《白色颜料消色力的比较》(GB/T 5211.16-2007)与《着色颜料相对着色力和白色颜料相对消色力的测定,光度计法》(GB/T 13451.2-1992)。

用相同质量的试验颜料和标准颜料样品,分别分散于相同质量的同一种黑色颜料浆中,在波长 550 nm 下或用 r 滤色片对每个分散体的反射因素或反射系数进行光度学测定,用对应的 k/s 值算出。采用平磨仪和光度计,以标准黑浆和白颜料研磨成浆,测定 550 nm 下或 r 滤色片下反射率,查得 k/s 值,再计算。

5.7.4　着色力　在一定条件下,着色颜料给白色颜料以着色的能力。一般采用两种同类颜料对比进行测定,测定方法标准为《着色颜料的相对着色力和冲淡色的测定,目视比较法》(GB/T 5211.19-1988)。

按一定条件分别制备试样和标样分散体,将分散体与白颜料浆按一定比例混合分别制得试样和标样冲淡色浆,比较两者颜色强度。

以预备试验确定颜料分散体的最佳研磨浓度、最佳研磨转数。制得色浆后,以最小压力在平磨仪上和定量白浆混合,分别制得试样与标样冲淡色浆,刮于玻璃板上,在散射光或人造日光下比色。

5.7.5　筛余物　一般定义为颜料粒子通过一定孔径的筛网后的残余物质量与试样质量之比,以百分数表示。筛余物测定是颜料粒子测定的一种通用方法。

测定方法采用标准《颜料残余物测定法》(GB/T 1715－1979)《颜料筛余物的测定、机械冲洗法》(GB/T 5211.14－1988)和《颜料筛余物的测定,水法,手工操作》(GB/T 521118－1988)。

测定方法分湿筛法和干筛法。将一定量的颜料直接置于筛网中,用刷子将颜料刷洗(湿筛)或刷下(干筛),残余物留在筛上,称量残余物,仪器用筛网和木背羊毛刷。

5.7.6 吸油量 定量的干颜料黏结成腻子状物或形成某种浆时所需要的亚麻仁油的量,用以评价颜料被漆料湿润的特性。

测定方法采用标准《颜料吸油量的测定》(GB/T 5211.15－1988)。颜料和亚麻仁油混合时,颜料粒子表面被油湿润,在一套规定的特殊分散条件下,测定经压实颜料粒子间所需要的亚麻仁油量。

在玻璃板或大理石板上进行。将亚麻仁油逐滴加入,用调漆刀压研掺合于已知质量的颜料中至产生一膏状物,且刚好不裂不碎。吸油量用 100 g 颜料所用亚麻仁油的克数来表示。

5.7.7 pH 测定颜料在水中悬浮液的 pH 是测定颜料酸碱度的一种常用方法。采用标准《颜料水悬浮液 pH 值的测定》(GB/T 1717－1986)。采用电位分析法,通过测定其电动势来确定 pH。

用蒸馏水制备 10%颜料悬浮液,激烈振荡 1 分钟,静止 5 分钟,用 pH 计测定其 pH 值。

5.7.8 水溶物 颜料水溶物指的是颜料中可溶于水的物质,一般指可溶性盐类,这些水溶物对涂料性能影响很大。测定方法有重量法和电阻法。

测定标准采用《颜料水萃取液电阻率的测定》(GB/T 5211.12－1986)。

颜料水萃取液为一个电解质溶液,通过正负离子的迁移传递电流。溶液的导电能力与离子运动速度、离子浓度、溶液温度等有关。其导电能力用电导 S 或电阻 R 的倒数来量度。在一定条件下可用电阻率数值来表示水溶物含量的多少。

对亲水性颜料和疏水性颜料以不同方式处理,溶液浓度均调至10%,过滤于 25℃下用电导率仪测定液体的电导性。

5.7.9 遮盖力 颜料遮盖力实际上就是颜料在漆膜中遮盖底材的能力。涂料(色漆)遮盖力一般表示单位体积或质量涂料(色漆)所能遮盖的底材面积(即涂布率)。中国标准中,以遮盖单位面积所需最小用漆量表示,相应地将色漆折算成颜料用量。颜料遮盖力定义为单位质量的颜料所能遮盖底材的面积,一般以恰好遮盖单位面积所需用颜料的最小量来表示。

测量方法采用的标准为《颜料遮盖力测定法》(GB/T 1709 - 79)、《颜料遮盖力测定法》(HG/T 3851 - 2006)和《白色颜料对比率(遮盖力)的比较》(GB/T 5211. 17 - 1988)。所用仪器为油漆调制机和旋转涂漆机。

对彩色颜料测定遮盖力;对白色颜料除测定遮盖力外还可测定其对比率表示遮盖力的大小,对比率越大,遮盖力越高。

5.7.10　易分散程度　采用标准为《颜料易分散程度的比较》(GB/T 9287 -1988)。

将试样和标样以同样方法同时研磨,以分散过程中的一定间隔时间内测定每个样品的细度,以每个样品达到要求细度所需时间或研磨一定时间达到的细度来说明颜料相对易分散程度。

以长油度亚麻仁油季戊四醇醇酸树脂为介质,在选定研磨浓度下,将试样和标样于油漆调制机中同时研磨,在不同时间间隔内测定其细度(用刮板细度计),作出细度对时间的曲线,比较易分散程度。

6. 溶剂

6.1　概述

在涂料工业中,溶剂一词广泛含义是指那些用来溶解或分散成膜物质,形成便于施工的液态产品,并在涂膜形成过程中挥发掉(活性稀释剂除外)的液体。由于溶剂是挥发性的液体,习惯上称为挥发分。涂料工业中,常用的溶剂有两种,即有机溶剂和水。液态涂料按其使用的溶剂不同分为溶剂型涂料、无溶剂涂料、水性涂料 3 类。

在溶剂型涂料产品中,作为溶剂组分皆为有机化合物,包括含萜烯化合物、脂肪烃、芳香烃、醇、酯、酮、醇醚与醚酯等,统称有机溶剂。为了获得满意的溶解及挥发成膜效果,在产品中往往采用混合剂型,而很少采用单一的溶剂。

现代涂料中又开发应用了一种既能溶解或分散成膜物质,又能在涂料成膜过程中和成膜物质发生化学反应,形成不挥发组分留在涂膜中的化合物,它也属于溶剂的一种,称为反应性溶剂或活性稀释剂。由于活性稀释剂在漆膜成膜过程中能与树脂交联形成涂膜组成的一部分,而不像一般有机溶剂那样挥发到大气中,所以通常将这种类型的涂料称为无溶剂涂料。它是当前重点发展的环境友好型涂料中的一种。

以水作溶剂或分散介质所形成的涂料称为水性涂料,包括水溶性涂料、乳胶型涂料、水乳化涂料。由于水性涂料具有无毒、无味、无污染的特点,作为一种环境友好型的涂料产品,自 20 世纪 70 年代以来在我国已取得了快速的发展,今后会更加迅速地发展。

尽管在涂料产品中溶剂不是一种永久性组分,但是溶剂对成膜物质的溶解力决定了所形成的树脂溶液的均匀性、黏度和贮存稳定性。在涂料涂膜干燥过程中,溶剂的挥发性又极大地影响了涂膜的干燥速度、涂膜的结构和涂膜外观的完美性。溶剂的黏度表面张力和化学性质及其对树脂溶液性质的影响,以及溶剂的安全性及对人体的毒性都是设计涂料配方决定选用溶剂所要考虑的问题。

挥发性有机溶剂会对人体造成不同程度的毒害,对环境造成污染。有机溶剂在光和氧的作用下产生光化学反应,加速臭氧和氮氧化合物的生成,对大气造成比一次污染更严重的二次污染。有机溶剂几乎皆属于可燃性液体,易燃,易爆,是影响安全的危险源。涂料中大量使用有机溶剂,实际上是对不可再生的资源和能源浪费,不用或少用有机溶剂是低碳经济时代赋予涂料行业极具挑战性的课题。

从不用或少用有机溶剂的根本目的出发,首要工作是发展 4 类环境友好型涂料,即高固体分涂料、无溶剂型涂料、水性涂料和粉末涂料;其次以高效、无毒溶剂代替有毒溶剂,如用含氧溶剂代替芳烃溶剂,用丙二醇醚及醚酯代替乙二醇醚及醚酯,使用低毒溶剂碳酸二甲酯,DME(DBE)溶剂;第三是发展生物溶剂,开拓可再生的有机溶剂资源,如用农林产品发酵制丙酮、丁醇、乙醇、乳酸、丁酸、醋酸等,再制得醋酸酯、乳酸丁酯等。

6.2 有机溶剂的主要特性

6.2.1 溶解力 溶剂的溶解力是指溶剂溶解成膜物质而形成均匀的高分子聚合物溶液的能力。判断溶剂对高聚物溶解能力大小的理论有 3 个方面:极性相似原则、溶解度参数相近的原则及溶剂化原则

（极性溶剂分子和高聚物的极性基因相互吸引能产生溶剂化作用使聚合物溶解）。在实际工作中，了解某种有机溶剂对合成树脂的溶解能力，是将合成树脂与溶剂混合能否形成完全透明均匀的溶液，以及一定浓度树脂溶液的黏度大小来判断溶解能力。混合溶剂的溶解力有时大于单纯溶剂（如二甲苯/丁醇）。

6.2.2 黏度 在涂料生产中，不仅关心树脂能否溶解在有机溶剂中形成均匀的溶液，同时也关心树脂溶液的黏度，即希望相同浓度（或固体含量）的树脂溶液黏度越低越好。影响树脂黏度除了溶剂对高聚物的溶解力，还有溶剂本身的黏度。常用溶剂的黏度见表4-51。

表4-51 常用溶剂的黏度(20℃) mPa·s

溶 剂	黏度	溶 剂	黏度	溶 剂	黏度
VM&P 石脑油	0.6495	异丁酮	3.950	乙二醇乙醚	2.05
溶剂汽油	0.9904	仲丁酮	4.210	乙二醇丁醚	3.15
苯	0.600	丙醇	0.316	二甘醇乙醚	3.85
甲苯	0.5866	二异丁基酮	1.090	二甘醇丁醚	6.49
二甲苯	0.6628	异佛尔酮	2.620	乙二醇乙醚醋酸酯	1.025
S-100	0.800	环己酮	2.200		
S-150	1.00	丁酮	0.423	乙二醇丁醚醋酸酯	1.8
S-200	2.800	甲基异丁基酮	0.542		
苯乙烯	0.6960	N-甲基吡咯烷酮	1.655	正己烷	0.32
甲醇	0.5945	醋酸乙酯	0.449	正庚烷	0.409
乙醇	1.3820	醋酸正丁酯	0.734	二氯甲烷	0.425
正丙醇	2.20	醋酸异丁酯	0.697	1,1,1-三氯乙烷	0.903
二丙酮醇	2.900	醋酸正戊酯	0.924		
正戊醇	3.555	醋酸异戊酯	0.872	硝基乙烷	0.661
异丙醇	2.431	乳酸丁酯	3.580	硝基丙烷	0.798
正丁醇	2.9500				

6.2.3 挥发速率 溶剂的挥发速率是影响涂料及涂膜质量的一个重要因素：挥发太快，涂膜不会流平，过于迅速挥发，常会使湿膜表面水汽冷凝而使漆膜发白；挥发太慢，不仅会延迟干燥时间，同时涂膜会流挂而变薄。如果溶剂组成在挥发过程中发生不理想的变化，就会产生树脂的沉淀和涂膜的缺陷。

尽管有人提出可将溶剂沸点作为预测其挥发性的依据，可是只有同系物之间或石油溶剂之间符合这一规律,作为一种通用的方法并不科学,结果并不准确。例如,丁醇沸点 118℃ 比醋酸丁酯 127℃ 低 9℃,而丁醇的挥发速率(0.4)比醋酸丁酯(1.0)却慢 60%,因此以溶剂沸点的低中高来预测挥发速率的快中慢是不准确的。

涂料工业中,对纯溶剂挥发率的表示是使用的相对挥发速率的概念。依据 ASTMD 3539 - 1976(81)规定方法,用 Shell 薄膜挥发仪。将一定体积的溶剂分布在标准面积的滤板上,在一定的温度和湿度下,气流以一定的流量通过,记录一定时间间隔的挥发量,并将挥发量为 90% 的挥发时间(t_{90})与醋酸丁酯挥发量为 90% 的时间($t_{90}=456$ s)的比值称为该溶剂的相对的挥发速率,即 $R_0=456/t_{90}$。式中,R_0 为单一纯溶剂相对醋酸丁酯的挥发速率;t_{90} 为溶剂试样依 ASTMD 3539 - 1976(81)规定的方法挥发 90% 体积所需的时间(秒);456 为醋酸丁酯的 t_{90} 时间(秒)。常用溶剂的沸点及相对挥发速率的数据见表 4 - 52。

表 4 - 52　常用溶剂的沸点及相对挥发速率

溶　剂	沸点/℃	挥发速率	溶　剂	沸点/℃	挥发速率
石油醚	30～120		异丁醇	107.0	0.83
200 号溶剂汽油	145～200	0.18	仲丁醇	99.5	1.15
正庚烷	98.4	0.2	醋酸甲酯	59～60	10.4
正辛烷	125.6	0.2	醋酸乙酯	77.0	5.25
苯	79.6	5.0	醋酸正丙酯	101.6	2.3
甲苯	111.0	1.95	醋酸正丁酯	126.5	1.0
二甲苯	135.0	0.68	醋酸戊酯	130.0	0.87
S - 100	157～174	0.19	醋酸异戊酯	142.0	
S - 150	188～210	0.04	乳酸丁酯	188	0.06
S - 200	226～279	0.04	乙二醇丁醚	170.6	0.1
溶剂石脑油	120～200		乙二醇乙醚醋酸酯	156.3	0.2
松节油	150～170	0.45			
双戊烯	160～190		二甘醇乙醚	201.9	<0.01
甲醇	64.65	6.0	二甘醇丁醚	230.4	<0.01
乙醇	78.3	2.6	二甘醇乙醚醋酯	217.4	<0.01
正丙醇	97.2	1.0			
异丙醇	82.5	2.05	二甘醇丁醚醋酯	246.8	<0.01
正丁醇	117.1	0.45			

溶　剂	沸点/℃	挥发速率	溶　剂	沸点/℃	挥发速率
丙酮	56.1	7.2	甲基丙基酮	103	2.5
环己酮	155.0	0.25	二氯甲烷	39.8	29
二丙酮醇	166	0.15	1,1,1-三氯甲烷	74.0	1.5
丁酮	79.6	4.65	2-硝基丙烷	120.3	1.2
甲基异丁基酮	118.0	1.45	醋酸异丁酯	118	1.52
			乙二醇乙醚	135	0.4
异佛尔酮	215.2	0.03	醋酸异丙酯	89	4.35
二乙基酮	102	2.8			

　　混合溶剂的挥发速率等于各溶剂组分的挥发速率之总和,混合溶剂的各组分相对挥发速率要与溶剂组成保持对应;换言之,从涂膜中逸出的混合溶剂蒸汽的组成与混合溶剂的组成要大体保持一致。如果溶解能力强的溶剂组分比其他组分挥发得快,则在干燥后期树脂可能析出,涂膜表面产生颗粒;相反,溶解能力强的组分挥发得太慢,又因树脂有阻滞与其结构相似的溶剂挥发的特性,会增加该溶剂在漆膜中的残留量。

　　6.2.4　表面张力　物体的分子在表面上所受的力与本体内是不同的。在本体内的分子所受的力是对称的、平衡的;而在表面上的分子仅受到体内分子的吸引而无反向的平衡力,这就是说,它受到的表面张力是拉入本体的力,力图将表面积缩小,使这种不平衡的状态趋向平衡状态,这个力就是表面张力。表面张力应用于液体时,指的是形成一个单位面积所需要的功,或者定义为在液体表面上垂直作用于单位线段上的表面紧缩力,所以表面张力的国际单位是牛顿每米(N/m),或毫牛顿每米(mN/m)。

　　表面张力驱使降低液体的表面面积,使表面分子从表面不平衡状态带至液体呈平衡状态,因此任何体积的液体皆力图用最小的表面积将其包围起来。由于球形能以最小的表面积包容最大的体积,因此表面张力的作用会使液体缩成球形;同理,表面张力会推动不平的液体流动到平滑,因为平滑的表面比粗糙的表面与空气有更小的界面积,表面趋于平滑亦系表面自由能下降。这种为了尽量降低液体的表面积而产生的"表面张力驱动的流动",是表面张力效应导致的液体流动的两种类型中的一种。

当两种不同表面张力的液体互相接触,低表面张力的液体将流向表面张力较高的液体并将其覆盖,以使总的表面自由能降低,这种流动称作"表面张力差推动的流动",也有人称之为"表面张力梯度推动的流动"。这就是表面张力效应导致液体流动的两种类型中的另外一种。

基于上述"表面张力差推动的流动"的原理,在涂料制造与涂装过程中采用低的树脂溶液的表面张力和低的液体涂料的表面张力无疑是有益的。低表面张力的树脂溶液(漆料)有利于对颜料的润湿,便于颜料分散,提高研磨分散效率,并有利于漆浆的稳定。低表面张力的液体涂料有利于涂膜对底材的润湿,便于涂膜的流平和提高涂膜对底材得附着力。对于高固体涂料而言,低表面张力容易获得满意的喷涂效果。降低表面张力,可以改善涂膜发生陷凹缩孔和镜框效应(picture)等缺陷。

认真选择溶剂是降低漆料及涂料的表面张力的途径之一。涂料配方中的成膜物质的表面张力比较高,一般在 32～61 mN/m,而各类溶剂的表面张力相对比较低,约在 18～35 mN/m。在涂料用有机溶剂中,其表面张力增大的顺序是:脂肪烃<芳香烃<酯<酮<醇醚和醚酯<醇。以低表面张力的溶剂配成的涂料可以得到较低表面张力的涂料。

所以,我们在选择溶剂组成色漆配方时,除考虑前面所述的溶解力、黏度、挥发性速率等因素外,溶剂的表面张力也是一个重要的因素。一些溶剂的表面张力见表 4-53。

6.2.5　电阻率　在配制静电喷涂涂料时,电阻率是一个重要的指标,最佳的涂料电阻率是静电喷涂施工的必要的参数之一。通过溶剂来调整涂料的电阻率是常用的方法。

不同种类的溶剂,依据其极性程度不同,具有不同的电阻率,醇类溶剂,酮类溶剂和乙二醇醚类溶剂极性较强,具有低的电阻率,烃类和酯类的极性较弱,具有较高的电阻率。当一种高电阻率溶剂和一种低电阻率溶剂混合时,产生中等的电阻率。混合溶剂的电阻率取决于溶剂的组成。常用溶剂的电阻值(涂料的电阻值可以用电导率仪或旋转兆欧表测定)见表 4-54。

表 4-53 部分溶剂的表面张力(20℃)　　　　mN/m

溶剂名称	表面张力	溶剂名称	表面张力	溶剂名称	表面张力
甲醇	22.5	甲基丙基甲酮	24.1	醋酸丁酯	25.09
乙醇	22.27	二异丁基酮	22.5	醋酸异丁酯	23.7
丙醇	23.8	甲基异戊酮	25.8	醋酸戊酯	25.68
异丙醇	21.7	甲基戊基甲酮	26.1	醋酸异戊酯	24.62
正丁醇	24.6	二异戊基酮	24.9	乳酸丁酯	30.6
异丁醇	23.0	环己酮	34.5	Ektasolve E 醋酸酯	28.2
仲丁醇	23.5	二丙酮醇	31.0	Ektasolve DB 醋酸酯	30.0
丙酮	23.7	苯	28.18	乙二醇乙醚	28.2
甲基丙酮	23.97	甲苯	28.53	乙二醇丁醚	27.4
丁酮	24.6	间二甲苯	28.08	Solvesso 100	34.0
甲基异丁基酮	23.9	1,1,1-三氯甲烷	25.56	Solvesso 150	34.0
二甘醇乙醚	31.8	硝基乙烷	31.0	Solvesso 200	36.0
二甘醇丁醚	33.6	硝基苯	43.35	醋酸乙酯	23.75
乙二醇乙醚乙酸酯	31.8	醋酸正丙酯	24.2		
二氯甲烷	28.12	醋酸异丙酯	21.2		

表 4-54 常用溶剂的电阻值　　　　MΩ

溶　剂	电阻值	溶　剂	电阻值
甲苯	400	环己酮	1.5
乙醇	12	一氯甲苯	100
醋酸乙酯	12	二甲苯	400
仲丁醇	50	乙二醇乙醚	0.15
改性乙醇	60	甲醛酯	500
无水乙醇	100	醋酸甲酯	130
醋酸丁酯	70	200 号溶剂汽油	500
二丙酮醇(>90%)	0.12	乳酸丁酯	
二丙酮醇(<92%)	0.4	丁醇	
醋酸仲丁酯	300	DBE 溶剂	0.5

在涂料用静电喷涂的方式施工时首选的自然是带电的涂料,但是在实际工作中往往遇到某些不易带电的涂料,这些难以带电的涂料分为两类:第一类是不易接受静电荷的涂料,第二类是具有特别高或特殊低电阻值的涂料。对于第一类涂料常采用的方法是控制性地加入极性溶剂,从而改变其带电性能,顺利地进行静电喷涂;对于第二类涂料则分别加入极性和非极性溶剂,将其电阻值调整到适当的范围。通常,使用非极性溶剂为主要溶剂加入少量极性溶剂是一般的规律,例如,喷涂 A04-9 氨基烘漆时,其电阻值为 100 MΩ 左右,加入少量极性溶剂如二丙酮醇、乳酸丁酯、乙二醇乙醚等,使其电阻值下降到 5～15 MΩ,然后用二甲苯调整到所需黏度即可进行静电喷涂施工。

对于高固体分的涂料,由于溶剂加入量较少,调整其电阻值相对困难些,但是通过正确选择溶剂,将涂料调整到大多数静电设备所要求的电阻值范围内是可以做到的。

6.3　涂料用有机溶剂

涂料用有机溶剂都是挥发性的有机化合物,由于分类方法不同可以划分为不同的系列。按化合物类型分,可分为烃类溶剂和含氧溶剂。烃类溶剂包括脂肪烃溶剂、芳香烃溶剂、萜烯类溶剂,取代烃溶剂和环烷烃类溶剂;含氧溶剂包括醇类溶剂、酮类溶剂、酯类溶剂、醇醚和醚酯类溶剂。

按沸点高低分类,分为低沸点溶剂(BP≤100℃)、中沸点溶剂(BP100～150℃)和高沸点溶剂(BP≥150℃)。

按挥发速率分类,可以分为挥发速率快的溶剂、挥发速率中等的溶剂、挥发速率慢的溶剂和挥发速率特慢的溶剂。

按安全性分,可以分为低闪点溶剂(闭杯闪点<-18℃),中闪点溶剂(闭杯闪点-18～23℃)和高闪电溶剂(闭杯闪点 23～61℃)。

按毒性分类,可以分为弱毒性溶剂、中等毒性溶剂和强毒性溶剂。

6.3.1　脂肪烃类溶剂

(1)石油醚　石油醚是石油的低沸点馏分,为低级烷烃的混合物。我国按沸点不同分为 30～60℃、60～90℃和 90～120℃ 3 类。外观为无色透明的液体,有类似乙醚的气味。

石油醚在涂料中作为成膜物质溶剂的用途不大,往往被用作萃取剂和精制溶剂。

（2）200 号溶剂汽油　溶剂汽油由 C_4-C_{11} 的烷烃、烯烃、环烷烃和少量芳烃组成的混合物。作为溶剂使用的汽油，要求不含裂化馏分和四乙基铅。200 号溶剂汽油是溶剂汽油中的一种，其沸程范围为 $145\sim200$℃。

由于石油产地不同，其中烷烃和芳烃含量不同，故来源不同特别是芳烃含量不同的 200 溶剂汽油溶解力也不同。

（3）抽余油　系石油裂解的烷烃经铂重整后，抽提芳烃后余下的组分，故称抽余油。其成分为 C_6-C_9 的脂肪烃，芳烃占 2%～10%。在涂料工业中主要用来代替苯和甲苯，在硝基漆中做稀释剂使用，以降低溶剂的毒性。

工业品为无色透明，密度为 0.725 g/cm³（20℃）。馏程为：初馏点≥55℃；50%体积馏分（75±5）℃；90%馏分≤（100±10）℃；终馏点 150℃。纯脂肪烃溶剂还有进口的 D30，D40 溶剂。

6.3.2　芳香烃类溶剂　根据来源不同，可将芳香烃分为焦化芳烃和石油芳烃两大类。石油芳烃系由石油产品加工精馏而得，焦化芳烃系由煤焦油分馏而得。焦化芳烃溶解力比石油芳烃要强一些。

焦化芳烃和石油芳烃又根据其碳原子的多少，进一步分为轻芳烃和重芳烃。一般 C_8（包括 C_8）以下的称为轻芳烃，C_8 以上的主要是 C_9-C_{10} 的组分称为重芳烃。焦化芳烃的轻芳烃溶剂包括焦化苯、焦化甲苯、焦化二甲苯和溶剂石脑油。石油芳烃的轻芳烃包括石油苯、石油甲苯和石油二甲苯。

焦化芳烃的重芳烃在涂料中常用的有重质苯、重苯和 200 号焦化溶剂。石油芳烃的重芳烃主要是抽提 C_8 馏分以后余下的 C_9，C_{10} 和少量 C_{11} 组分。开始是混合使用，作为二甲苯和 200 号溶剂汽油的替代产品。现在国内外又按馏程细分为不同牌号产品，如美国 Exxon 公司的 Solvesso 100、Solvesso 150、Solvesso 200；国内产品牌号 S-100、S-150、S-200 等。

另外，Exxon 公司中生产专门的脂肪烃溶剂，如 D30，D40 溶剂等。

（1）苯、甲苯和二甲苯　工业苯为无色透明液体，馏程 79.5～80.5℃。主要用作硝基漆的稀释剂。由于苯蒸气对人体有剧毒，故多用其他溶剂代替。

工业甲苯为无色液体，有类似苯的气味，馏程 109～111℃。由于挥发速度快(约为二甲苯的3倍),故很少单独作为溶剂使用。目前主要用作乙烯类涂料和氯化橡胶涂料混合溶剂中的组分之一,在硝基纤维漆中用作稀释剂。

二甲苯有邻们、间位、对位3种异构体。石油混合二甲苯按馏程不同分为3℃和5℃混合二甲苯;焦化二甲苯可分为3℃、5℃、10℃混合二甲苯。馏程范围135～145℃。

二甲苯由于溶解力强,挥发速度适中,是短油醇酸树脂、丙烯酸树脂、氟碳树脂、乙烯树脂、氯化橡胶和聚氨酯树脂等树脂的主要溶剂,也是天然沥青和石油沥青的溶剂,在硝基漆中可用作稀释剂。在二甲苯中加入20%～30%正丁醇,可提高二甲苯对氨基漆和环氧漆等的溶解力。由于二甲苯既可用于常温干燥涂料,也可用于烘漆,因此是目前涂料工业中应用面最广、用量最大的一种溶剂。

(2)溶剂石脑油　溶剂石脑油为无色到浅黄色液体,系煤焦油分成所得的焦化芳烃混合物。馏程120～200℃,密度0.85～0.95 g/cm³,闪点35～35℃,性质与甲苯、二甲苯相似。

(3)200号焦化溶剂(200号焦油溶剂)　该品系由炼焦炉气中回收的重质苯和煤焦油中提炼精制的芳烃溶剂,经过按比例混合、化学处理、蒸馏等工序精制而制得。密度≥0.0885 g/cm³,馏程140～195℃。挥发速度比二甲苯慢,溶解力比二甲苯差。

(4)高沸点芳烃溶剂　主要品种及其性能见表4-55、表4-56。

表4-55　美国Exxon公司芳烃类溶剂主要品种及其性能

参　　数	Solvesso 100	Solvesso 150	Solvesso 200
馏程/℃	157～174	188～210	226～279
溶解度	8.6	8.5	8.7
芳烃含量/%	99	98	99
相对密度(15/14℃)	0.872	0.895	0.985
颜色(赛波特色)	+30	+30	+10
闪点/℃	42	66	103
相对挥发速率(以醋酸醇丁酯为100)	19	4	1
黏度(25℃)/mPa·s	0.8	1.1	2.89
表面张力(25℃)/mN·m⁻¹	34.0	34	36
混合苯胺点	14	16	13

表 4-56　国产芳烃类溶剂主要品种及其性能

品　名	外观（目测）	相对密度 D204	馏程/℃（≥98%）	芳烃含量/%	闪点（闭）/℃	混合苯按点
S-100A	无色透明	0.860~0.870	152~178	≥98	≥42	≥15
S-100B	无色透明	0.865~0.880	158~188	≥98	≥45	≥15
S-100C	无色透明	0.870~0.885	168~192	≥98	≥46	≥15
S-150	无色透明	0.875~0.910	178~210	≥98	≥62	≥17
S180	无色透明	0.930~0.980	200~280	≥98	≥82	≥17
S-200	微黄到微红	0.960~1.004	215~290	≥98	≥95	≥17

高沸点芳烃溶剂对醇酸树脂的溶解力比二甲苯低,故代替二甲苯用于醇酸漆中仅具有经济价值;但对于丙烯酸树脂、醇酸树脂、丙烯酸醇树脂等有较强的溶解能力。对于汽车涂料,自行车涂料,家电电器涂料,卷材、涂料、罐头涂料等烘烤型漆,则有突出的溶解能力、适宜的挥发速率和后期涂膜的流平性能,因此,易得到平整高光泽的涂膜。使用时需认真考虑混合溶剂的组成和各组分的相对比例。

6.3.3　萜烯类溶剂　萜烯来源于松树,是涂料中使用最早的溶剂。

(1) 松节油　涂料中使用的松树脂松节油和木材松节油,无色到淡黄色透明液体,馏程 150~170℃(≥90%),相对密度 0.87~0.90 g/cm³。其溶解力比 200 号溶剂汽油稍强,在涂膜中并不完全挥发,而有部分成分留在涂膜中,有促进干燥和流平的作用。由于资源少,价格贵,气味大,已逐渐被 200 号溶剂汽油取代,目前仅少量用于油基漆和醇酸漆中。

(2) 双戊烯　由木材松节油分馏而得,馏程 160~190℃(≥90%),对大多数树脂溶解力都很强。由于其挥发速率比较低,故可以延长涂膜干燥时间,可以改变装饰性面漆及底漆的湿边时间,也可用于氧化干燥性涂料中起抗结皮作用。但随着烃类溶剂的发展和防结皮剂的应用,双戊烯在涂料中已很少应用。

(3) 松油(松根油、松油醇)　松油是通过松树杆、松树籽和松针的水蒸气蒸馏和分解蒸馏而得,其成分比较复杂,主要成分是萜二醇。松油的沸点比双戊烯高(约 204~218℃),因而具有相对低的挥发速率及较高的溶解力。在涂料中的应用,主要提高涂膜的流平性,然而往往要和挥发速率快的溶剂混合使用。

6.3.4　醇类溶剂

（1）乙醇　俗称酒精。沸点78℃,具有特殊芳香气味液体,工业酒精是体积分数95％的乙醇,还有无水酒精（含量99.5％以上）。能溶解虫胶、聚乙烯醇缩丁醛、酚醛树脂、正硅酸乙酯树脂而制成相应的涂料,如醇溶性酚醛漆、虫胶液、磷化底漆、无机富锌涂料等。在硝基漆稀释剂中作助溶剂,提高酯类溶剂对硝化棉的溶解能力。

（2）异丙醇馏程　81.5～83.5℃,相对密度0.780～0.789溶解力和挥发速率和乙醇相似,但气味更强烈。主要用作硝基漆的助溶剂,在阳极电涂漆中常用作助溶剂,在涂装塑料漆时可用作底材清洗剂。

（3）正丁醇　为无色透明液体,有特殊的芳香气味,能和多种有机溶剂混溶,馏程为115～118℃,相对密度0.808～0.812,能溶解氨基树脂、短油醇酸树脂、丙烯酸树脂等。正丁醇和二甲苯的混合溶剂广泛用于氨基烘漆及环氧漆中,在硝基漆中作助溶剂,因挥发较慢,故有防白作用。用在水性涂料中可以降低水的表面能力,促进涂膜干燥,增加涂膜的流平性。正丁醇具有较高黏度,对溶液的黏度影响较大。

异丁醇馏程106.5～109.5℃,相对密度0.801～0.803。常用来代替正丁醇使用,其价格较低。

（4）二丙酮醇　是一种无色无味的透明液体,工业品常有刺鼻气味,是由于产品不纯含有少量脱水产物异丙叉丙酮的原因。二丙酮醇含有一个酮基和一个羟基,是很多树脂的良好溶剂。其馏程148～170℃（馏出体积≥95％）,相对密度≥0.932。涂料中常用以配制静电稀释剂调节喷涂时的涂料导电性。在聚酯氨基烘漆中及环氧电泳漆中用作溶剂。

（5）3-甲氧基-3-甲基丁醇-1（MMB）　无色透明液体。相对密度（20°/20℃）0.927,折光率（20℃）1.4275,沸点174℃,溶解度参数9.33,黏度（20℃）7.35 mPa·s,挥发速度（BAC=100）7,表面张力2.99×10^{-4} N/M,电导率（20℃）8.6×10^{-7} S/M。化学式$C_6H_{14}O_2$=118。

MMB可以和绝大多数有机溶剂相容,其气味温和低毒,不易燃,在空气中可以被光降解,故不会破坏同温层中的臭氧层。它既溶于水,又溶于有机溶剂,所以应用广泛,可以用作金属漆、汽车漆及醇酸树脂的溶剂,可以在水性漆中作助溶剂。

（6）2-甲基-2,4-戊二醇（Hexasol） 作为一种涂料用的新型溶剂,其性能指标与乙二醇醚溶剂比较接近。见表4-57。

表4-57 2-甲基-2,4-戊二醇主要性能

溶剂名称	相对分子质量	密度/g·cm^{-3}	沸点/℃	蒸汽压20℃/Pa	蒸发速率BAC=1	表面张力/mN·cm^{-1}	闪点(闭口)/℃
Hexasol	118	0.92	197.5	7	0.01	28.5	97
乙二醇丁醚	118	0.90	171	100	0.08	26.9	64
二乙二醇丁醚	162	0.95	231	3	0.004	30	78

Hexasol 既溶于水又溶于有机溶剂,并且具有和丙二醇同样优秀的抗冷冻能力,作为两性溶剂可促进水和油性树脂的结合,是一种水性涂料助溶剂。它与乙二醇醚类溶剂有相似的性能,低表面张力,高闪点,高溶解力,低黏度。在溶剂涂料体系中可溶解多数树脂,具有高溶解力,可用于低黏度高固体分漆的配方;与其他溶剂协同使用,可优化蒸发速度,从而改善涂膜的流平性;由于表面张力低,可改善针对不同底材的润湿性。它具有极低蒸汽压(7 Pa),按照 VOC 的工业标准(蒸汽压>10 Pa)它不属于 VOC 范畴。与乙二醇醚类溶剂相比无致癌威胁,并且有更高的极性,溶解力更强,比乙二醇醚有更高的闪点,更安全。

6.3.5 酮类溶剂

（1）丙酮（DMK） 是一种低沸点、挥发快的强溶剂,馏程55～57℃,相对密度0.789～0.793,是挥发性涂料的良好溶剂。由于挥发快,易使涂膜发白,常和能起防白作用的低挥发醇类和醇醚类溶剂共同使用。

（2）甲乙酮（丁酮、MEK） 馏程70～85℃,相对密度0.79～0.81,是广泛用于涂料的一种溶剂。它的溶解能力和丙酮相似,但其挥发较慢,是硝基漆、丙烯酸树脂、乙烯树脂、环氧树脂、聚氨酯树脂常用的溶剂之一。

（3）甲基异丁基酮（MIBK） 馏程114～117℃,相对密度0.799～0.803。是一种中沸点的酮类溶剂,用途和甲乙酮相似,但挥发速度稍慢一些;是一种溶解力强,性能良好的溶剂,与多种有机溶剂可以完全混溶。广泛用于多种合成树脂,是聚氨酯涂料中非常重要的无水和不含羟基的溶剂;也用于硝化棉的溶解,使硝基涂料有良好的流动性与光泽度,提高抗泛白能力。

(4) 甲基正戊基酮(MAK)和甲基异戊基酮(MIAK)　是高沸点的酮类溶剂。MAK 的沸点为 151.5℃,相对(BAC=1)挥发速度为 0.34~0.4。MIAK 沸点 145℃,相对挥发速度 0.46~0.5。其溶解力良好,为许多高固体分涂料提供了在溶解力、密度表面张力、挥发速率等方面最佳的综合平衡性能,可用于高固体分醇酸树脂、聚酯树脂及高固体分丙烯酸树脂等。

(5) 环己酮(CYC)　也是一种常用的强溶剂,馏程 152~157℃,相对密度 0.944~0.948。对多种树脂有优良的溶解力,主要用于聚氨酯涂料、环氧涂料及乙烯树脂涂料,可提高涂膜的附着力,并使涂膜平整美观。当做硝基漆溶剂时,能提高涂料的防潮性及降低溶液的黏度;缺点是气味难闻,在生产多异氰酸固化剂时颜色较黄。

(6) 异佛尔酮(Isophorone, ISO)　为一种淡黄色液体,有类似樟脑的气味,具有较高的沸点(215℃),闪点 96℃,相对密度 0.925,很低的吸湿性,较慢的挥发速率和突出的溶解能力,能与大部分有机溶剂混溶。广泛用于聚偏氟乙烯(PVDF)树脂漆,也可用于硝基漆。在丙烯酸漆、聚酯漆、环氧漆、聚氨酯漆及有机硅漆中用作高沸点溶剂,能赋予涂膜很好的流平性。

(7) 二异丁基酮(DIBK)　为无色透明的中等黏度的液体,沸点 168℃,黏度 0.6~1.3 mPa·s,表面张力 23.92 mN/m,闪点 60℃。作为高沸点溶剂与水不相混溶,能与醇醚等多种有机溶剂混溶,对多种树脂有较好的溶解性能。

6.3.6　酯类溶剂　涂料中常用的酯类溶剂大多数者是醋酸酯,也有少量其他有机酸酯。作为溶剂常用的醋酸酯类化合物,其溶解力随分子质量增大及分子中支链的增加而降低;而挥发速率则随分子质量的增加而降低,但随着分子中支链的增加而增加。

(1) 醋酸乙酯　是一种无色透明液体,有水果香味,沸点 77℃,相对密度 0.900,黏度 0.44 mPa·s。是快干涂料(如硝基漆)中最重要的溶剂之一,也常用于聚氨酯涂料,能增加非溶剂与稀释剂的可稀释度。

(2) 醋酸正丁酯　与其低级同系物比,难溶于水,也较难水解,是硝基漆、丙烯酸漆、氯化橡胶漆,聚氨酯漆常用的溶剂。沸点 126℃,20℃下密度 0.880 g/cm³,黏度 0.734 mPa·s,表面张力为 25.9 mN/m。

(3)醋酸异丁酯　沸点 118℃,相对密度 0.8745,黏度 0.697 mPa·s,表面张力 23.7 mN/m。用途与醋酸正丁酯类似,可代替 MIBK。由于具有相似挥发速率,故在配方中可代替甲苯。

(4)醋酸仲丁酯　为无色透明液体,有较弱水果香味,沸点 112℃,相对密度(25℃/25℃)0.86,折射率 1.3894,表面张力 23.3 mN/m,黏度 0.23 mPa·s,溶解度参数 8.3,挥发速率 180(BAC=100),为低毒性溶剂。从溶解力及挥发速率及安全性(闪点 19℃)等方面分析,可以代替芳烃溶剂在涂料中使用;由于价格较低,资源丰富,故也可代替醋酸丁酯,用于涂料产品。通常需要使用溶解力较强的醇醚、酮类及 DBE 等溶剂来调节其相对溶解力,通过配合使用挥发较慢的醋酸正丁酯、丙二醇甲醚醋酸酯、DBE 或酮类溶剂来调节其挥发速率。

(5)醋酸己酯(Exxate 600),醋酸庚酯(Exxate 700)和醋酸癸酯(Exxate 1000)　作为高沸点的酯类溶剂,它既有含氧溶剂的较高溶解力,又保持有机烃类溶剂的性质。见表 4-58。

表4-58　醋酸己酯、醋酸庚脂、醋酸癸酯主要性能和用途

参　数	醋酸己酯	醋酸庚酯	醋酸癸酯
沸程/℃	164~176	176~200	230~248
密度(20℃)/g·cm⁻³	0.874	0.874	0.873
挥发速率(醋酸丁酯等于1)	0.17	0.08	<0.01
颜色(赛波特色)	10	10	10
表面张力/mN·m⁻¹	25.7	26	27
黏度(20℃)/mPa·s	1.05	1.24	2.27
溶解度(25℃)/%			
水在溶剂中	0.66	0.58	0.25
溶剂在水中	0.02	0.01	不溶

注:用途:硝基涂料、聚氨酯涂料、罐头涂料、烘漆、高固体分丙烯酸涂料、环氧聚酰胺涂料、卷材涂料、卷材涂料、罐头涂料烘漆。

用醋酸己酯和醋酸庚酯合成高固体分丙烯酸树脂时,可以改进对树脂分子质量大小及分子质量分布的控制,以得到低分子质量及较窄分子质量分布,从而得到交联能力高、涂膜光泽好和耐久能力强的高固

体分漆料。另外,含有这类溶剂的配方也可以获得较高的电阻率。由于电阻率影响涂料的雾化特性和静电喷涂时的转移效率,一般将静电喷涂时的涂料电阻率调整到 0.6～1.0 MΩ,但是这对于金属闪光涂料去是一个难题,而使用具有接近烃类溶剂电阻率的高碳醇的醋酸酯溶剂不仅可获得高的电阻率,同时又可获得烃类溶剂难以提供的溶解能力。

与醇醚醋酸酯和高沸点溶剂相比,将醋酸己酯用于对潮气敏感的各种气干型涂料中,不仅由于其较慢的挥发速率而有效地减小涂膜的"发白"倾向,同时由于从涂膜中扩散速度比前者快,故可得到较快的干燥速度,比乙二醇乙醚醋酸酯要快 15%～30%。

(6)2-羟基丙酸丁酯(乳酸丁酯)　沸点 188℃,密度 0.974～0.984 g/cm³(20℃),表面张力 30.6 mN/m,闪点 69℃,黏度 3.58 mPa·s,溶解能力好,挥发慢,与多种溶剂互溶。在涂料中使用可以提高涂膜的流平性,有利于得到高光泽、柔韧性好、附着力好的涂膜,对于清漆还可以提高涂膜的透明度。用于烘漆中,在静电喷涂中用于调节涂料的电阻值。

(7)二价酸酯(DBE、DME 溶剂)　是 16% 的己二酸二甲酯,64% 戊二酸二甲酯和 20% 丁二酸二甲酯组成的混合物。其基本物理参数见表 4-59。

表 4-59　二价酸酯主要性能

项　目	指　标	项　目	指　标
含量/%	≥99	闪点(闭杯)/℃	100
含水量/%	≤0.1	在水中溶解度(20℃)/%	5.3
甲醇含量/%	≤0.2	水在 DBE 中溶解度(20℃)/%	3.1
色泽(APHA)	≤15		
酸值	≤0.3	黏度(25℃)/mPa·s	2.6
相对密度(20℃)	1.092	表面张力/mN·m⁻¹	35.6
蒸馏范围/℃	196～225	电阻(24℃)/MΩ	0.5
蒸汽压(20℃)/Pa	0.2		

DBE 溶剂气味小,毒性也小,黏度低,用于配制混合溶剂对树脂的溶解力强。作为高沸点溶剂,其挥发速率随温度提高而提高,可以提高涂膜的前期流平及后期的快干,从而改善了涂膜的流平性,提高了涂膜

的光泽。从 20 世纪 70 年代以来,DBE 开始用于汽车涂料,并逐渐取代了异佛尔酮、乙二醇醚类及环己酮等有机溶剂用于丙烯酸、氨基、环氧、聚酯等涂料。近年来 DBE 广泛应用于卷钢涂料、印铁涂料、电器及金属家具涂料、汽车修补漆等。此外,在木器家具涂料中 DBE 可以作高沸点的流平助剂,在高温高湿环境下有助于消除涂膜发雾、针孔等弊病。在乳胶漆中 DBE 可以用作成膜助剂。

(8) 碳酸二甲酯(DMC) 为无色有刺激性液体,沸点 90.2℃,相对密度(水=1)1.073,折射率为 1.3697,挥发速率(BAC=1)4.6,表面张力 28.5 mN/m,闪点(闭杯)16.7℃,微溶于水,和几乎所有机溶剂混溶,具有优良的溶解性能。DMC 不仅毒性小,还有闪点高、蒸汽压低和空气中爆炸下限高等特点,因此是集清洁性和安全性于一身的有机溶剂。作为低毒性溶剂可以代替甲苯、二甲苯、醋酸乙酯、丙酮、丁酮等溶剂在涂料中使用。

(9) 碳酸二乙酯(DEC) 也叫碳酸乙酯,是一种稳定的无色透明液体,有轻微使人感到舒适的气味,沸点 125.8℃,相对密度 0.9803,折射率(25℃)1.38287,表面张力 26.44 mN/m,闪点(闭杯)16~7℃。其特性及用途与 DMC 相同。

6.3.7 醇醚及醚酯类溶剂 可分为三类:第一类为乙二醇醚及醚酯类产品,通常简称 E 系列;第二类为丙二醇醚及其醚酯类产品,通常称为 P 系列;第三类由其他技术路线所合成的醚酯类溶剂,如 3-乙氧基丙酸乙酯(EKTAPRO EEP)和 3-丁氧基丙酸丁酯(BPB)等。

自 1982 年欧洲化学工业和管理中心(ECETOC)发表了有关乙二醇醚类产品的研究报告之后,乙二醇醚类产品的使用受到了限制。美国国会在 1990 年列出了将要减少使用的危害空气污染物(HAP)清单,其中包括甲基异丁基酮(MIBK)、乙二醇醚(BCS)、芳烃、甲醇、乙二醇及乙二醇醚等有机溶剂。我国《环境标志产品技术要求,防水涂料》(HJ 457-2009)中对乙二醇醚及醚酯类、酮类、卤代烃类溶剂及邻苯二甲酸酯、二元胺、烷基酚聚氧乙烯醚等产品提出了不得人为添加的要求。

丙二醇醚及醚酯类溶剂因其毒性低,溶解力挥发速率及表面张力等特性与乙二醇醚及醚酯类溶剂也较为相近,故近年来在涂料领域正逐渐取代乙二醇醚及醚酯。

（1）乙二醇丁醚（BCS）　又称甘醇丁醚，或丁基溶纤剂，沸点170℃，密度 0.90 g/cm³，黏度 3.15 mPa·s，表面张力 27.4 mN/m，闪点 61℃。在大多数溶剂型涂料中使用，可起到防雾、防皱、提高涂膜流动性及光泽的作用。在水性漆电泳漆中是很好的助溶剂。

（2）乙二醇乙醚醋酸酯（CAC）　无色液体，沸点 150~160℃，能与多种溶剂混溶，能溶解多种合成树脂，黏度 1.025 mPa·s，表面张力 31.8 mN/m，闪点（闭口）51℃，电导率 $2×10^{-8}/Ω·cm$，密度 0.973 g/cm³，介电常数（30℃）7.567。由于其高溶解力及与其他溶剂的高比例混溶性，挥发速度慢，因而便于涂膜的流平，使涂膜均匀，光泽及附着力提高。

（3）丙二醇甲醚　沸点 120℃，黏度 1.75 mPa·s，表面张力 27.1 mN/m，闪点 39℃。与水混溶能溶解多种树脂。

（4）丙二醇丙醚（PnP）　沸点 149℃，挥发速率 21（BAC=100），密度（25℃）0.883 g/cm³，溶解度参数 20.31，表面张力 25.4 mN/m，闪点 48℃（闭杯），黏度 2.4 mPa·s（25℃）。丙二醇丙醚与水无限混溶，是水性涂料配方中乙二醇丁醚的低毒低味的有效代用品，亦可用以配制清洗剂。

（5）丙二醇丁醚（PnB）　沸点 171℃，挥发速率 9.3（BAC=100），密度（25℃）0.878 g/cm³，溶解度参数 18.82，表面张力 27.5 mN/m，闪点 48℃（闭杯），黏度 2.8 mPa·s（25℃）。丙二醇丁醚在水中溶解度为 5.5%，水在丙二醇丁醚中的溶解度为 15.5%。在涂料中使用具有低毒及降低动态表面张力的作用，可代替乙二醇丁醚使用。

（6）二丙二醇丁醚（DPnB）　沸点 203℃，挥发速率 0.6（BAC=100），相对密度（25℃）0.910，溶解度参数 17.35，表面张力 28.4 mN/m，闪点 100（闭杯），黏度 4.9 mPa·s（25℃）。二丙二醇丁醚在水中溶解度为 4.5%，水在二丙二醇丁醚中的溶解度为 12%。二丙二醇丁醚可以和芳烃、酯类、酮类等有机溶剂互溶，在溶剂型涂料中可以促进高分子树脂溶化凝结成膜。作为高沸点溶剂用于烘漆中可以提高涂膜的流平性及光泽。用于乳胶漆（尤其是对高 T_g 的乳液体系）比现在广泛使用的 Texanol 有更好的降低成膜温度效果，与其相比能更有效地降低表面张力。作为低毒性气味的溶剂，是乙二醇丁醚和二乙二醇丁醚的优良替代溶剂，在工厂在线涂装领域应用可以提高涂膜的硬化速度。

(7) 丙二醇苯醚(PPh) 沸点 243℃,挥发速率 0.2(BAC=100),相对密度(25℃)1.062,溶解度参数 17.4,表面张力 38.1 mN/m,闪点 120℃(闭杯),黏度 2.5 mPa·s(256℃)。丙二醇苯醚在水中的溶解度为 1.0%,水在丙二醇苯醚中的溶解度为 6.0%。它是一种低毒、低挥发速率的溶剂,目前主要用于阴极电泳漆(CED)和乳胶漆中作成膜助剂,尤其对阴极电泳漆产品中日趋广泛使用的高 T_g 树脂具有更有效的降低 T_g 的作用,有利于减少 CED 中有机溶剂的含量及有助于成膜。

(8) 丙二醇甲醚醋酸酯(PMA) 沸点 146℃,挥发速率 33(BAC=100),相对密度(25℃)0.966,溶解度参数 19.26,表面张力 28.9 mN/m,闪点(闭杯)42℃,黏度 1.1 mPa·s(25℃)。PMA 作为低毒性的溶剂,是乙二醇醚及其醚酯的有效代用品。

(9) 丙二醇甲醚丙酸酯(PMP) 沸点 164℃,挥发速度 19(BAC=100),相对密度 0.95,闪点 56℃(闭杯)。可用来代替乙二醇乙醚醋酸酯。

(10) 3-乙氧基丙酸乙酯(ektapro EEP) 是一种高性能的醚酯类溶剂,相对密度 0.95,挥发速率 0.12(BAC=1),表面张力 27.0 mN/m(23℃),电阻 20 MΩ,溶解度参数 8.8,黏度(20℃)1.0 mPa·s,沸程 165～172℃。EEP 是配制优质烘漆及气干涂料的有效溶剂,具有下述综合性能:挥发速度慢可防止硝基漆发白,提高流平性;溶解力强,溶解范围广,所得树脂溶液黏度较低;电阻高,可以弥补高固体分涂料在静电喷涂时电阻低的缺陷;表面张力低及溶剂释放性快,可提高对底材的润湿性及附着力,提高干性及减少溶剂残留。EEP 是值得推广应用及开发的溶剂品种。

(11) 3-丁氧基丙酸丁酯(BPB) 是一种具有线型结构的醚酯类溶剂,相对密度 0.9,沸程 170～230℃(纯品为 220～230℃)的无色液体,对多种树脂都具有良好的溶解性能。由于挥发速度慢,一般仅适用于烤漆,对改善涂膜流平性,提高光泽的有明显的效果。

6.3.8 其他溶剂 取代烃类溶剂仅在特殊场合下才能独立使用,其中有价值的为氯化烃及硝基烃。继脂肪烃和芳香烃在涂料中大量应用后,环烷烃(如环己烷)也逐渐在涂料中有所应用。在水性漆中常常使用的一种溶剂,即是 N-甲基吡咯烷酮。

(1) 1,1,1-三氯乙烷 沸点 74℃,黏度 0.9 mPa·s,表面张为

25.56 mN/m。很多管理机构认为这种化合物不进行光化学反应,因而他们不包括在所测定的挥发性有机化合物含量(VOC)中。氯化烃溶剂的另一个优点是不易燃烧,它比脂肪烃溶剂的溶解力强(溶解度参数为9.6),而且具有较低氢键值(为1.5);缺点是挥发较快。

以前还使用过氯苯作为溶剂(沸点132℃),由于具有毒性,有苦杏仁气味,现已基本不用。

(2)2-硝基丙烷　沸点120℃,黏度0.75 mPa·s,表面张力30 mN/m,相对密度0.992,介电常数10.7,挥发速率(1.2)和醋酸正丁酯相当。由于它的高极性可以提高电导率,因此在静电喷涂时可以用其调节混合溶剂的电阻。

(3)环己烷　有类似于汽油气味的无色透明液体,能与醇酮、醚类溶剂任意混溶。相对密度0.7785,折光率1.4262(20℃),沸点80.7℃,黏度0.88 mPa·s,挥发速率5.9(BAC=1),表面张力24.38 mN/m,电导率$7×10^{18}$ s/cm,闪点−17℃。由于其毒性比苯小,在涂料中可用作塑胶漆溶剂及制造脱漆剂。

(4)N-甲基吡咯烷酮　沸点204℃,密度1.028 g/cm³,黏度1.65 mPa·s,表面张力41 mN/m。毒性低,蒸气压低,闪点高(95℃),与水混容,溶解大多数有机化合物。在水性树脂中作为助溶剂。

6.4　活性稀释剂

无溶剂涂料系指采用活性稀释剂作为溶解介质的涂料。在其成膜过程中,活性稀释剂与树脂交联反应,或为涂膜的组成部分,而不像一般溶剂那样挥发逸出。无溶剂涂料常用品种有无溶剂聚酯涂料(不饱和聚酯涂料)、无溶剂环氧涂料、光固化丙烯酸涂料、无溶剂有机硅涂料。目前技术比较成熟的无溶剂涂料有无溶剂环氧涂料和丙烯酸光固化涂料。

6.4.1　无溶剂环氧涂料用活性稀释剂　主要为小分子缩水甘油醚类。分为单环氧化物和多环氧化物,按其类型又分为脂肪型和芳香族型。单环氧活性稀释剂稀释能力大于多环氧活性稀释剂;多环氧活性稀释剂由于交联密度高,因此其力学性能较单环氧活性稀释剂高,芳香族比脂肪族力学性能好。长分子链的活性稀释剂有很好的增韧能力。

常用的品种有丁基缩水甘醚(环氧丙烷丁基醚)、苯基缩水甘油醚、烯丙基缩水甘醚、新戊二醇二缩水甘油醚、三羟甲基丙烷三缩水甘油醚、1,4-丙二醇二缩水甘油醚、聚丙二醇二缩水甘油醚。

6.4.2　光固化涂料用活性稀释　光固化涂料中的活性稀释剂,通常称为单体,或功能性单体。自由基光固化用的活性稀释剂都是具有 C═C 双键的单体。光固化活性依次为丙烯酰氧基＞甲基丙烯酰氧基＞乙烯基＞烯丙基。自由基光固化活性稀释剂主要为丙烯酸酯类单体,阳离子光固化用活性稀释剂为具有乙烯基醚或环氧基的单体。乙烯基醚类单体也可参与自由基光固化。

从光固化活性看,多官能团稀释剂＞双官能团稀释剂＞单官能团稀释剂;从活性稀释剂黏度看,多官能团活性稀释剂＞双官能团活性稀释剂＞单官能团稀释剂;从稀释效果看,单官能团＞双官能团＞多官能团活性稀释剂。

主要分类为:

(1)单官能团活性稀释剂　有丙烯酸烷基酯,(甲基)丙烯酸羟基酯、乙烯基活性稀释剂(主要是苯乙烯,醋酸乙烯酯,N-乙烯基吡咯烷酮)。

(2)双官能团活性稀释剂　有乙二醇类二丙烯酸酯、丙二醇类二丙烯酸酯和其他二醇类二丙烯酸酯。

(3)多官能团活性稀释剂　主要有三羟甲基丙烷三丙烯酸酯和季戊四醇四丙烯酸酯等。

(4)新型活性稀释剂　乙烯基醚类活性释然剂是 20 世纪 90 年代开发的一类新型活性种类稀释剂,它是含有乙烯基醚或丙烯基醚结构的活性稀释剂。与丙烯酸酯类活性稀释剂相比,它具有黏度低、稀释能力强、高沸点、气味小、毒性小、皮肤刺激性低、反应活性大等优点;但价格较高,影响了它在光固化涂料中的应用。目前,商品化的乙烯基醚类活性稀释剂有三甘醇二乙烯基醚(DVE-3)、1,4-环己基二甲醇二乙烯基醚(CHVE)、4-羟丁基醚(HBVE)、甘油碳酸酯丙烯基醚(PEPC)、十二烷基乙烯基醚(DDVE)。最新开发的第三代(甲基)丙烯酸酯类活性稀释剂为含甲氧端基的(甲基)丙烯酸酯活性稀释剂,它们除了具有单官能团活性稀释剂的低收缩性和高转化率外,还具有高反应活性。目前已商品化的有沙多玛公司的 CD550,CD551,CD552,CD553 和科宁公司的 8016,8127,8149。

6.4.3　聚氨酯涂料用活性稀释剂

（1）r-丁内酯　为无色油状液体,有类似丙酮的气味,沸点 201～206℃,密度(20℃)1.13 g/cm³,闪点 104℃。能与水、醇、酯及芳烃混溶,有限溶于脂肪烃和环烷烃。可以用作聚氨酯的强度改性剂(活性稀释剂)及聚氨酯和氨基涂料的固化剂。

（2）亚丙基碳酸酯　是一种黏度低、高沸点化合物,具有生物降解性能。广泛用于溶剂,可作为聚氨酯预聚体的活性稀释剂、降黏剂和增塑剂及用于喷涂聚氨酯弹性体等。

（3）噁唑烷　其水解活性比醛酮亚胺低,稳定性好。在固化环境下遇湿时离解产生羟基和氨基,参加固化反应时生成少量的副产物酮或醛,与树脂具有良好的相溶性,挥发缓慢,不影响固化树脂的外观。它不但不像增塑剂那样降低硬度,而且可得到良好的附着力、柔韧性、耐磨性、耐冲击性好及耐化学药品性能好的涂膜。恶唑烷与水反应速度快,体系中无 CO_2 生成,因而可防止涂膜起泡和针孔等缺陷产生。化学反应过程为

6.4.4　溶剂性能检测

（1）馏程(沸程)　采用标准《涂料用溶剂馏程的测定》(GB/T 9283 - 2008)。馏程指初馏点(第一滴蒸馏液落入容器时的沸点温度)和终馏点(蒸出 95％,98％或全部蒸出的最高沸点温度)之间的温度差。量取 100 ml 待测溶剂,在标准规定的仪器和蒸馏条件下测定初馏点及蒸出 5％,10％,20％,30％,40％,50％,60％,90％,95％,98％或干点温度,符合该溶剂产品规定的馏程。

（2）含量　测定溶剂的纯度。采用的方法标准为《化学试剂气相色谱法通则》(GB 9722 - 1988),用气相色谱仪进行测定。

（3）水分　指溶剂中水的质量百分数含量。采用方法标准《化工产品中水分含量的测定,气相色谱法》(GB 2366 - 1986)。

(4) 闪点　指可燃性液体加热到液体表面上的蒸汽和空气的混合物与火焰接触发生明火时的最低温度。采用的方法标准《石油产品闪点测定法(闭口杯法)》(GB 261-1977)。

(5) 挥发性　在涂料工业中溶剂的挥发性都是采用相对挥发速率,以乙醚或醋酸丁酯作为参照物,在 ASTM D3539-17(81)中用 Shell 薄膜挥发仪测定相对挥发速率。以醋酸正丁酯相对挥发速率作为 1,其他溶剂相对挥发速度大于 1,比醋酸丁酯挥发快;小于 1,比醋酸丁酯挥发慢。我国采用的方法标准《稀释剂,防潮剂挥发性测定法》(HG/T 3860-2806),挥发速率通常以乙醚为参照物。乙醚的相对挥发速率为 1,比 1 大的相对挥发速度比乙醚挥发慢,数字越大,挥发率越慢。不过现在相对挥发速率多采用以醋酸丁酯为标准。

(6) 胶凝数　采用方法标准《稀释剂,防潮剂胶凝数测定法》(HG/T3861-2006)。

(7) 水溶性溶剂的水混溶性　有机溶剂能与水混溶的性能不同,测定水混溶性可检查其品质。采用的方法标准为《有机化工产品水溶性试验》(GB 6324.1-1982)。

(8) 溶解能力　溶剂的溶解力有不同的测定方法。如烃类溶剂的贝壳松脂-丁醇值(即 KB 值),KB 值越高,表示烃类溶剂的溶解力越强。苯胺点法用来测定脂肪烃的溶解能力,混合苯胺点法用来测定芳香烃溶剂的溶解能力,苯胺点数值越低,溶解能力越强。实际上,对一特定合成树脂,不同溶剂的溶解能力强弱可通过加入同样量溶剂后树脂的黏度来判断,黏度较低者溶解能力较强。

7. 涂料助剂

7.1　概述

涂料助剂是一种加入少量(通常为 0.1%~5%)就能对涂料性能产生重大影响的材料。

据介绍,2009 年在涂料和油墨助剂中,用量最大的 5 类助剂是流变助剂、消泡剂、分散剂、润湿剂和防滑剂和耐磨剂。其中涂料助剂占80%,油墨助剂占 20%。这 5 种助剂全球消耗量约为 78 万吨,35 亿美元;亚洲约占 40%,欧洲和北美各占 25%,世界其他地区约为 10%。

任何助剂如果使用得当就会发挥事半功倍的正面作用;但它们也必然会有副作用,如润湿分散剂在生产和施工中会产生气泡,成膜后会降低耐水性和耐洗刷性。

任何助剂的用量均以能解决问题为度,超量使用是花钱买副作用。如消泡剂使用过量涂膜易产生缩孔。

要十分注意助剂之间的相互作用。如乳液的乳化剂、色浆的润湿分散剂增稠剂等等要统一考虑,尽量使其相互增益或为协同作用,防止相互抵消,甚至出现麻烦。要从助剂的组成、结构和作用机制出发,在理论上把握助剂使用;同时要通过试验和不断实践积累经验,达到熟练使用。

涂料助剂按功能分类,可分为下列几种。

(1)改善涂料加工性能的助剂　如润湿剂、分散剂、消泡剂、防结皮剂等。

(2)改善涂料贮存性能的助剂　如防沉剂、防腐剂、增稠剂、冻融稳定剂、润湿剂、分散剂、防结皮剂等。

(3)改善涂料施工性能的助剂　如增稠剂、触变剂等。

(4)改善涂料固化成膜性能的助剂　如催干剂、固化促进剂、光引发剂、成膜助剂、交联剂等。

(5)改善涂膜性能的助剂　如附着力促进剂、流平剂、防浮色发花剂、光稳定剂、紫外线吸收剂等。

(6)赋予涂料特殊功能的助剂　如阻燃剂、防霉剂、防污剂、抗静电剂、疏水剂等。

以上分类可见,有些助剂具有一种功能,而另一些助剂却具有多种功能。

涂料助剂品种很多,大多是复合组分,按其功能分类见表4-60。

表4-60　涂料助剂分类

序号	助剂类型	功能及作用
1	表面活性剂	颜料分散、乳化,防止涂料发花与浮色、润湿
2	流变性能调节剂	增稠,流平,防流挂,防沉,控制黏度
3	反应剂	催干,交联,固化,光敏,固化促进剂,光引发
4	稳定剂	防结皮,防肝化,防冻,防霉,防菌,耐热,抗氧
5	特殊功能助剂	紫外光吸收剂,光稳定剂,缓蚀,阻燃,消光,成膜助剂,增塑,防静电,防污,pH值调节等

涂料助剂都在涂料生产时加入(可在不同生产阶段加入),但发挥其功能却是在涂料生产制造、贮存、涂装施工时和成膜后几个不同的阶段。

7.2 在涂料制造中发挥作用的助剂

7.2.1 乳化剂 乳液是一种液体以极小的液滴形式分散在另一种与其互不相溶的液体中所构成的分散体,而乳胶是由乳液聚合制得的不溶于水的固体合成树脂以微粒形分散在水中而形成的分散体。乳液(emulsion)和乳胶(latex)在热力学上是属于不稳定的体系,通常需要乳化剂来稳定。

乳化剂是表面活性剂中一员。表面活性剂分子结构中含亲水和亲油不同部分,因此加入少量就可显著改变气—液、液—液、液—固界面性质,起到降低界面张力、渗透、湿润、乳化、增溶、分散、清洗、发泡等等作用。在许多领域它们被广泛应用。根据使用场合不同,表面活性剂分别称为乳化剂、去污剂、湿润剂、分散剂、发泡剂等等。只有那些对体系起有效稳定作用而又不影响聚合反应的表面活性剂,才适合作乳液聚合的乳化剂。

乳化剂分子同时含亲水基因和亲油基团。溶于水后,按离解或不离解分为离子型乳化剂和非离子型乳化剂。离子型乳化剂又按产生电荷的性质分为阴离子型、阳离子型的两性乳化剂。它们的主要品种有:

(1) 阴离子型乳化剂 烷基硫酸盐 ROSO3M,烷基芳基磺酸盐 $RC_6H_4SO_3M$。

(2) 非离子型乳化剂 烷基酚聚氧乙烯醚(APEO),已广泛使用多年。近年,由于其具有生化毒性,脂肪醇聚氧乙烯醚和一些特别开发的产品作为含 APEO 非离子型乳化剂的替代品已逐渐被使用。聚烷基糖苷是绿色环保型表面活性剂,它完全起源于可再生资源淀粉等物质,而且也可作为非离子型乳化剂用于乳液聚合。

(3) 反应型乳化剂 是一种聚合型乳化剂,在乳液聚合后可永久性锚固在乳胶表面,提高乳液稳定性和降低涂膜对水的敏感性。已商业化的有烷基琥珀磺酸钠等。

7.2.2 分散剂(dispersing agent) 通常表面活性剂按照它的特性和作用称其为润湿剂、分散剂、洗涤剂、乳化剂、防发花浮色剂等。

分散剂能减少颜料分子间的引力所造成的絮凝,使颜色分散体稳定,在颜料研磨中可以减少研磨时间,提高研磨效率,同时可改进光泽,提高遮盖力及流平性等。

分散剂有下列 3 种类型。

（1）阴离子型分散剂　如三聚磷酸钾、六偏磷酸钠、烷基芳基磺酸盐、聚丙烯酸盐等。

（2）非离子型分散剂　使分子中的电荷极化，主要作用是保持树脂乳化并防止由于乳化剂被颜料从树脂中吸附出来而发生凝聚。这类分散剂有乙醇胺油酸酯、磺化脂肪族聚酯、辛基酚聚氧乙烯醚、聚乙二醇单酸等。

（3）阳离子型分散剂　用得较少，如乙烯基吡咯烷酮铵盐类化合物。

7.2.3　润湿剂（wetting agent）　润湿剂的基本要求是借助降低表面张力而使颜料被漆料所润湿。它不仅能改进分散效果，而且还能改进涂料渗入性和流平性。使用润湿剂可大大降低黏度。润湿剂能改善光泽，防止粗粒和提高性能。

作为分散剂的表面活性剂往往也可作为润湿剂。很多涂料厂用的润湿剂为 1％二甲基硅油（低黏度）的二甲苯溶液，具有消泡（特别用在脱水工艺中防止涨锅）、防止发花等作用。溶剂型涂料常用的润湿分散剂有环烷酸锌、三乙醇胺、钛酸酯偶联剂 TKP、脂肪醇硫酸酯（texaphor）。

7.2.4　消泡剂（defoaming agent）

（1）矿物油类消泡剂　包含活性物质、表面活性剂和载体 3 个主要组分。典型的矿物油消泡剂包含 75％矿物油、10％增水二氧化硅、7.5％改性聚硅氧烷、5.5％乳化剂和 2.0％的助剂。

（2）有机硅类消泡剂　一种是以聚二甲基硅氧烷为主，另一种是以聚醚或有机硅改性的聚二甲基硅氧烷。

（3）不含有机硅的聚合物类消泡剂　主要有聚醚、聚丙烯酸酯、氟碳-氯醋-丙烯酸共聚物等。

（4）醇类及有机极性化合物。

7.3　在涂料贮存中发挥作用的助剂

7.3.1　增稠剂（黏度控制剂，触变剂，流变剂，防沉剂）（thickening agent，thixotropic agent）　黏度是涂料的重要物性之一，漆的黏度对漆膜性能有影响：黏度低的漆容易产生流挂，颜料易沉淀；黏度大的漆会使漆的流平性变差，刷涂时产生刷痕，并影响漆膜的附着力。因此必须调整涂料的黏度，一般情况要使其增稠，特别是在乳胶漆及其他水性涂料中。这种增稠的作用也就是黏度控制，它的作用和防沉剂有类似之处。往往作为防沉剂的助剂也就是增稠剂。

溶剂性涂料的增稠剂是金属皂、有机改性膨润土、气相二氧化硅、硅酸铝等。

水性涂料是以水为分散介质或以水为溶剂,如乳胶漆以水为分散介质,水溶性涂料以水为溶剂,而水的黏度很低。水性涂料的黏度一般都很低,生产时一般通过加增稠剂调节流变性以满足各种要求。乳胶漆生产常用的黏度计测试范围如下:布鲁克菲尔德黏度一般测试 $10^{-2} \sim 10 \ s^{-1}$ 低剪切速率下的黏度,反映的是贮存、分层、流平和流挂等的黏度;斯托默黏度计一般测试约 $10 \sim 10^2 \ s^{-1}$ 剪切速率下的黏度,与涂料的处理、蘸漆等有关;而 ICI 黏度计一般测试高剪切速率($10^4 \ s^{-1}$)下的黏度,代表辊涂喷涂等应用时的情况。清漆型底涂的黏度比较低,通常用黏度杯测定。

乳胶漆及其他水性涂料使用的增稠剂主要有下列几种:

(1)纤维素醚及其衍生物 如羟乙基纤维素、甲基纤维素等。疏水改性纤维素是在纤维素亲水骨架上引入少量疏水烷基,从而成为缔合增稠剂(HMHEC),使羟乙基纤维素(HEC)的不足之处得到改善,可用于丝光乳胶漆中。

(2)碱溶胀型增稠剂 包括非缔合型碱溶胀增稠剂(ASE)和缔合型碱溶胀型增稠剂(HASE)。它们都是阴离子增稠剂,相对分子质量为 $2 \times 10^5 \sim 5 \times 10^5$。ASE 是聚丙烯酸盐碱溶胀型乳液,HASE 是疏水改性的聚丙酸盐碱溶胀型乳液。

(3)聚氨酯增稠剂和疏水改性非聚氨酯增稠剂 聚氨酯增稠剂(HEUR)是一种疏水基因改性的乙氧基聚氨酯水溶性聚合物,属于非离子型缔合增稠剂,相对分子质量为 $3 \times 10^4 \sim 5 \times 10^4$。由于低剪切黏度低,所以流平性较好,对涂料的光泽无影响;而高剪切速率黏度高,相对分子质量较低,因此,涂料辊涂施工抗飞溅性好,这些方面优于碱溶胀型增稠剂,且抗菌性好,屈服值低。代表性的品种有 RM-2020NPR,R-278 增稠剂。

疏水性改性非聚氨酯增稠剂有氨基型、聚醚型、聚脲型,性能与HEUR 相似。

(4)无机增稠剂 包括膨润土、凹凸棒土和气相二氧化硅。其共同特点是生物降解性好,低剪切增稠效果好;但辊涂抗飞溅性差。

（5）络合型有机金属化合物类增稠剂　这是近年来开发的一类新型增稠剂,作为乳胶漆的结构性增稠剂。其显著特点是抗流挂性、辊涂抗飞溅性、流平性都优于纤维素醚类增稠剂。

增稠剂的选择不能只考虑增稠剂本身,还要结合乳胶漆及水性漆整个体系来选择增稠剂,尤其是采用缔合型增稠剂时,要考虑乳液、表面活性剂、成膜助剂和颜料等综合影响,因为它他们之间具有相互作用。任何一类增稠剂都有其特点,在涂料增稠体系中如果只用一种增稠剂,很难达到长久的贮藏稳定性、良好的施工效果和理想的涂膜外观等统一。在涂料增稠体系中,大多数都是采用两种增稠剂搭配使用来达到较理想的效果。

7.3.2　防冻剂　乳胶漆中一般都加防冻剂以改善防冻性能（或称冻融稳定性）。乳胶漆中水在低温时容易结冰,会导致乳胶粒子凝聚,严重时会破坏乳化,即使再回升至室温（25℃）也不会恢复原状。

黏度、树脂硬度（玻璃化温度）、表面活性剂和保护胶体对冻融稳定性都有一定影响。如阴离子表面活性剂、聚乙烯醇均对冻融稳定性有好处。

提高防冻性能最简单的方法是加入防冻剂降低水的冰点,如加入乙二醇、丙二醇、二乙二醇等,加入量为乳液的 3%～10%。

7.3.3　防结皮剂（抗结皮剂）　气干型氧化聚合型涂料在使用及贮存过程中会结皮,造成损失及施工麻烦,漆膜外观起粒。防结皮剂能有效防止结皮。理想的防结皮剂不但有高效的抗结皮效果,而且无损害涂料性能的副作用（如延迟干性、影响色泽及气味等等）。抗结皮剂有酚类及肟类两种。某些溶剂如双戊烯、松节油、高沸点芳烃（210 芳烃溶剂等）具有一定的抗结皮作用,可配合使用。

（1）酚类防结皮剂　主要有 2,6-二叔丁基酚。拜耳公司的 Ascinin P 抗结皮剂。酚类抗结皮剂价格较低,但对涂料干性有影响,易泛黄,比较少用,适用于底漆及浸涂的烘漆。

（2）肟类抗结皮剂　具有＝C＝NOH 官能团的化合物,称为肟类。最常用的甲乙酮肟抗结皮性好,用量低,无副作用。在传统醇酸漆中用量一般为 0.1%～0.5%。

环己酮肟在使用时先溶解于适当溶剂中。丁醛肟适用于油性漆及酚醛漆中。甲乙酮肟适用于醇酸漆及环氧酯漆中。丙酮肟挥发比环己酮类肟快,无气味,故可用于无气味涂料。

使用抗结皮剂应与催干剂分别加入,不能混合在一起加入以免失效;一般抗结皮剂都在加催干剂拌匀后再加入。

7.4　在涂料施工时发挥作用的助剂

在涂料施工涂装后,涂膜需要流平、不流挂,然后在室温下或加热条件下干结成膜生成的漆膜外观应平整,不应有浮色、发花及缩孔。为了改进施工涂装性能,防止干后涂膜某些病态生成,就需要加入防缩孔剂、流平剂、催干剂、固化促进剂、防浮色发花剂、成膜助剂等。

7.4.1　防缩孔、流平剂(防流挂剂)(levelling agent)　防缩孔、流平剂是改进涂装效果的一类重要助剂,水溶性漆、乳胶漆、溶剂型漆、粉末涂料等都需借助防缩孔、流平剂来提高其表面装饰性能。它的品种较多,有的品种适应性较广,有的品种仅限于某类涂料,品种、用量如果选用不当,不仅达不到应有的效果,有时还会带来副作用,因此,防缩孔流平剂的选用是很重要的。使用前,应对不同的品种、用量进行筛选试验,以求得最佳品种及最宜用量;另外,对添加方式也应该通过试验选择最佳工艺。目前应用较多的防缩孔、流平剂,按其组成可分为下列5大类。

(1)溶剂类　主要用于溶剂型漆。其主要是各种高沸点的混合溶剂,是一种良好的溶剂,也是颜料良好的润湿剂。主要品种有 F-1 硝基漆防潮剂、ByKETOL-OK(高沸点芳烃,酮,酯的混合物)。

(2)醋丁纤维素　与多种合成树脂、高沸点增塑剂有优良的混溶性,能溶于多种有机溶剂。根据其含量的不同,可作聚氨酯及粉末涂料的流平剂。丁酰基含量越高,流平效果越好。丁酰基含量55%属特高值,流平效果较好。

(3)聚丙烯酸酯类(相溶性受限制型)　可分为纯丙烯酸酯树脂、改性聚丙烯酸酯、丙烯酸碱溶树脂等。

(4)有机硅树脂类(相溶性受限制型)　有机硅树助剂是多功能型,它具有低表面张力及良好的润湿性能。有机硅作为防缩孔、流平剂的品种已广泛用于涂料工业中。其流平性与树脂的分子质量、黏度、结构有密切关系,也与涂料用树脂的相溶性有关,故有机硅树脂有些可作流平剂、抗浮色发花剂,有些也可作为消泡剂。从结构上看,有机硅防缩孔、流平剂可分为聚二甲基硅氧烷、聚甲基苯基硅氧烷和有机基改性聚甲基硅氧烷(聚醚改性有机硅、聚酯改性有机硅、含羧基、酰胺基、环氧基的反应性有机硅)3类。

（5）有机氟表面活性剂　对很多树脂和溶剂有很好的相溶性和表面活性，对改善润湿性、分散性和流平性是很有效。其主要成分为多氟化多烯烃。它被应用在水溶性氨基烘漆中，还可用在溶剂型漆中调整挥发速度，在水性漆、乳胶漆中也有应用。

7.4.2　防发花浮色的助剂　浮色和发花是复色漆成或膜过程中容易出现的毛病。浮色是指漆膜表面呈现均一的以粒径小、密度低的颜料占主要色彩的现象，发花是由于各种颜料与漆料亲和力不同而造成颜色不同的花斑。为了消除这两种现象，常加入助剂，目前常用低黏度硅油（D201-50 甲基硅油和卵磷脂）。

甲基硅油是一类强烈降低表面张力的物质，是目前用得最广泛的防浮色发花剂，一般用二甲苯配成 1% 溶液，油漆厂称之为润湿剂。添加量不宜大于涂料总量的 0.5%，加入后应充分搅匀；加入量太多反而不好，会使上层罩光漆罩不上去。

卵磷脂不仅是有效的防沉剂，也是较好的防浮色发花剂，多用于油基漆中，用量为颜料的 0.5%～1.0%。

此外，也有某些阴离子表面活性剂及阳离子表面活性剂作为防浮色发花助剂。

7.4.3　成膜助剂（聚结剂）（coalescing agent）　乳胶漆的漆膜通常是热塑性的，为了保证其性能不能太软。实际上，希望乳液聚合物的玻璃化温度尽可能提高，这样涂膜的性能尤其是硬度和耐沾污性就比较好；但事实上，好性能的同时是乳胶漆的最低成膜温度（MFT）也比较高，给较低温度下施工和成膜就带来问题；因此，往往要加成膜助剂，达到高性能与低施工温度之间的平衡。成膜助剂是添加到乳胶漆中去帮助聚合物成膜的高沸点、低 T_g 值、特慢挥发的极性溶剂。

常用的成膜助剂有 Texanol，Lusolvan，FBH，Coasol，DBE-IB，DPnB，醇酯-12，Dowanol pph 等，而 Texanol 常被作为比较基准。

Texanol 是 Eastman 公司产品，化学名 2,2,4-三甲基-1,3-戊二醇单异丁酸酯。Lusolvan FBH，coasol 和 DBE-IB 都是丁二酸二异丁酯，戊二酸二异丁酯和己二酸二异丁酯的混合物。Lusolvan，FBH 是 BASF 公司产品，coasol 是英国 Chemoxy 公司的产品，DBE-IB 是美国 DU PonT 公司产品。

DPnB 是二丙二醇丁醚，DOWANOL PPH 是丙二醇苯醚，都是

Dow Chemical 公司产品。

醇酯-12 是国内产品,产品结构图同 Texanol。为了降低 Texanol 的气味,伊士曼公司采用 TXIB(2,2,4-三甲基-1,3-戊二醇单异丁酸二酯)和 TXIB∶Texanol=1∶1 的混合成膜助剂。

(1)成膜助剂性能参数 成膜助剂性能见表 4-61。

表 4-61 成膜助剂性能

性 能 参 数	Texanol	DBE-IB	Coasol	Lusolvan, FBH	DPnB	Dowanol pph
闪点/℃	120	130	131	131	100	120
沸点/℃	255	271	274	>260	230	243
20℃蒸气压/Pa	1	0.1	0.4	1	0.04	0.01
水中溶解度/%	<1	<1	0.1	不溶	4.5	1.0
20℃密度/g·cm^{-3}	0.95	0.96	0.96	0.96	0.91	1.06
20℃黏度/mPa·s	13.5	21	5.3	7	4.9	24.5
挥发速率(BAC 为 100)	0.2	0.12	<1		0.6	0.2

(2)成膜助剂降低 MFT 不同成膜助剂对不同乳液 MFT 下降能力也有所不同。见表 4-62(a)、(b)。

表 4-62(a) 不同成膜助剂对 MFT 的影响

乳 液	内墙纯丙半光		外墙醋丙半光		外墙纯丙	
成膜助剂	Texanol	DBE-IB	DBE-IB	Texanol	DBE-IB	Texanol
用量	2.2	2.2	3.5	3.5	1.7	1.7
MFT/℃	-6.2	-9.1	-15.1	-13.3	-16.2	-16.2

表 4-62(b) 成膜助剂用量对 MFT 的影响

以乳液固体分为基准的 Texanol 用量/%	纯丙 Rhoplex HG-74 MFT/℃	苯丙 ACRONAL 296D,MFT/℃	纯丙 Rhoplex AC-2507, MFT/℃	醋丙 Flexbond 325 MFT/℃
0	16	12	14	12
2	14	9	6	7
4	11	4	2	4
6	7	0	<0	1
8	4	<0	<0	<0

（3）成膜助剂和乳液的相溶性　配方中必须考虑的问题。一些成膜助剂和各种乳液的相溶性试验结果见表4-63。

表4-63　成膜助剂和乳液的相溶性

乳液牌号	生产厂家	Texanol	苯甲醇 BA	乙二醇 丁醚 EB	丙二醇 苯醚 PPH
AC-261 纯丙	罗门哈斯	正常	絮凝	絮凝	絮凝
118 线丙	长兴	正常	絮凝	絮凝	絮凝
6512 苯丙	长兴	正常	正常	正常	正常
B-96 苯丙	罗门哈斯	正常	正常	絮凝	正常
3518 醋丙	长兴	正常	絮凝	絮凝	正常
3501 叔醋	长兴	正常	絮凝	絮凝	正常

（4）成膜助剂的用量　应根据乳液的MFT，乳胶漆的MFT和成膜助剂的助成膜效能，通过试验确定。一般成膜助剂的用量是按配方中乳液量考虑：低PVC时，应少于按配方中乳液量得到的结果；高PVC时，应多于按配方中乳液量而求到的数值。

成膜助剂能降低MFT和提高耐洗刷性，但也会影响硬度和耐沾污性，随着成膜助剂的加入会降低乳液及乳胶漆的稳定性，尤其是快速加入时有的甚至会造成乳液破乳。成膜助剂是VOC，对环境不利。成膜助剂对缔合型增稠剂的增稠作用有影响，因此使增稠系统调整较繁杂。

通常，成膜助剂在调漆阶段加入，并在乳液加入后应一边慢速加入一边不停地混合。也有将成膜助剂在颜料研磨分散前加入的，这对乳液比较安全；但增水的成膜助剂会被润湿分散剂乳化，也有可能被颜填料黏着吸入一部分。

成膜助剂一般是单独使用的，但也可搭配使用以便取得更好结果。

7.4.4　固化促进剂（cure accelerant，curing accelerator）　在双组分环氧漆为了促进固化剂与主剂中环氧树脂的反应，常加入促进剂如苯酚水杨酸、苯甲醇等。使用较多的是用K54（1,3,5-二甲氨基苯酚），既含酚基又含叔氨基，有很强的催化促进作用。

双组分聚氨酯中，为促进固化剂中异氰酸基与多羟基树脂的反应，提高漆膜干性，也常加入促进剂，如二甲基乙醇胺、三亚乙基二胺（DABCO）、辛酸亚锡（T-9）二月桂酸二丁基锡（T-12）和二醋酸二丁基锡(T-1)、环烷酸锌或辛酸锌等等。

在各种氨基基烘漆中,为了降低固化温度和缩短固化时间,常利用酸性催化剂作为固化促进剂,如对甲苯磺酸、磷酸二氢丁酯等。为了提高涂料的贮存稳定性,可以加入伯醇类溶剂、醇醚类溶剂及醚酯类溶剂,用量一般不超过总溶剂的 25%。也可用胺封闭的酸催化剂、用三乙胺、二甲基乙醇胺、二乙醇胺、2-氨基-2-甲基-丙醇-1 等封闭对甲苯磺酸。

7.4.5 催干剂(drier) 能加速漆膜氧化,聚合干燥的有机酸金属皂称为催干剂。它主要是由变价金属和其他金属与一元羧酸反应而得的产物。传统催干剂的使用形式一般是制成环烷酸、辛酸等有机酸的金属皂,其催干活性高,使用方便。在涂料生产中,将金属皂溶于有机溶剂中,配成不同浓度的催干剂溶液使用,通称燥液;在油墨中,则将金属皂溶于油中或与填充料轧制成膏状物使用,称为燥油。将催干剂加入适当的乳化剂和醇醚溶剂(如丙二醇醚等)制成水混溶性催干剂,用于水性醇酸漆及环氧酯漆中。据研究表明,在水中挥发期间,根本没发生氧化,在水挥发后才如溶剂型催干剂一样进行氧化,聚合反应。

催干剂有金属氧化物、金属盐、金属皂 3 类使用形式。金属氧化物和金属盐都是在熬漆过程中加入,形成油酸皂后才呈现催干作用。目前使用最多的是金属皂的溶液,通式为 RCOOMe,有机酸部分决定金属皂在涂料中的溶解性和相容性,金属部分决定催干剂的催干特性。

催干剂可分活性催干剂(或称为主催干剂)和辅助催干剂,基中活性催干剂又可分为氧化型和聚合型。

氧化型(表干型)主催干剂包括 Co、Mn、V、Ce、Fe。钴是活泼的氧化型催干剂,促进氧的吸收、过氧化物形成、过氧化物的分解。锰、铈、铁也是氧化型催干剂,其活性比钴小得多,铈和铁为烘烤型催干剂,锰为氧化型及聚合型双功能催干剂。

聚合型(底干型)主催干剂包括 Pb、Zr、Al、Bi、稀土金属。Ba、Sr、铅是最早的聚合型催干剂。锆用在不能用铅催干剂的配方中,稀土催干剂用于低温及高湿度环境,钡和锶催干剂对颜料有润湿分散作用。

辅助型催干剂(助催干剂)包括 Zn、Ca、Li、K。锌钙能提高表干和底干催干剂的效果,对颜料有润湿分散作用,还能改善钴催干剂干性,防止皱皮。

常用的催干剂是钴、锰、铅、锌、钙,近年来又多使用铈/稀土催干剂、锆催干剂。将几种催干剂配合使用,不但能使催干效力显著提高,而且使漆膜表干底干一致。比如在醇酸磁漆中以钴、锆、钙 3 种催干剂配合使用,其催干剂的性能好,并能提高漆膜的性能。

催干剂的配比是以树脂固体分所需催干剂金属百分数表示,一般活性催干剂为 0.02%～0.1%,辅助催干剂为 0.01%～0.3%。所得复合催干剂就是包含几种不同的催干剂的混合物,通常包括一种或两种活性催干剂和一种或两种辅助催干剂。已有商品。

常用漆料和树脂中的催干剂体系有钴—锰,钴—稀土,钴—锆—钙,钴—锆—锌,钴—锆—稀土等。

7.5　在涂料成膜后发挥作用的助剂

涂料在涂装成膜后具有一定的性能,这主要由其中的基料、颜料所决定的;在实际应用中,还希望同时具有一些其他方面特殊的性能,如柔韧性、防紫外线、阻燃、防菌、防霉、防静电、防锈、缓蚀、消光、增滑等等,这就需要加一些相应的助剂来达到上述目的。这些助剂是增塑剂、光稳定剂、阻燃剂、防霉杀菌剂、增滑剂等。

7.5.1　增塑剂　增塑剂广泛应用于塑料(特别是聚氯乙烯)加工中。在涂料中,增塑剂主要用于改进涂膜的柔韧性。在乳胶漆中加入增塑剂除了使漆膜较好的柔韧性及附着力外,还能降低乳胶漆的最低成膜温度(MFT),此外,对漆膜的流平性、防冻性能都有改善。

涂料用增塑剂大致有 3 类:油脂类(蓖麻油,氧化蓖麻油,环氧化大豆油等);低分子酯类和氯化烃类(邻苯二甲酸酯、磷酸酯、氯化石蜡、五氯联苯等);高分子合成树脂类(线型聚酯、不干性醇酸树脂等)。

油脂类增塑剂对颜料有良好润湿性及展色性,用来研磨颜料分散效果好,具有良好的增塑性;缺点是容易发黏,长霉。

酯类增塑剂常用 DBP,其相溶性好,DOP 比 DBP 挥发性小,不易变黄。磷酸二甲酚酯易泛黄,但阻燃、耐水、耐油性好。癸二酸酯有很好的耐寒性,低温下增塑性能好。

氯烃类增塑剂具有特殊的耐腐蚀性、耐水性、阻燃性,常在某些特种漆中使用。

合成树脂类如线型饱和聚酯、不干性醇酸树脂,可以增进漆膜光泽及附着力和柔韧性,耐热性较好,不易渗出,但低温时效果较差。

7.5.2　光稳定剂　聚合物的光老化是一个复杂过程,要抑制这一过程的进行,延长高分子材料的使用寿命,可以对高聚物的分子进行结构改性或利用添加助剂的方法来提高聚合物的稳定性。结构改性困难较多,存在一定局限性。对大多数聚合物来说,添加稳定剂来搞高稳定性是实现聚合物稳定化的简易方法。

光稳定剂和抗氧剂是广泛使用的稳定化助剂。抗氧剂主要是各种酚类及胺类的化合物,此外还有亚磷酸酯(如 TNP 三-壬基苯基亚磷酸酯等)、硫代二丙酸酯及某些杂环化合物。光稳定剂包括光屏蔽剂、紫外线吸收剂、自由基清除剂、激发态猝灭剂和氢过氧化物分解剂。

(1) 紫外光吸收剂　属于预防性稳定剂。主要种类有二苯甲酮类(如 UV－9)、苯并三唑类化合物(如 CIBA 公司的 Tinuvin 1130 Tinuvin 900)、芳香酯类化合物(水杨酸酯,受阻酚结构的多功能芳香酯类)取代丙烯酸酯、草酰苯胺类、甲脒类化合物(如 UV－2)。

(2) 自由基清涂剂(自由基捕获剂)(受阻胺光稳定剂)　受阻胺光稳定利(简称 HALS)是 20 世纪 70 年代初发展起来的一类新型高效光稳定剂,主要包括哌啶系、咪唑烷酮类系、氮杂环烷酮系等衍生物。在高分子材料光氧化中这类化合物通过捕获自由基,分解氢过氧化物,猝灭激发态能量等发挥低浓度高效的功能。

目前商品化的受阻胺光稳定剂品种较多,如 CIBA 公司 Tinuvin 292,Tinuvin 765,在涂料工业中广泛应用。

(3) 光屏蔽剂　采用光屏蔽的防护膜,使聚合物外表层形成防护作用,是光氧稳定化十分有潜力的方法。从理论上讲,凡是本身具有良好的光稳定性而又能吸收或反射紫外光的聚合物都可以做涂层材料。选择理想的聚合物基质作为光稳定剂的分散和载体是关键。

许多颜料可以用来保护聚合物免遭光老化,一般颜料能够吸收或反射紫外光,从而避免或限制紫外光侵入聚合物内部。氧化锌是一种有效而又价廉的白色无机光稳定剂。金红石二氧化钛耐光性强。炭黑是最有效的光屏蔽剂,各种类型的炭黑是涂料和油墨工业使用最广的黑色颜料,同时也是橡胶和塑料工业大量使用的补强剂、光稳定剂、导电剂。

(4) 猝灭剂　猝灭剂的作用机制不同于紫外线吸收剂,几乎不吸收或很少吸收紫外线,而是在光化学反应发生前有效地移除激发态的能量,使激发态分子放出激发态能量返回基态,排除或减缓发生光化学反应的可能性。作为能量接受体的猝灭剂是有机镍化合物。猝灭剂的作用功能往往是与紫外线吸收剂相互补充的,有机镍猝灭剂与苯并三唑或二苯甲酮紫外线吸收剂协同并用能够获得更佳的稳定化效果。

有些猝灭剂除了猝灭激发态能量外,还具有氢过氧化物分解剂(如自由基清除剂)的功能。

(5)氢过氧化物分解剂　有效地分解材料本身积累的氢过氧化物,消除发生光解的潜在引发源,是光氧稳定化必须考虑的。炭黑和有机镍化合物都具有分解氢化物的功能。

常用的氢过氧化物分解剂是亚磷酸酯(如 TNP)和硫代二丙酸酯类辅助抗氧剂。它们能够分解氢过氧化物为非自由基型稳定性产物,从而抑制进一步的链引发反应。

三-(壬基苯基)亚磷酸酯(TNP)是优良的氢过氧化物分解剂,与受阻酚抗氧剂并用能发挥极好的协同效应。

Sandostab P - EPQ 是具有碳—磷键的大分子双亚磷酸酯,本身具有极好的热稳定性(300℃稳定)和耐水解稳定性,是一种能够经受重复加工而无抗氧效率损失的低挥发、低变色、耐热性优良的氢过氧物分解剂。

上述 5 种体系的光稳定剂对于防止漆膜的光老化都是行之有效的,其中最常见的是紫外线吸收剂和受阻胺光稳定剂。在实际应用中,往往选择两种不同作用机制的稳定剂并用。如 Tinuvin 292(受阻胺)＋Tinuvin 1130(紫外线的吸收剂),把 Tinuvin 765(受阻胺)与 Tinuvin 385(苯并三唑)以及抗氧剂 IRGANOX 245(受阻酚)混合在着色或非着色的聚氨酯材料中使用,获得优良的光稳定效果。CIBA 公司也开发了同时含有受阻胺光稳定剂与紫外光吸收剂的产品,如 Tinuvin 5151。

7.5.3　防静电剂(antistatic agent)　涂膜一般是绝缘的,容易形成静电,加上吸水低,形成的静电不易消去,静电压及电容量的聚集增大,使涂膜容易吸灰尘,沾污,甚至造成灾害。

普通合成材料按照表面电阻率来分,小于或等于 10^5 Ω/cm 的一般作为可导性材料。表面电阻率在 10^{14} Ω/cm 以上的合成材料一般作为绝缘材料。表面电阻率在 $10^5 \sim 10^9$ Ω/cm 的材料能充分地逸散静电荷,而一般表面电阻率在 $10^9 \sim 10^{14}$ Ω/cm 的可视为抗静电材料。在既要绝缘又要抗静电的应用场合,材料的表面电阻率要尽可能选择在这范围内。这需要选用不同类型的抗静电剂。

目前,广泛应用的抗静电剂主要分为阳离子型、阴离子型、非离子型、两性型 4 类表面活性剂。

(1) 阳离子型抗静电剂 包括长链烷基的季铵盐以及磷、硫化合物和盐类,如硬脂酰胺丙基二甲基-β-羟乙基铵硝酸盐(抗静电剂 SN)。这类产品抗静电效果非常好,但热稳定性差,常作外用型抗静电剂使用。

(2) 阴离子型抗静电剂 包括高级脂肪酸盐、烷基磷酸酯盐、烷基硫酸酯盐和磺酸酯盐,如烷基磷酸酯二乙醇胺盐(抗静电剂 P)等。广泛用做合成纤维油剂组分,能赋予良好的抗静电性和柔软性。

(3) 非离子型抗静电剂 虽然非离子型抗静电剂没有离子型抗静电剂的抗静电效果显著,但其毒性低,热稳定性好,作为内部抗静电剂加工性好,是主要的塑料用内部抗静电剂。

非离子型抗静电剂包括脂肪酸多元醇酯和脂肪酸、脂肪醇、脂肪胺、脂肪酰胺、壬基苯酚等与环氧乙烷加合物。

(4) 两性型抗静电剂 两性型抗静电剂既具有阳离子表面活性剂的作用,又具有阴离子表面活性剂的作用,并且能与这两种离子形成的表面活性剂配合使用,与高分子材料有较好的相溶性,具有较好的高温性能,是优良的内部抗静电剂。

7.5.4 防锈剂(缓蚀剂) 在水性涂料特别是乳胶漆中,为了抑制金属容器表面的锈蚀加入缓蚀剂,它是一阳极抑制剂,有时也叫防锈剂。普通缓蚀剂用苯甲酸钠,其用量为乳胶漆的 $0.2\% \sim 0.5\%$。其他物质如亚硝酸钠、铬酸锌、磷酸盐、硅酸锌、铬酸锶也可作为水性涂料的缓蚀剂。

7.5.5 防霉、杀菌剂(fungicide, iocide, algicide,防腐剂) 水性漆在容器中及成膜后,在一定条件(温度、湿度、pH、养料)下会受微生物作用长霉而破坏,导致黏度下降,颜料沉淀,发臭,放出气体使容器膨胀(俗称"胖听"),使漆膜表面褪色、粉化、大片脱落等,必须加入防霉杀菌剂。常用的防霉杀菌剂有:

(1) 汞化合物 广泛使用苯基汞化合物,如醋酸苯汞、油酸苯汞等用量为 0.05%；

　　(2) 酚类化合物　要用五氯酚钠,加入量 0.2%；

　　(3) 有机锡化合物　如三丁基锡化物,加入量 0.05%～0.1%；

　　(4) 胺类化合物　如水杨酸酰替苯胺、多溴化水杨酸酰替苯胺等；

　　(5) 杂环化合物；

　　(6) 释放甲醛型防腐剂；

　　(7) 取代芳烃。

7.5.6　消光剂　1942 年,美国 Grace 公司开始了第一个消光剂品种；半个多世纪以来,品种规格越来越多,用量越来越大。据德国 Degussa 公司统计,2000 年亚洲地区微米级合成二氧化硅消光粉的用量每年超过 1 万吨,其中一半以上用于木器漆。消光剂主要品种有：

　　(1) 微米级合成二氧化硅　目前的合成方法可以分为气相法和液相法,液相又可分为沉淀法和凝胶法。

　　① 凝胶法二氧化硅　Grace 公司生产的 syloid 系列凝胶法二氧化硅消光剂是这类消光剂的代表。syloid ED 系列是 1984 年推向市场的,木器漆常用 ED30,ED40；1992 年推出 C 系列,如 C803,C906,性能更优异,消光效果更高,据称可比 ED 系列节省 1/3。目前 ED 系列逐渐被 C 系列代替。水性涂料中用 syloid W300,W500 和 W900。Degussa 公司的 Acemate Ts100 也可用于水性涂料的消光。

　　② 沉淀法二氧化硅　典型的产品有 Evonik Degussa 公司的 HK 和 OK 系列。国内这种类型消光剂产量最大,价格竞争激烈,质量更难以提高,只用于低档涂料。

　　③ 气相二氧化硅　目前只有 Evonik Degussa 公司 TS100 等消光剂是气相合成的。TS100 用于高档家具漆和皮革的消光,消光性好,涂膜透明性高,消除蓝相；但价格昂贵,为 OK 系列的 2 倍以上,且需要与疏水气相二氧化硅 R972 合用以防止生成硬沉淀。

　　(2) 微粉蜡　微粉蜡主要有合成蜡和半合成蜡。合成蜡包括微粉聚乙烯蜡、聚丙烯蜡、微粉聚四氟乙烯蜡等；半合成蜡由天然蜡人工改性而成,如微粉脂肪酸酰胺蜡、微粉聚乙烯棕榈蜡、聚丙烯棕榈蜡等。

　　主要产品有德国 ByK 公司的 ceraflour 系列微粉蜡,shamrock 公司的 Uniflat 等系列,Micron powder 公司 Micropro 系列,Langer 公司的 Lano—Wax 系列,Allied Signal(Honiver)公司的 Acumist 系列等。

（3）硬脂酸盐 铝、钙、镁、锌的硬脂酸盐,应用开发较早,曾经是涂料的主要消光剂。在微米级合成二氧化硅进入市场后,其重要性大大降低。它在底漆中应用较多,主要用硬脂酸锌,可以提高打磨性。

（4）steamat(滑石粉/绿泥石粉) RIO TINTO Minerrals公司开发的装饰漆的消光剂,主要成分是滑石粉/绿泥石粉,称为steamat。当其用量在10%以上时,亚光漆85°的光泽可降至1以下。

7.5.7 增滑剂 增滑剂是以提高涂膜平滑性能为目的的添加剂,广泛用于电器涂料、汽车涂料、家具涂料、黏合板涂料、预涂卷材涂料和罐头涂料等方面,可保护漆膜避免划伤,提高连续化工业涂装的作业性。

增滑剂在涂料中应用较广泛,效果较好的有三大类:

（1）脂肪烃类 该类有液状石蜡、凡士林、合成石蜡、聚乙烯蜡、聚丙烯蜡等。由于聚乙烯蜡和聚丙烯蜡与硅烷增滑剂相比增滑效果和表面光滑感较低,因此,经常与硅烷类特别是有机改性硅氧烷合并使用,显示出两者的优点。

（2）脂肪酸酰胺类 有油酸酰胺等不饱和脂肪酸酰胺。

（3）硅烷类 有机硅烷自1952年首先用于涂料工业作防浮色剂以来,经过几十年的努力,不同类型、不同牌号的产品已经普遍用于涂料工业的诸多方面,同时也成为近几年使用效果最佳、具备其他附带功能的增滑剂。作增滑剂使用的硅烷类有聚二甲基硅氧烷(甲基硅油)、聚苯基甲基硅氧烷、聚醚改性聚二甲基硅氧烷和聚酯改性聚二甲基硅氧烷。

7.5.8 耐磨剂 耐磨剂是一种提高涂膜耐磨耗性能的添加剂。对在使用过程中承受摩擦的涂料加入耐磨剂后,减少因摩擦所引起的涂膜磨损,从而延长涂膜使用寿命。

涂料用耐磨剂可分为两大类:

（1）无机物类 如玻璃纤维、玻璃薄片、碳化硅、细晶氧化铝、矿石粉、金属薄片等。

（2）合成有机材料类 为惰性高分子材料(如聚氯乙烯粒子、橡胶粉末、聚酰胺粒子聚酰亚胺粒子等)。

耐磨剂在种类上与防滑剂大致相同,故在涂膜中添加耐磨剂获得耐磨效果的同时也得到一定的防滑性。值得注意的是作为耐磨剂使用时要求粒子的粒径要小很多。

按照使用要求不同,耐磨剂需要加工成不同形状和不同大小。在涂料中,耐磨剂的添加量有一合适的最佳范围,低于此范围耐磨效果不明显,超过此范围耐磨性的提高也不明显。在涂料中使用同一种耐磨剂,其外形尺寸(直径、长度)不同,即使有相同的添加量,其耐磨效果也有差异。直径小、长度小的耐磨剂有较好的耐磨性。

7.6 助剂检测

7.6.1 催干剂催干性能 采用标准《催干剂的催干性能测定法》(HG/T 2882-1997),用催干剂与精制亚麻仁油按产品标准规定的质量比混合均匀,涂制样板,以漆膜干燥时间来判定该催干剂的催干性能。

7.6.2 流变剂触变指数 在涂料体系中,流变助剂具有保护已分散的颜料颗粒,防止沉降和控制流挂现象的能力。通过对加入定量的流变剂的涂料样品的触变指数测定流变剂的性能,采用旋转黏度计测定不同剪切速率下的黏度。将样品放入杯中,控制温度恒定,在 6 r/min 转速下开动 1 分钟,记录黏度计读数 η_6;再在 60 r/min 转速下开动 0.5 分钟,记录黏度计读数 η_{60},则触变指数 $T = \eta_6 / \eta_{60}$。T 值越大则体系触变性越大。

7.6.3 流平剂的流平性能 将待检测的流平剂以一定数量加入到已称量的选定涂料中,按国家标准 GB/T 1750-1989 或 JB/T 3998-1999,美国 ASTM D4062-1993 等规定的方法检验流平性。根据国家标准《涂料流平性测定法》(GB/T 1750-1989),分为刷涂法、喷涂法和刮涂法。将油漆刷涂、喷涂或刮涂于表面平整的样板上,测定刷纹消失和形成平滑漆膜表所需时间,以分钟表示。

7.6.4 防潮剂白化性测定 白化性是测定防潮剂(也称防白剂)性能的一个检验项目。采用标准为《稀释剂、防潮剂白化性测定法》(HG/T 3859-2006)。按规定比例,将防潮剂加入同类挥发性漆中,喷涂制板;在产品标准规定的条件下干燥后观察漆膜发白及失光现象,如不发白或没有无光泽的斑点即为符合标准。

7.6.5 消泡剂的消泡性能 测定方法有量筒法、高速搅拌法、鼓泡法和振动法。

(1)量筒法 在量筒内加入试样 20~30 ml 及定量消泡剂,塞紧后激烈摇动 20 次,立即记录泡沫高度,间隔一定时间再记录一次。

（2）高速搅拌法　在烧杯中加入试样 100 ml 及定量消泡剂,以恒定 3000~4000 r/min 高速搅拌,测定时间分别为 30 秒,60 秒,120 秒和 180 秒的泡沫高度。

（3）鼓泡法　在量筒内加入试样 100 ml 及定量消泡剂,用泵每分钟导入 500 ml 空气,每隔一定时间记录泡沫高度。

（4）振动法　将试样和定量消泡剂加至试验罐的 1/2 体积,按一定的角度反复振动规定时间后,测定密度。

7.6.6　防沉剂的防沉效果　采用标准《涂料贮存稳定性试验方法》(GB/T 6753.3-1986),将待检测试样取 3 份,分别装在 3 个样品听中,装样量以离顶 15 mm 为宜。留出 1 听作原始试样在贮存前检查,第 2 听、第 3 听进行贮存试验。在(50±2)℃恒温干燥箱中加速条件贮存 30 天,也可在自然条件下贮存 6~12 个月。试验贮存至规定期限后,由恒温干燥箱取出试样,在室温下放置 24 小时后进行观察和测定涂料性能,包括沉降程度的检查,黏度检测,结皮、压力、腐蚀及腐败味的评定,漆膜颗粒、胶块及刷痕的检查。

7.6.7　建筑涂料水性助剂的应用性能试验方法　关于建筑涂料水性助剂的分类与定义可参考国家标准《GB/T 21088-2007》。关于分散剂、消泡剂、增稠剂的应用性能试验方法可参考国家标准《GB/T 21089-2007》。

第五章　涂料生产工艺

1. 漆料和合成树脂生产工艺

1.1　油基漆料生产工艺

传统的油漆包括油性漆、天然树脂漆、酚醛漆和沥青漆,它们的成膜物质都是植物油、天然树脂、酚醛树脂和沥青。将它们经过高温熬炼,然后用溶剂稀释成溶液,作为漆的基本原料,习惯上称之为油基漆料。树脂和油的比叫做油度(这和醇酸树脂中的油度有所不同)。树脂和油的比例在 1∶3 以上为长油度,1∶(2～3)为中油度,1∶(0.5～2)为短油度;当然也有不用油的树脂溶液,如沥青溶液。

油基漆料的生产方法有熔融法和溶剂法,早期多用熔融法。

熔融法将油或油与树脂投入开口炼油锅,经 260～290℃ 的高温加热熬炼至一定黏度(取锅中物料,按配方规定加入溶剂稀释,在 25℃ 下,用加氏管测定黏度或用涂—4 杯测定黏度)后,出料至对稀锅中(已预先放入对稀溶剂)对稀。

溶剂法则将油或油与树脂放在密闭的反应锅中加入回流溶剂,经 250～260℃ 加热熬炼至一定黏度后,出料至对稀锅中(已预先放入对稀溶剂)对稀。

溶剂法比熔融法生产出的油基漆料颜色较淡,酸值较低,损耗较小,消除了油烟废气,改善了环境卫生;反应釜内比较干净,不易结垢和损坏,相应延长了设备的使用期。

1.1.1　酚醛漆料(调和漆料)　生产配方及生产工艺见表 5 - 1。

表5-1 酚醛漆料生产配方及工艺

配 方		操　作
项 目	数 值	
210固体酚醛树脂/%	7.0	将桐油、内加定油打入反应锅,加入酚醛树脂钙酯松香及回流溶剂,盖上加料口,开启冷凝器冷却水,分水器中加满溶剂汽油;加热升温1小时后(170℃左右)开动搅拌;升温至250~255℃保温至黏度(取样按配方稀释,加氏管,25℃);在24档时加入外加定油,搅匀后出料对稀
钙酯松香(石灰松香)/%	7.0	
桐油/%	32.0	
亚定油(内加)(外加)/%	5.0+9.0	
溶剂汽油(回流用)(对稀用)/%	3+37.0	
油度	1:3	
保温时间/h	约2	
外观	透明	
黏度	加氏管25℃,24档;涂-4杯,220 s	
酸价	≤8	
细度/μm	(过滤后)≤25	
色泽	≤12档	

1.1.2 酯胶漆料(快燥漆料)　生产配方及生产工艺见表5-2。

表5-2 酯胶漆料生产配方及工艺

配 方		操　作
项 目	数 值	
424失酐松香树脂/%	34	将桐油打入反应锅,加入酯胶树脂,即424树脂及回流溶剂,盖好加料口,开启冷凝器的冷却水,分水器中加满溶剂汽油;加热约1小时(170℃左右)开动搅拌。加热至255~260℃保温至黏度(取样按配方对稀,加氏管25℃);达24档时加入外加定油后出料对稀
桐油/%	23	
亚定油(外加)/%	3	
溶剂汽油(回流用)/%	2.5	
（对稀用)/%	37.5	
油度	1:0.76	
保温时间/h	2.5	
外观	透明	
色泽	≤10档	
黏度	25℃加氏管24档;涂-4杯,约220 s	
细度(过滤后)/μm	≤25	

1.1.3　亚定油(纯油性漆料)　配方及生产工艺见表5-3。

表5-3　亚定油生产配方及工艺

配　　方		操　　作
项　目	数　值	
精制亚麻油(酸价≤1)/%	75	将精亚油、桐油、回流溶剂打入反应锅,盖好加料口,开启冷凝器冷却水,分水器内加满溶剂汽油;加热升温至255~260℃,保温约10小时至黏度(加氏管25℃);达21~22档,出料对稀
桐油/%	20	
溶剂汽油(回流用)/%	2	
(对稀用)/%	3	
外观	透明	
黏度	25℃加氏管18~19档;涂-4杯:140~160 s	
酸价:≤6		
色泽:≤10档		

1.2　合成树脂生产工艺

合成树脂的形态有多种,包括水性树脂(包括乳胶型、水乳化型、水溶性),溶剂型树脂(合成树脂溶液),无溶剂型液态树脂(如E-51低分子量环氧树脂等),固体树脂。水性树脂、树脂溶液(溶在有机溶剂中)、无溶剂液态树脂实际上都是做涂料的基料,也可叫做漆料,习惯上仍叫做某某树脂,而不叫做某某树脂漆料。固体树脂直接可做粉末涂料的漆料,也用于生产油基漆料,或者加有机溶剂溶解成树脂溶液作为漆料。

油基漆料一般均由涂料生产厂自己生产,而合成树脂则多由专业的树脂生产厂家生产供应涂料生产厂家。一些大型的涂料生产厂家往往也自己生产所需要的合成树脂。

关于合成树脂(漆料)的制造原理和方法已在"涂料用原材料"一章中加以介绍。合成树脂典型的代表是醇酸树脂及丙烯酸树脂,生产方法有熔融法与溶剂法,现大多采用溶剂法。若生产中加热温度较高(140℃以上),反应釜采用不锈钢,如醇酸树脂生产;若加热温度较低(140℃以下),则采用搪瓷反应釜,如丙烯酸树脂生产,当然也可以采用不锈钢反应釜。

合成树脂(漆料)的生产工艺过程一般分为:① 在反应釜中进行

反应,达到一定控制指标(酸值、黏度等);② 出料于稀释釜中稀释(常常是在稀释釜中加入稀释溶剂后,出料,反对稀);③ 趁热将树脂溶液用过滤设备过滤,达到细度规格后打入贮罐或装桶。

1.2.1 树脂反应釜 合成树脂的生产通过聚合、缩聚、水解、缩合等化学反应完成。温度、压力、催化剂、物料配比等是影响反应速度的主要因素。这些工艺条件除在操作中加以控制外,还通过反应釜得到保证。在合成树脂的生产中常用的反应釜是搪瓷反应釜和不锈钢反应釜,它们都由釜体及冷凝器、分水器和回流管部件组成。

(1)搪瓷反应釜 搪瓷釜由含硅量高的玻璃釉质涂于碳钢釜内表面,经高温烧制而成。它具有良好的耐腐蚀性能,对于一般无机酸、有机酸、弱碱液($T\leqslant60℃$,$pH\leqslant12$)、有机溶剂均能耐腐蚀,在盐酸、硝酸、王水等强腐蚀介质中优于不锈钢;是化工生产中经常采用的耐腐蚀设备,在涂料工业中广泛用于制备浅色合成树脂。

由于搪瓷釜是由二种物理性能不同的材质复合而成,且玻璃釉质脆性大,因此,搪瓷釜的操作压力和温度受到一定的限制。搪瓷釜内压力小于 24.5 N/cm^2,夹套压力小于 59.2 N/cm^2,釜内允许负压80 kPa,操作温度使用范围 $-30\sim+150℃$,使用温差 150℃,传热较慢,导电性差,物料在釜内运动时容易造成静电积聚。

搪瓷反应釜主要适用于较低温度下反应的树脂生产,如氨基树脂、丙烯酸树脂、合成树脂乳液,以及反应介质呈酸性的情况下。加热方式系夹层通水蒸气或热油加热。

(2)不锈钢反应釜 国内使用的不锈钢反应釜其材质大部分为$1Cr_{18}Ni_9Ti$不锈钢,它含有铬 17%~20%,镍 8%~11%,钛 0.8%,这些元素都具有优良的抗腐蚀性能和防锈性能。不锈钢反应釜具有一定的耐腐蚀性能和防锈性能,对一般无机酸、有机酸、碱液和有机溶剂等介质均具有一定的耐腐蚀性能,也是生产合成树脂最常用的设备。由于不锈钢不仅具有防锈和耐蚀能力,而且具有优良的机械性能,因此,不锈钢反应釜的操作压力和温度通常不受限制,一般搪瓷釜无法适应的温度和压力条件只要通过强度计算可以用不锈钢反应釜来实现。搅拌器有浆式、涡轮式、推进式(旋桨式)锚式或框式,转速每分钟几十转到几百转。

不锈钢反应釜被广泛用于制造醇酸树脂、固体松香改性酚醛树脂等,既可用于高温树脂反应釜,也可用于低温树脂反应釜;其缺点是价格高,比搪瓷反应釜要贵很多。

不锈钢反应釜的加热方式可通过夹层通入热载体(热载体另用专门设备加热后,用泵打入夹层循环加热,也可将热载体放入夹层,直接在热载体中插入电热棒加热),也有用直接火(柴油、煤、燃气)加热反应釜底。反应釜四周装有夹层,可通水冷却。

(3)分水器　在合成树脂反应釜上除安装冷凝器(有直冷及横冷两种),常配套安装分水器。因为在合成树脂生产中,冷凝器冷凝下来的液体多数情况下是由溶剂(常是二甲苯或丁醇)与水组成的混合物,其中溶剂有待回收利用。为此,将冷凝混合液收集到分水器中进行分离,将水由分水器下部排放,而溶剂则通过联结分水器和反应釜的 U 形回流管流回反应釜内。

普通分水器由筒体、接管、放空阀、回流管视镜、排水阀组成。分水器的容量一般以略大于釜内反应物所可能产生的水量为原则,如1000 L 反应釜所配的分水器容量在 50 L 左右。分水器和冷凝器、反应釜三者之间的连接管道,管件和阀门的材质宜选不锈钢。分水器与反应釜之间的回流管必须是 U 形,以形成液封。放空及排水的管道、管件和阀门可选用碳钢。

自动排水分水器根据连通器原理设计制造而成,它在普通分水器的基础上增加了贮水筒和排水管等部件。随着冷凝混合液不断进入分水器,分离后的溶剂从回流管中流回反应釜,水也不断地从排水管自动排出。自动排水分水器可以简化排水操作,提高分水效果,从而缩短反应工时,减少环境污染。

(4)加料釜(滴加釜)　对于生产丙烯酸树脂常采用单体滴加的工艺方法。需要将各种丙烯酸单体和引发剂加入到加料釜中混合均匀,加料釜应配搅拌器,其容积为反应釜的 70% 左右。

(5)蒸出管及分馏柱　根据各品种树脂的不同要求,蒸出管有不同形式。一般使用带夹套的直立(也可倾斜)圆管,管径较大。夹套可按需要通入蒸汽或冷却水,以分别起到保温作用,使气体上升到冷凝器冷凝或使部分气体冷凝流回反应釜。

一种改进的形式是把蒸出管改为填充分馏柱。分馏柱内填充拉西环或鲍尔环,填充高度根据需要而定。分馏柱外有夹套通蒸汽保温,冷凝回流的二甲苯经泵(或计量泵)送入分馏柱顶部淋下,通过填料与递流而上的二甲苯-水蒸气接触,在分馏柱内进行传质与传热,减少了回到釜中二甲苯的含水量,提高其温度(110～120℃),可使升华的苯酐溶于二甲苯中再返回反应釜而不进入冷凝器,避免了换热管表面结垢或堵塞,同时防止了反应釜内低沸点等原料的损失。

将蒸出管改为分馏柱,使冷凝回流液从分馏柱顶部喷淋回反应釜,有利于共沸液的分离,加快酯化,节约热量,减少低沸物损失,更适宜于沸点较低的酸、醇类的醇酸树脂、聚酯及缩聚型树脂的生产。

(6)冷凝器 冷凝器的作用是将反应釜蒸出来的水蒸气及溶剂蒸气等冷凝下来,同时也可使冷凝液适当冷却。有多种形式换热器可用作冷凝器,如列管式(即管壳式)、螺旋板式、蛇管式、套管式等,最常用的是列管式。

常用的列管式冷凝器按其安装位量分为立式和卧式。对于需要回流的工艺,大多使用倾斜安装的卧式冷凝器。物料多走管内,冷却水走管间。卧式冷凝器的斜度(与水平面夹角)以5～8°居多。

粗略估算,生产醇酸树脂,一般1 m³的反应釜配备约5 m²冷凝器;生产氨基树脂,一般1 m³反应釜配备8 m²冷凝器。

1.2.2 稀释罐(兑稀罐,稀释釜) 其结构与反应釜相似,大多是一个立式带搅拌器容器,有夹套冷却,常配套一个立式列管式冷凝器。为生产色浅树脂,稀释罐最好用不锈钢制作,要求不高的也可用碳钢制造。冷凝器也有采用卧式倾斜安装的,溶剂冷凝后回流入稀释罐,不凝性气体排至大气中。

1.2.3 树脂净化与过滤设备 从液态涂料半成品或成品中清除固体或胶粒状杂质的液固分离过程,称为净化。净化的方法有重力沉降、离心分离和过滤等几种。重力沉降方法由于耗时长,分离效果差,往往只作为一种辅助方法来使用。离心分离是利用超速离心机(10000 r/min)分离液体中悬浮的固体颗粒。最广泛使用的净化方法还是过滤。对于要求不高的,使用100～200目筛网或筛袋对合成树脂过滤即可。树脂和清漆常用的过滤设备有板框压滤机和箱式压滤机滤芯过滤机、袋式过滤器、水平板式过滤机和垂直网板式过滤机。

(1)板框压滤机 是历史悠久至今仍在使用的液固分离设备,主要由止推板、滤框、滤板、主梁、压紧板和压紧装置等零部件组成。滤板和滤框按一定顺序交替排列,不同规格的机组可装滤框约 10～60 块,滤板和滤框外廓一般均为正方形。滤布是压滤机的主要过滤介质,棉布和合成纤维织物均可制成致密程度不同的滤布。压滤机进料泵常用齿轮泵。

(2) 滤芯过滤器　滤芯有多种,在涂料行业最先使用纸质滤芯—纸芯,即纸芯筒式过滤器。当纸芯的强度或耐溶剂性能或过滤质量不能满足工艺要求时,就要寻找更好的滤芯来替换。目前常用的滤芯有短纤维烧结滤芯、复合纤维和缠绕滤芯。

(3) 袋式过滤器　即滤袋过滤器,国外叫 GAF 过滤器。主要由滤袋,支承滤袋的不锈钢丝加强网袋及过滤容器组成。待过滤液体由泵送入滤袋,杂质被滤袋截留,透过滤袋的滤液从下部流出。滤袋常以尼龙丝绢、不织布或多孔纤维织物制成。对涂料过滤来说,常用规格为 $5~\mu m$、$10~\mu m$、$15~\mu m$、$25~\mu m$、$40~\mu m$、$50~\mu m$ 等几种。

(4) 水平板式过滤　是使用助滤器的过滤设备。过滤元件为圆盘形,水平安置。按其过滤面积划分型号,常用规格为 $10~m^2$、$5~m^2$。其附属设备较多,占地较大,一次投资费用高,一般宜用于生产规模较大的企业。该机材质大多为不锈钢。

水平式板式过滤器过滤质量好,滤液清澈透明,细度可小于 $15~\mu m$。生产能力大,过滤面积为 $10~m^2$ 的过滤机,每小时可过滤醇酸树脂(50%固体分)10 吨左右。密闭操作,对环境污染小;但操作比较麻烦,需几个人同时操作,劳动强度大,辅助设备多。

(5) 垂直网板式过滤机　国外称阿玛(Ama)过滤机,是近年来继水平板式过滤机后在涂料行业普遍推广的过滤设备。

其操作方法也是先在混合罐中进行助滤剂(硅藻土)与滤浆的混合,然后进行小循环,在网板上预复助滤层。在小循环前,要借助溢流管使过滤器内始终充满滤浆。预复助滤剂的加入量约为 0.6～1.2 kg/m^2,助滤层厚度约为 1.5～3 mm。

取样检验合格后,切换有关阀门,进行正式过滤。为了防止过滤压力过快升高,延长过滤周期,也可进行添加助滤剂过滤,在滤浆中加入适量的助滤剂,并搅拌均匀。随着过滤时间增加,网板上积聚的滤渣逐渐增多,过滤压力升高。

一般当压力升到 0.3～0.4 mPa 应停止过滤。利用输液泵反转,将过滤机内的残液送回稀释罐,或将残液放入桶中待再过滤。如有条件也可用压缩空气通入过滤机内压料或吹干滤饼,以减少滤饼夹带的物料。

清除滤饼比水平板式过滤机方便,开盖即可抽出网板,用木(或牛角)铲刀铲除滤饼。网板可用溶剂清洗或用碱水煮洗。要注意不要损坏 O 形圈。为减少开盖清渣的次数,有的厂家用溶剂将滤饼冲洗下来,排渣后即可继续过滤。

1.3 环氧酯

环氧酯是固体环氧树脂(主要是 E-12,E-20 环氧树脂)用植物油脂肪酸酯化后,加溶剂稀释而成的产品,用来生产有名的 H06-2 铁红、锌黄环氧酯底漆(HG/T 2239-1991)、环氧酯氨基烘漆等涂料产品。20 世纪 60 年环氧酯多由涂料厂自己生产,现在多由树脂厂专业生产。比较著名的是振华造漆厂生产的 619 环氧酯、617 环氧酯和 620 环氧酯。619 环氧酯用桐油酸、脱水蓖麻油酸(后用亚麻油酸代替)酯化 E-12 环氧树脂;617 环氧酯用豆油酸、亚油酸酯化 E-12 环氧树脂,620 环氧酯用蓖麻油酸酯化 E-12 环氧树脂。619 环氧酯生产配方及工艺见表 5-4。

表 5-4 619 环氧酯生产配方及工艺

生产配方		生产工艺
项 目	比例/%	
E-12 环氧树脂 (604 环氧树脂)	25.0	生产设备为用生产醇酸树脂的不锈钢反应釜。
桐油酸	20.0	在反应釜中加入 E-12、油酸和氧化锌、回流二甲苯,加热至约 160℃,
脱水蓖麻油酸	5.0	开始搅拌;继续升温至 200~205℃保温,约 2 小时开始取样。以 1:1 二甲苯稀释后,用加氏管测定黏度,并测定酸价。当酸价(固体)达到 8 时,停止加热,开直凝凝器冷水加入少量润湿剂消泡,慢慢加入溶剂对稀,先加双戊烯,再加二甲苯,最后加丁醇。对稀好后,趁热(80℃左右)过滤
氧化锌(催化剂)	0.05	
二甲苯(回流)	3.0	
(对稀)	24.0	
丁醇	3.0	
双戊烯	20.0	

1.4 固体树脂溶液

在一些挥发性涂料中,成膜物质都是固体、粉末,生产溶剂型涂料首先要将其用适当溶剂溶解成溶液(漆料)进行制漆。一些固体环氧树脂生产涂料时也要先溶解成溶液(漆料)。涂料生产厂一般都自己用搪瓷反应釜和不锈钢反应釜进行固体树脂的溶解。现在一些树脂厂也开始供应环氧树脂溶液,如75％ 601树脂液,80％ E-51环氧树脂液。

涂料厂生产一系列固体树脂溶液,如60％601环氧树脂液,50％604环氧树脂液,10％PVB乙醇溶液(磷化底漆基料),50％ 422树脂液(加到醇酸漆中提高硬度),20％ R20氯化橡胶溶液,10％糊状 PVC溶液,10％氯醋共聚物溶液等。

生产固体树脂溶液时,先将溶剂打入反应锅,加热至60～90℃(溶剂为95％乙醇时60～70℃,用二甲苯等溶剂80～90℃);逐渐加入固体树脂(块状固体,可一次加入,待溶化后开动搅拌,而粉状树脂应在搅拌下慢慢加入,以防结块,难于溶解),保温至完全溶解(取样滴加玻璃板,应透明无粒状物);然后过滤,打入贮罐或装桶备用。

2. 溶剂型涂料生产工艺

2.1 漆浆(色浆)的生产

2.1.1 颜料在漆料中的研磨(分散)　涂料厂购进的颜料粒子可能是附聚状态,常常是集合成相对疏松的团粒,颜料研磨的主要目的在于将颜料粒子掺入到液体漆料中,使之产生细的粒子分散体,而不是颜料与漆料的混合物。混合意味着搅拌在一起、混杂掺和等,最终的混合物可能相当粗。分散包含散开、粒子分离,其最终分布的原始粒子相当细。

颜料粒子掺入漆料的过程(研磨或分散操作)可以视作存在3个阶段,尽管在任一实际操作中,各阶段互相重叠(复):

——润湿　指的是转换颜料粒子表面上吸附的气体(如空气)或别的污染物(如水分),接着是润湿漆料进一步附上颜料表面。

——研磨　指的是将颜料粒子团用研磨设备打开和分离成孤立的原始粒子。

——分散　指的是已润湿的粒子移动至液体漆料的总体中使粒子永久分离。

研磨的目的是用机械的方法把粒子附聚物打破,使每个粒子的全部表面可被润湿。团聚堆积在一起的颜料粒子必须撕开,将其内部表面暴露出来便于润湿。颜料的研磨分散就是打开附聚物,使其成分散体并防止絮凝作用,避免絮凝体产生。

颜料和漆料、溶剂的混合物称为研磨料,经过研磨分散达到一定细度后才称为漆浆或色浆。常用的研磨设备是三辊机、球磨机(卧式和立式)、高速盘式分散机(高速分散机)、砂磨机(立式、卧式、篮式)、胶体磨等。

三辊机要求研磨料黏度高,通常要加入高黏度漆料及/或高颜料体积浓度配成的研磨料,而球磨机和砂磨机的研磨料应该用低黏度漆料及/或低颜料体积浓度。

2.1.2 颜料分散的评价方法 漆浆(色浆)中颜料的分散程度有两种评价方法:既可用直接评价法,如用肉眼观测以细度计测定的粒径分布;也可用间接测定体,如用评价涂料在某一方面的性能(如颜料显色或遮盖力)。

颜料在漆料中的分散程度用研磨细度计或简称细度计来日常评价。研磨细度直接测定颜料分散体(漆浆)中存在的最粗颜料粒子。在实践中,漆浆通常要研磨达到某个规定的细度要求。

ASTM标准D1210-64规定了涂料工业常规用细度计的测定程度。Hegman细度计是当今涂料工业广泛采用的,也称为美国国家标准。它与常规用细度计标度(mil或 μm)对照见表5-5。

表5-5 Hegman与常规细度计标度对照

测定方式		数	值						
细度	mil	0	0.5	1.0	1.5	2.0	2.5	3.0	3.5	4.0
	μm		12.5	25.0	37.5	50.0	62.5	75.0	87.5	100
Hegman	读数	8	7	6	5	4	3	2	1	0

我国国家标准《涂料细度测定法》(GB/T 1724-79(1989))规定了测定漆浆和漆的细度的方法。

2.1.3 漆浆的调稀 任何色漆在试制阶段就要确定满足给定规格要求的最合适的涂料类型,然后制订这种涂料的配方以便能适当地施工应用,再进一步制订漆浆(色浆)配方以便为该涂料生产出均匀的颜料分散体。把研磨好的漆浆分散体进一步用溶剂和(或)基料稀释,制得可在底材上满意地施工的涂料。在涂料的制造加工和应用的各个阶段，人们对调稀工序了解得最少，常常忽略，往往会造成调稀（配漆）上的故障。调稀困难基本上是由于研磨漆浆（色浆）和调稀漆料大不相同所致。

涂料制备的主要目的是要获得均匀混合的涂料，这意味着不仅颜料要形成良好分散体系，而且基料也要形成良好分散体系。如果调稀方法掌握得不当，会发生局部区域沉淀（树脂析出），造成基料从漆浆的颜料中抽出而发生凝聚等。

为避免产生调稀时的故障，建议注意下列几点：① 在强烈混合条件下，调稀漆料或溶剂以微小增量缓缓加入到漆浆中；② 防止稀释料和漆浆间温度和（或）黏度过高或过低；③ 调稀漆料组成与研磨漆料组成方面的差异不要太大；④ 富含溶剂的漆料相中要配以任何混合溶剂的弱溶剂。

2.1.4 单色浆的生产 由于色漆中所用的颜料常常有几种，其分散性能不一样，有的容易分散（如钛白、柠檬黄等），有的较难分散（如碳黑、铁蓝等），而且各种颜料的杂质含量也不一样，如果不加区别地混合在一道研磨分散（常叫复色轧浆）势必造成难分散的颜料影响容易分散的颜料，杂质含量多的影响比较纯净的颜料，结果造成色浆产量下降，消耗增加，质量下降；因此，采用分色轧浆，用几种单色浆配复色漆较为合理。例如，A04-9 251淡绿氨基烘漆需要用柠檬黄加少量铁蓝配成，需要两只单色浆：

——50％柠檬黄浆 501柠檬黄50,344-2醇酸40,二甲苯10；

——20％铁蓝浆 522A青光铁蓝20,344-2醇酸60,二甲苯16,锌燥液4。

但是，一般底漆由于对研磨程度及颜色外观要求较低（与面漆比），往往将几种颜料、填充料混合成一种底漆色浆（实际上是复色轧浆）进行研磨分散好，再加入少量漆料、溶剂、助剂调配而成。如铁红环氧酯底漆浆配方见表5-6。

表5-6 铁红环氧酯底漆浆配方

材 料	199氧化铁红	含铅氧化锌	滑石粉	619环氧酯	二甲苯
比例/%	22.8	12.2	17.8	38.6	8.6

对于含低沸点溶剂的漆料催干剂一般在研磨时不加入,以防止漆浆结皮及溶剂损耗,这一原则对于面漆及底漆的配制都是适用的。

至于单色浆的组成(颜料、漆料及溶剂的相互比例),是根据选用的研磨分散设备及颜料、漆料的性质来确定的。例如,对于三辊机研磨中油度醇酸树脂和颜料组成的色浆,每公斤颜料所需树脂的公斤数(树脂的固体分为 55%)见表 5-7。

表 5-7　每 kg 颜料所需树脂　　　　　　　　kg

材料	硬质炭黑	钛白	锌钡白	铁蓝	铁红	酞菁蓝	淡铬黄	滑石粉	轻质碳酸钙
质量	3.5	0.8	0.5	2.0	0.67	9.0	1.0	1.0	1.2

对于砂磨机,色浆的黏度比较低,在 100～1000 mPa·s 范围。根据颜料在漆料中的分散原理,漆料的黏度愈低,愈有利于对颜料的润湿分散。例如,醇酸树脂在固体分 5%～15% 时对颜料的润湿效率最高。但颜料在这种低固体含量的树脂溶液中无法形成稳定的分散体系,设备磨损也比较严重,因此在实际生产中是不宜采用的。实践证明,醇酸树脂溶液最适宜浓度在 20%～40%,这时研磨分散效率最高,而制得的漆浆稳定性也好。

对砂磨机适用的研磨色浆也适用于卧式及立式球磨机。

对于经过表面处理的超细颜料(如进口的某些钛白粉)及不适于用砂磨、球磨及辊磨分散的品种(如灰云母氧化铁等),可以经高速分散机(高速搅拌机)直接分散成色浆或色漆制品。

在大多数情况下,高速分散机还是作为砂磨机及三辊机的预混合设备使用,此时漆浆组成只要符合砂磨机和三辊机的要求就可以了。至于球磨机,可不经过预混合工序直接投料到球磨机中。对有的难研磨色浆(特别是炭黑浆、铁蓝浆),往往先经过球磨机研磨后再用砂磨机研磨。

对于某些色浆,由于颜料返粗、有漆皮等粗粒等,常常无法用砂磨机、三辊机研磨到规定细度,这时常用单辊机进行研磨和过滤。

2.1.5　研磨分散用设备

(1)高速分散机　高速分散机是涂料用分散设备中结构最简单的一种,它可以和砂磨机、三辊机配合使用,用作颜料的预混合设备,也可以作为超细颜料的分散设备。

高速分散机的结构是借电动机的转动经过无级变速后带动主轴以一定的速度转动(可有快慢几档速度,如 420 r/min,720 r/min,960 r/min,1200 r/min,1450 r/min),主轴下端有一分散叶轮,叶轮的高速旋转对物料产生混合和分散作用。高速分散机的机头可借助于液压升降并可绕立柱作 270~360°的旋转,因此一台分散机可配备 3~4 个预混合槽,交替操作。分散叶轮是高速分散机的关键部件,在叶轮的圆周边缘上交替弯出锯齿形,倾斜角为沿切线方向成 20~40°,每个锯齿在高速旋转下可产生强冲击作用。叶轮的线速度一般推荐为 20~60 m/s。设叶轮直径为 D,则混合罐体直径为 2.8~4.0D,料的深度为 2~5D,叶轮距桶底的距离为 0.5~1D;一般预混合时取下限,在用作调漆时取上限。

高速分散机的优点是结构简单,操作维护保养容易,使用灵活,预混合和配漆均可使用,生产效率高,特别是随着新型分散设备(如双轴双叶轮高速分散机,快慢轴轮翼高速分散机等)的出现,其应用范围日益扩大。

使用高速分散机进行预混合,一般先开慢速,将颜料逐渐加入漆料中,加完后几分钟,再使用高速档,进行分散混合。对于色浆,分散叶轮的最佳线速度大约 27 m/s,漆料黏度 100~400 mPa·s,加入颜料后漆浆黏度可达 3000~4000 mPa·s,在这种条件下工作有利于提高工作效率。

高速分散机分散时间约 20 分钟,叶轮容易损坏,应随时更换。高速分散机严禁空车运行,应保持慢速启动,慢速停车。

(2)三辊磨(三辊机)　在砂磨机出现以前三辊机是一种比较常用的研磨设备。它由 3 个钢辊组成,装在一个机架上,电动机直接带动。一般辊子的中部直径微大于两端直径,形成弧线形。辊子间的转动方向不同,前后辊向前转动,中辊向后转动,转速比有 1:2:4 或 1:3:9,前辊快,后辊慢,中辊速度固定。前后两辊装在滑道上,有弹簧装置,用顶丝或油压调节前后辊与中辊的距离。各辊中心是空的,可通水进行冷却。在前辊上安装刮刀盘与刮刀。

在后辊与中辊之间装有挡板,将色浆加在上面时可防止色浆外溢。三辊机转动时,色浆通过两条分散线(后辊与中辊之间的狭缝线与中辊与前辊之间的狭缝线)使颜料粒子团均匀地分布在研磨介质之中,也就是起到色浆中的颜料团分散为细小粒子的作用。

由于中间辊与后辊之间构成第一条分散线(加料沟),中间辊与前辊之间构成第二条分散线。为了合理利用这两条分散线,应用刮刀刮下辊面上的色浆,并调节第一条分散线间距要大于第二条分散线的间距,这样才能充分发挥其研磨效率。

(3)单滚磨(单辊磨,单滚机) 单滚机是一种效能较高的色漆分散设备,它由 5 个主要部件组成,即辊筒、楦梁、自动刮刀、油压设备和传动设备。它们之间的机械运动完成了颜料浆的分散作用。

楦梁具有不同角度,与辊筒形成"咬口"也不同。一般角度有 5°、10°、15°、20° 4 种。辊筒还有横向运转装置,增加研磨的均匀性。楦梁将形成第一分散面、压力槽、回流口和第二分散面。

常用的单滚机辊径 400 mm,长 660 mm,转速 210 r/min,附有冷却水管通入辊筒中心。

单滚机既可分散颜料浆,还可以过滤色浆,只要调整楦木梁和油压即可产生不同作用。一般用 20°楦梁与辊筒形成两个分散面产生研磨作用。

(4)砂磨机 砂磨机是 20 世纪 50 年代发展起来的新型分散设备,我国在 20 世纪 60 年代引进使用然后国产化。由于砂磨机体积小,可连续高速分散,效率高,结构简单,操作方便,因此得到迅速推广使用,在相当程度上代替了三辊机和球磨机在涂料生产中的地位;但砂磨机不适于加工难分散的颜料(如炭黑、铁蓝),更换颜色比较困难,灵活性不够,只适于低黏度漆浆,冷却效果较差,操作温度高,溶剂挥发量大,操作环境受到污染,噪声较大。对于腻子,厚浆型涂料还是要用三辊机研磨分散。

最早应用的是敞开式立式砂磨机,其机体结构基本上由供浆泵、研磨筒体、主轴、分散盘平衡锤、顶筛、电机和机架等部分组成。在筒体内装入直径为 1~3 mm 玻璃珠作为分散介质(也有用天然砂、刚玉、瓷珠、锆珠的)。装填量为筒体容量的 50%~60%。

立式砂磨机的主轴上按一定的间距装有 8~10 个分散盘(最下端为保持主轴平稳运动的平衡锤)。分散轴由主电动机带动做 1000~1500 r/min 的高速转动,从而使筒内分散介质剧烈运动,同时将预混合好的色浆从送料系统由底部输送进筒体内。漆浆和分散介质的混合物在作上升运动的同时,回转于两个分散盘之间做高度湍流,颜料聚集体和附聚体在这里受到高速运转的分散介质的混合物上升到顶筛时,分散介质为顶筛截留,漆浆溢出,从而完成一次分散。因漆浆受到剪切和冲击作用时会引起温度升高,因此研磨筒体设有冷水夹套,通水进行冷却。

砂磨机的分散效率和分散盘转速成正比;但速度太高增加能耗及设备磨损,一般采用 $800\sim1000$ r/min。设筒体直径为 $D(mm)$、分散盘直径 $d(mm)$,则 $D/d = 1.1\sim1.5$,$D-d = 40\sim100$,分散盘距 $H = 0.2\sim0.4d$,筒体长度 L 为 $4\sim5D$。

研磨介质的品种有石英砂、玻璃珠、刚玉瓷珠、人造玛瑙、锆珠等。国内早先多用玻璃珠,直径 $1\sim3$ mm,装填量为筒体容积的 $50\%\sim60\%$;现在常采用锆珠。

立式密闭砂磨机是在开启式砂磨机原来顶筛位置放置了双端面密封箱,使砂磨机可以完全密闭在不超过 0.3 mPa 压力下操作,因而可以加工较高黏度的色浆,消除溶剂污染及损失,顶筛在密封圆室内不易结皮。

卧式密闭砂磨机系 20 世纪 70 年代新产品,它的特点是砂磨机的主轴和研磨筒是水平安装的,电机置于筒体下方,结构紧凑,所占空间较小;出料系统用动态分离器代替顶筛,使用结构简化,拆洗方便。该机也是密闭加压操作,它除了具备立式密闭型砂磨机的优点外,还具有装砂量大(筒体容积的 85%)、分散效率高、拆卸方便、适应多品种生产、分散介质在筒体分散均匀等优点,研磨水性色浆不易产生泡沫。

双轴砂磨机在同一研磨筒体内装两根主轴和两套分散盘,分散效率提高较大,而能量消耗较低。

篮式砂磨机是近年来发展起来的一种新型砂磨机。它是将研磨漆浆置于搅拌桶内,将装有研磨介质及搅拌刀的篮子深入漆浆中进行研磨分散。篮式砂磨机在主轴下部装有一个篮子,内装有 1.5 mm 的玻璃珠,底部装有搅拌刀,主轴及篮子可以依靠机器立柱的油压活塞自由升降。与分散机配套的有专用搅拌桶,搅拌桶的筒体及底部有冷却水夹套,冷水由下部通入,从上部流出,筒底部装有放料阀门。当分散作业时,将研磨料置于搅拌桶内,然后将篮子浸入漆浆中。开动电机令主轴由慢到快开始运转,通过搅拌刀的作用,使漆浆呈流动状态,由篮子的顶部进入,由底部及侧面流出,不断循环。漆浆循环一次受高速湍流运动的研磨介质作用而得到强有力的研磨分散,分散过程中所产生的热量由夹套冷水带走。篮式砂磨机适合小批量多品种的产品生产,更适合于分散要求着色力高和粒径均匀的产品,而且生产效率高,损耗小,清洗方便,因此篮式砂磨机一经问世便在小批量多品种产品及小批量专用漆浆生产中得到广泛应用。

(5) 球磨机　球磨机是古老的涂料研磨设备,按其结构和工作方式分卧式球磨机和立式球磨机,以前者应用较普通。

卧式球磨机有一个水平安装在轴承上的磨筒,它可以是钢制的,也可以是钢制衬石壁的。筒内装有瓷球或鹅卵石,作为研磨介质。筒体上开有投料口和出料口。当电机运转时,通过减速器减速,皮带传动(同时进行第二次减速)驱动磨筒绕其轴线做旋转运动,这时磨筒内的研磨介质被向上提起;然后呈倾流状态边滚边滑而下,球体相互碰撞和摩擦,进行冲击与剪切作用,使颜料大颗粒解聚集并有一定的粉碎作用。与此同时,球磨机里的漆浆处于高度湍流状态,使颜料得到分散。

卧式球磨机的优点是:① 不需要预混合,可把颜料,漆料投入球磨机内同时进行混合,分散作用;② 密闭操作,溶剂不会挥发掉,适于高挥发分色浆加工;③ 适于所有颜料的色浆分散,对于易返粗难分散的颜料(如炭黑、铁蓝)更有独特效能;④ 操作简单,管理方便,维修量小,除投料出料操作外,正常运转时不要人员操作。

卧式球磨机的缺点是操作时间长,起码 1 天;每批色浆不易放尽,换颜色品种困难;噪声大;不能加工较黏稠的色浆等。

立式球磨机也叫摩擦磨,其结构比较简单,主要部分是圆柱形的带夹层的研磨筒体和搅拌器。搅拌器通常为棒状,分数层辐射状垂直焊接在搅拌轴上,搅拌轴转速为 $60\sim250$ r/min,筒内装 $4\sim6$ mm 直径的研磨球体。

立式球磨机中球体间的碰撞和摩擦动力来自机械搅拌,其能量远远超过同样球体以倾流状态下落的能量,并且在立式球磨机中不是部分而是所有球体都处于碰撞和摩擦之中,因此,其研磨分散效率远远超过卧式球磨机。

立式球磨机生产效率高,仅次于砂磨机。它可以用以分散各种颜

270

料和填料包括那些难以分散的颜料和填料。立式球磨机适应的漆浆黏度范围较宽,约为 $400 \sim 2500$ mPa·s,并且可以连续操作;但噪声大,换品种不太方便。

2.2　配漆(调漆)

2.2.1　清漆　清漆(纯油性清漆习惯上叫清油、鱼油)的配制比较简单,不需要研磨色浆和调配颜色,只要将配方中所列的合成树脂(漆料)品种、溶剂和助剂加入调漆槽中搅拌均匀,经过过滤进行包装(装听)即可。清漆用作面漆,或罩在色漆面漆上作为罩光漆,提高光泽及保护性。

配制清漆的漆料(合成树脂)可以是一种,也可以是两种或多种。调配清漆时,先将黏度较大的一种漆料加入调漆槽中,在搅拌下逐渐加入另一种黏度较小的漆料,继续加入溶剂、助剂调整黏度(有时还需制备样板测试某些性能)。

调配清漆的设备和下面所述调配色漆的设备是相同的,采用带搅拌器的混合槽,材质以不锈钢为佳。调漆设备由搅拌装置和容器两部分组成。两者成为一个整体的为固定式调漆釜,两者分开的调漆设备。多为搅拌装置固定,容器可移动(一般称为拉缸)。这种调漆设备的转速通常配无级调速,高速时具有强烈的分散、剪切作用,低速时具有很好的混合功能。在做调漆用时,转速宜选中低转速。对含有乳液的涂料品种可能会产生破乳现象,需选较低的转速。

对于固定式调漆设备,主要采取上搅拌形式,而少用下搅拌形式。搅拌桨形式可分为折叶桨、涡轮桨、锯齿盘桨、锚(框)桨和螺旋推进桨等,搅拌转速大多为 $50 \sim 100$ r/min。

色漆过滤设备早期常用 $80 \sim 150$ 目的罗筛,GZS 型调频振动筛,还有挂滤袋过滤。常用的是尼龙单丝滤袋,标注的过滤细度为 $80 \sim 800\ \mu m$。两种常用滤袋的过滤面积为 $0.25\ m^2$ 和 $0.5\ m^2$。袋式过滤器也称 KL 型滤袋过滤器,因其过滤元件为滤袋而得名。涂料过滤常用规格为 $5\ \mu m$、$10\ \mu m$、$15\ \mu m$、$25\ \mu m$、$40\ \mu m$、$50\ \mu m$ 等几种。

滤芯过滤器的过滤元件是滤芯。涂料行业最初使用纸质滤芯(纸芯)过滤漆料和清漆。色漆过滤一般只在对袋式过滤器质量不满意时才选用滤芯过滤器,要用更好的滤芯。目前常见的滤芯有短纤维烧结滤芯,复合纤维滤芯和缠绕滤芯。

色漆过滤目前采用的过滤设备主要为高频振动筛、滤袋过滤机和滤芯过滤机。

2.2.2　色漆　色漆的生产过程比清漆复杂一些,包括漆料(合成树脂)与颜料的预混合、单色浆的研磨(有时也采用复色浆研磨)、调漆(配漆)(其中重要的一环是配色)、过滤包装。

色漆按其施工应用的配漆性可分为头道底漆(底漆、防锈底漆)腻子、二道底漆、封闭漆,面漆、罩光漆等。

头道底漆直接涂在物面上,对表面有很好的附着力,涂膜坚牢,机械强度高。涂膜表面是较为粗糙的毛面,易于和上面的涂层结合,为上面涂层提供良好的附着基础,同时对金属表面有一定的防锈作用。防锈漆是头道底漆的一种,它具有优于一般底漆的防锈性能。

腻子、二道底漆和封闭漆都是涂料施工配套的中间涂层。腻子表面粗糙,经过打磨后往往有细小的针孔。二道底漆是作为填平腻子针孔用的,它在涂装及干透后也要打磨平整。装饰性较高的涂层在涂面漆之前还要涂一道封闭漆,填平上述两道底漆打磨所遗留的微小痕迹,以得到满意的平整涂层。

面漆在整个涂层中发挥着主要的装饰作用与保护作用,决定涂层的耐久性等。面漆根据其涂膜外观的光泽及装饰性可分为厚漆、调和漆磁漆(自干型与烘干型,有光、半光、亚光、平光或无光)、美术漆(锤纹、皱纹、透明漆等)、金属闪光漆等。

(1) 厚漆及腻子　厚漆是油性漆中的半成品,呈厚浆状,使用时还必须加入清油(漆料)、催干剂溶剂调配稀释后,才能施工应用。现在已基本上不生产这个品种。生产厚漆采用聚合油加少量着色颜料及大量填充料,先在边碾机(缘滚机)内预混合,再在三辊机上研磨,直接装听包装。

腻子也是厚浆状物质,生产方法与厚漆相似,品种有油性腻子、醇酸腻子、环氧酯腻子、不饱和聚酯腻子等。

(2) 调和漆及磁漆(自干漆及烘漆)　厚漆使用起来比较麻烦,在这个基础上,减少填充料(甚至不用填料),增加着色颜料及漆料,预先配制成较稀薄的黏性液体,这就是调和漆。调和漆在光泽、硬度、耐水性、装饰性方面仍不够。利用新型的树脂漆料,生产出具有像瓷器一样光泽及外观的涂料称为磁漆(实际上应叫做瓷漆、误说为磁漆)。

无论是调和漆及磁漆,对颜色要求较严格,即颜色差别(色差)在每批产品之间应尽可能小,往往采取一定的标准(标准色卡或标准样板);对颜料的研磨程度要求也比较高,也就是前文所述采用分色研磨单色浆(少数情况下也采用混合颜料的复色浆)。

在单色浆生产完成以后,利用各种单色浆加漆料、溶剂、助剂调配成一定颜色的调和漆或磁漆,其调漆用设备与调配清漆一样,这里多一个环节——配色(调色)。单色漆只有一种色浆,问题比较简单;而复色漆则必须根据标准色卡(标准色板)仔细配色,达到要求的色差范围(有时根据颜色订出色差范围,即采用两块色板,一块较深,一块较浅,要求配制的颜色在两者之间)。

配制时,先在配漆槽中加入各种单色浆,先加配方中用量大的色浆,再逐渐加入用量小的色浆;再在强烈混合搅拌下加入各种漆料,先加黏度大的,再加黏度较小的,搅匀后,再在搅拌下加入溶剂(有几种溶剂,有时需预先混合加入)、助剂、用量很小的色浆是用来调整色相的,更要仔细控制加入量;然后边加色浆,边进行配色,与标准色卡(或标准样板)比较。比较颜色时,将色漆涂在样板(一般多采用 5 cm×12 cm 的马口铁皮,厚约 0.3 mm)稍加干燥(气干或烘干),再与标准色卡从上、下、左、右不同位置上进行比较。在颜色接近后,调整色漆黏度,测定细度,必要时还要制样板测定涂膜性能;完全合格后,过滤、装听、入库。

除了人工目测配色外,现在还出现仪器测色,如电脑测色仪与电脑配色仪。它们都是由可见光分光光度计、计算机以及颜色质量检测软件和调色软件等组成,可测出色漆颜色与样板之间的色差 ΔE,一般要求 $\Delta E \leqslant 2$(个别情况$\leqslant 0.5$);最好再辅助用人工目测,二者结合更为准确可靠。

2.3　色漆配方拟定

2.3.1　基料的选择　基料是涂料中主要的成膜物质,它对涂料的性能起着主要的作用。基料(成膜物质)为不同的色漆提供不同的涂膜性能。例如:酚醛树脂漆漆膜坚韧光亮,耐水性好,但易泛黄;醇酸树脂漆光泽,附着力、耐久性均佳,但耐水及耐碱性不好,与烘漆相比涂膜较软,氨基烘漆就比醇酸漆性能更好些,宜作工业涂料用;环氧树脂漆附着力、耐化学性好,宜作为底漆及耐腐蚀性,但不宜用于室外;而丙烯酸树脂漆相对保光保色性好,聚氨酯漆具有优良的综合性能,但芳香族聚氨酯易黄变,不宜用于室外,而脂肪族聚氨酯耐黄变可用于室外;氟碳树脂漆由于 C—F 键键能强,不容易被紫外线破坏,从而表现出超常的耐候性。

此外,基料的类型还决定着色漆的干燥方式和施工方式。色漆干燥方式可分为氧化聚合成膜(即空气自干型)烘烤聚合成膜、双组分反应交联成膜(自干及低温烘干)、挥发成膜及紫外光固化成膜等。如醇酸漆可以刷涂也可以喷涂,而氨基烘漆、硝基漆宜用喷涂方式施工。

基料的不同也对整个色漆的成本起着重要的作用,而性能和成本的综合考虑则决定产品的应用价值。在满足技术性能要求的前提下尽量降低产品的原料成本是色漆配方设计时需要考虑的问题。

选择基料应从下列几个方面进行考虑:

● 所得涂膜的基本物理化学性能,如光学性能、化学性能、力学性能、耐老化性、贮藏稳定性等;

● 干燥方式、干燥条件及干燥时间;

● 漆料中成膜物(或固体分,不挥发分)的类型及百分含量;

● 成膜物质在溶剂中的溶解性及两种以上漆料间的互容性;

● 漆料中溶剂(或挥发物)的类型及百分含量;

● 漆料对颜料的润湿性;

● 成膜物(合成树脂)中各种活性官能基的类型及数量,如酸值、羟值、异氰酸根含量、环氧当量、胺值、活泼氢当量等;

● 漆料的其他性能,如细度、黏度等。

2.3.2 颜料的选择 颜料是色漆配方中不可能缺少的组分,色漆中使用颜料不仅使涂膜呈现必要的色彩,遮盖被涂的底层表面,以及使涂膜提高保护功能及呈现装饰性,特种颜料还可以赋予色漆涂膜以特殊功能。

颜料的表观性能——如颜色、遮盖力、着色力与消色力、吸油量、润湿分散性、耐光性、耐候性、耐热性、耐水性、密度、无毒无公害性等——是我们设计色漆配方、选择颜料品种入配方时考虑问题的依据。

在选定了颜料品种后,确定颜料用量就是实现产品最佳性能的重要因素。用颜料体积浓度(PVC)更能反映色漆性能变化;也常简单地使用颜基比(P/B),它是指颜料(包括填料)和不挥发的基料固体分之间的质量比例关系。

通常面漆的颜基比约为$(0.25\sim0.9)/1$,而底漆颜基比多在$(2.0\sim4.0)/1$;相应的 PVC,面漆 5%～20%,底漆 PVC 30%～50%。例如,对于有光醇酸磁漆,黑色 PVC 2%～3%,绿色 8%～10%,白色 16%～18%。

油脂漆、天然树脂漆、酚醛树脂面漆中使用少量填料,合成树脂漆中一般不用填料。半光面漆和平光面漆(无光面漆)需要消减光泽,可采用增加体质颜料(填料)和使用消光剂两种办法,或者二者同时使用。

用于底漆的着色颜料品种不多,常用的有 A 型钛白粉、氧化锌、含铅氧化锌、立德粉、铬黄、锌铬黄和氧化铁红等。

头道底漆是底漆中用途最广用量最大的一种。在头道底漆中着色颜料的加入量以满足一道涂层能完全遮盖住底材为依据,也即使用量与颜料的遮盖力通常相当于 PVC 20%以下,其他颜料分则用增加保护功能的颜料及填料补足。滑石粉的针状和纤维结构能增进底漆的附着力、冲击强度和柔韧性;沉淀硫酸钡可以增进漆膜坚实性,提高机械强度;重质碳酸钙可降低成本,应注意含水量及碱性;总的 PVC 一般在40%～50%。

腻子中颜料分高,成膜物质少,成品为膏状物,一般采用刮涂的方法制成厚涂层(有的可厚达 500 μm,一般涂膜仅为 20～60 μm)。腻子常用较粗的 200 目滑石粉和粗糙的重质碳酸钙等,这样有利于腻子底面全干;盲目地用细填料代替粗填料,反而效果不好。腻子中填料的主体是重质碳酸钙,少量加入一些轻质碳酸钙以便干后的腻子膜硬而爽,易于打磨。着色颜料的使用仅使腻子膜具有需要的颜色和遮盖力,如铁红、钛白粉、炭黑常用于铁红色和灰色腻子中。

中涂漆(二道底漆)配方中颜料含量比头道底漆多比腻子少,在选择着色颜料时通常采用对面漆比较适宜的颜色,通过它对底层的遮盖使颜料体积浓度较低的面漆显示出较好的遮盖力。除着色颜料外,其余组分用滑石粉、轻质碳酸钙等填料补充。中涂漆总的 PVC 一般为40%～60%,P/B,(3～5)/1。

防锈漆是头道底漆的一种,特点是具有优于一般头道底漆的防锈性能。通常使用的物理性防锈颜料有铁红、铁黄、铝粉,云母氧化铁等。属于化学防锈颜料有铅系颜料、锌系颜料、铬酸蓝颜料、磷酸盐颜料(主要是磷酸锌和三聚磷酸铝)。除防锈颜料外,还用填料,如滑石粉、碳酸钙,重晶石粉沉淀硫酸钡。在防锈漆中防锈颜料一般不低于总颜料填料量的40%;对防锈性能要求高者,含量高达70%,填料仅占30%左右。

封闭漆都具有低黏度的特点,以保持对其下面的涂层或底材有较强的渗透能力,强化了黏结封闭作用。封闭中间层常常省去颜料,即使用少量着色颜料(有时也用一些超细填料)用量也是相当低的。封闭底漆常常使用含有低PVC的着色颜料和填料的色漆配方,这样能起到封闭层和底漆的双重作用,也就是说它们能够充分流动渗入和强化底材表面,涂膜又具有适当的固体体积,能有效成膜。需指出,用在混凝土表面及地坪表面的封闭漆都是用清漆,与此处封闭漆的概念有所不同。

2.3.3 溶剂的选择 溶剂在色漆组成中虽然不是一种永久的组分,最后都挥发到大气中,但溶剂对成膜物质的溶解力决定了所形成的树脂溶液(漆料)的均匀性、漆液的黏度和贮存稳定性。在色漆涂膜干燥过程中,溶剂的挥发又极大地影响了涂膜的干燥速度、涂膜的结构和涂膜外观的完善性。同时,溶剂的黏度、表面传力、化学性质及其对树脂的溶解力以及溶剂的安全性、对人体毒性都是选择溶剂时需要考虑的问题。

在涂料工业中,溶剂的溶解力是指溶剂溶解成膜物质而形成均匀溶液的能力。一定浓度的树脂溶液形成的速度,一定浓度溶液的黏度以及溶剂之间的混溶性,是设计色漆配方时选用溶剂首先考虑的问题。目前判断溶剂对高分子聚合物溶解能力大小的理论与方法大致有3种,即极性相似的原则、溶解度参数相近的原则及溶剂化原则。

在当今的各类涂料中,已大致根据经验就可以确定采用哪些溶剂作为色漆配方。

影响树脂溶液黏度不仅是溶剂对高分子树脂的溶解力,还有溶剂自身的黏度。溶剂自身黏度相差1 mPa·s,会使树脂溶液的黏度相差几百甚至上千个mPa·s,因此,在选择溶剂时除了选择溶解力好的溶剂外,还要注意选择黏度较低的溶剂。常用溶剂的黏度(20℃ mPa·s)见表5-8。

干燥涂膜是在溶剂挥发过程中形成的。在这个过程中,溶剂的作用是控制涂膜形成的流动特性。如果溶剂挥发太快,那么涂膜既不会流平,也不会对基材有足够的润湿,因而不能产生很好的附着力。挥发过于迅速的溶剂还会导致由于迅速冷却而使湿膜表面的水蒸气冷却而造成涂膜表面发白(如在硝基漆施工中产生的现象),严重者甚至影响

276

正常喷涂成膜。如果溶剂挥发太慢,不仅会延缓干燥时间,同时涂膜会流挂而变得很薄。如果溶剂组成在挥发过程中发生不理想的变化,就会产生树脂的沉淀和涂膜的缺陷。因此,溶剂的挥发速率是影响色漆施工质量及涂膜质量的一个重要因素。在选择溶剂时要根据施工方法、气候和环境选择挥发速率适宜的溶剂或混合溶剂。

表 5-8　常用溶剂黏度(20℃)　mPa·s

溶剂名称	黏度	溶剂名称	黏度	溶剂名称	黏度
间二甲苯	0.579	异佛尔酮	2.62	乙二醇丁醚	3.15
S-100	0.80	环己酮	2.20	二甘醇乙醚	3.85
S-150	0.10	二丙酮醇	2.90	二甘醇丁醚	6.49
S-200	2.80	醋酸乙酯	0.449	正丁烷	0.32
乙醇	0.5945	醋酸丁酯	0.734	乙二醇乙醚醋酸酯	1.025
正丁醇	2.95	醋酸异丁酯	0.697		
异丁醇	3.95	醋酸正戊酯	0.924	乙二醇丁醚醋酸酯	1.80
仲丁醇	4.21	醋酸异戊酯	0.872		
丙酮	0.316	乳酸丁酯	3.58	正庚烷	0.409
丁酮	0.423	乙二醇乙醚	2.05		

对于混合溶剂还要保持溶剂平衡。溶剂平衡是指涂料在成膜过程中混合溶剂的各组分挥发速率要与溶剂组成保持对应;换言之,从涂膜中逸出的混合溶剂蒸汽的组成和混合溶剂的组成要大体保持一致。

在涂料中表面张力是个重要的指标,低表面张力的漆料和低表面张力的色漆无疑是有益的,它有利于树脂溶液对颜料的润湿和漆液对底材的润湿,减少涂膜缺陷。色漆配方中的成膜物质表面张力都比较高(32~61 mN/m),而各类溶剂表面张力相对比较低,因此在色漆配方中尽量选用低表面张力的溶剂是降低漆料和色漆表面张力一条重要途径。特别是在高固体涂料中,由于配方中溶剂含量少,所以严格选用显得更为重要。各类溶剂的表面张力见表 5-9。

表 5-9　各类溶剂表面张力　mN/m

溶剂	醇类	酯类	酮类	乙二醇类	乙二醇醚酯	脂肪烃	芳香烃	水
表面张力	21.4~35.1	21.2~28.5	22.5~26.6	26.6~34.8	28.2~31.7	18.0~28.0	28.0~30.0	72.7

2.3.4　助剂的选择　为改善色漆的加工性能、贮存性能、施工性能的和涂膜的性能,在色漆配方中经常使用各种涂料助剂,也称涂料添加剂。例如:为改善漆料对颜料的润湿性能,提高颜料在漆料中的分散速度而使用润湿剂、分散剂;为防止氧化干燥型色漆在贮存时表面结皮而使用防结皮剂;为防止色漆贮存时颜料沉淀结块而使用防沉剂;为促进氧化聚合型色漆干燥速度而使用催干剂;为改进涂膜状态和性能而采用流平剂、消泡剂、防浮色发花剂、消光剂、紫外光吸收剂、光稳定剂;等等,目前,各种涂料助剂品种很多,如德国 Byk 公司、Tego 公司、荷兰 EFKA 公司、中国台湾德谦公司以及华夏助剂、海川助剂、长风助剂等,都有详尽资料介绍其产品用途、用法及用量。

色漆配方中选择和使用涂料助剂的几点基本原则问题如下:

——助剂是色漆配方中不可缺少的重要组分,但是一定要注意是在色漆整体配方(包括漆料、颜料、溶剂品种和数量)设计的基础上选用适当的助剂,以进一步完善其加工、贮存、施工及涂膜性能。

——几乎所有的助剂在发挥其相应功能的同时都有一定的副作用,如防结皮剂会影响干性,触变型防沉剂会影响流平性与光泽等,使用不当会带来不良后果,故须用量适当。生产实践中也可以采取一些保证措施,如使用甲乙酮肟时事先可用二甲苯将其稀释成40%～50%的溶液,使用低浓度的溶液加料可减少相对误差。

——要充分了解不同助剂的具体使用要求,在配方或工艺规程中予以明确规定,以保证助剂在色漆中充分发挥其实际作用。如:低黏度甲基硅油须配成1%二甲苯溶液在色漆中使用,否则起不到防浮色发花作用;防结皮剂和催干剂一定要分别加入色漆中,即前一种助剂搅拌均匀后再加入另一种助剂,否则二者的作用都会下降;有机改性膨润土制成凝胶后再在色漆中应用才能充分发挥其防沉作用等。

——任何助剂的选用都要注意具体问题具体分析,解决某一问题要兼顾左右。如需考虑:分散剂往往对特定的颜料甚至在使用特定的研磨分散设备时才能充分发挥作用;防结皮剂对于不同的漆料需要选用不同的品种;选用硅酮类流平剂将会影响上面涂膜的附着力;等等。

——使用助剂纳入色漆配方时,都需要通过实验证明后再做品种及数量的最终决定。

2.4　涂料的配色

根据使用要求,涂料应具有各种颜色:有的颜色只需要一种颜料,这是单色漆,不需要配色;多数颜色需要两种颜料按一定比例混合,得到不同的中间色,中间色与中间色混合或中间色与各种单色再混合又可得到复色。复色漆及中间色漆都需要在配方中进行各种颜料的搭配,在制造色漆时都要进行配色。

2.4.1　物体的颜色　颜色是光刺激眼睛而产生的一种感觉。人的眼睛只能感受波长为 0.4～0.7 μm 的可见光(白光),因此,色漆漆膜的颜色是指涂膜在日光(即白光)照射下所呈现的颜色。白光是由红(0.76～0.63 μm)橙(0.63～0.60 μm)黄(0.60～0.57 μm)绿(0.57～0.50 μm)青(0.50～0.45 μm)蓝(0.45～0.43 μm)紫(0.43～0.40 μm)7种单色光组成的。

如果一个物体表面把照射在它上面的白光中所有组分全部反射出来时,则物体呈白色。而白光中的所有组分都以同样的程度被物体吸收时,物体则呈灰色。被吸收的光量越大,灰色越深,全部吸收便呈黑色。由白—浅灰—中灰—深灰—黑色一系列颜色便构成了颜色(颜料)的一类——非彩色(消色)。

如果白光照射在物体上被有选择地吸收,即吸收了某些波长的光而反射了其余的光,则物体便会呈现那部分反射光的颜色。如红光被吸收物体呈蓝绿色,绿光被吸收物体呈红紫色;黄光被吸收物体呈蓝色,反之当蓝光被吸收时物体呈黄色。组成白光的各组分被选择吸收的结果,使物体呈现出红、橙、黄、绿、青、蓝、紫各种颜色,这便构成了颜色(颜料)的另一类——彩色。

我们可以按照颜色的3种重要特性——色调、明度和彩度来标明颜色的特性和区分颜色的差别。色调是表示物体颜色在质的方面的特性;明度表示在量的方面的特性;彩度是表示颜色是否饱和纯洁的一种特性。物体反射出的光线的单色性越强,物体颜色的彩度值越高。例如,以蓝—中蓝—浅蓝—天蓝—浅天蓝—白的顺序,单色性越来越低,即彩度由大到小,掺入的白色越多,彩度越低,低到一定比例,就变成非彩色——白色了。

两个颜色如果色调、明度和彩度都相等,我们就说这两个颜色是完全相同的;如果这3个特性参数中的任何一个有差别,则两个颜色便不相同。通常将两个颜色调节到视觉上相同或等同的方法称为颜色匹配,具体到涂料工业中便是复色漆的配制(配色、调色)。

颜色的匹配有两种不同类型:一类是颜色相加混合,即彩电的红绿蓝(RGB)三原色蓝加红呈紫,红加绿呈黄,蓝加绿呈青,红加蓝加绿呈白色;另一类是颜色相减混合,涂料、染料和彩色印刷的呈色属于这一类。既然色相加混合,用红、绿、蓝三色可以得到各种颜色,那么在相减混合中能控制住红、绿、蓝三色也能配制出各种颜色。为此目的,应用了相减混合的原色,它们分别是红、绿、蓝的补色(任何一个颜色的光和其补色的光相加为白色),即青、品红和黄三色。白光减红呈蓝绿色称为青色,白光减绿呈红紫色,白光减蓝呈黄色,它们分别控制红色、绿色和蓝色。这样,品红+黄=红,黄+青=绿,青+品红=蓝,品红+黄+青=黑。这样染料和彩色印刷等颜色匹配的三原色是品红、黄、青,而不是通常所讲的红、黄、蓝3种颜料来配色,增加了涂料配色的复杂性。

2.4.2 配色颜料的选择

(1)根据用户指定的涂料色卡或标准色色板,根据一般涂料工艺参考书中所列的复色漆颜料配比,或根据现有的颜色相近的色漆配方,初步估计是由哪几种基色配合而成的,找出几种相应于每种基色的合适颜料。

(2)确定所需要颜料的性能,可参阅颜料生产厂的产品说明书。

(3)用选定的颜料进行试验性配色(参阅后面的配色方法)。

(4)试涂样板,对比色卡或标准色板并测试涂膜的各种性能。

可供涂料使用的颜料按所呈的色彩可分为红、橙、黄、绿、蓝、紫、白、黑、金属光泽9种。随着有机颜料的发展,配色用的颜料更加丰富多彩。但同一种颜料类型中其色调,明度和彩度又有所不同。例如:铁红有紫红、黄、黑3种色调,铬黄有深、中、浅色3种,软质炭黑呈蓝色调的黑,硬质炭黑呈红色调的黑,酞菁蓝呈蓝、黄两种色调,钛白有蓝光、黄光、灰3种色调,铁蓝有红光、青光两种色调。同时,随色调或彩度的不同,其明度特性也会不同。因此,在配色时颜色的选择是相当重要的。如:使用黄色调的铁红就无法配出颜色纯正的紫棕色来;生产各种中黄磁漆时,若使用的中铬黄色调偏红时,即使加入少量钛白可以将红色调冲淡而不易辨出,但因其明度较低的红色仍存在于漆膜中,所以涂膜的明度降低,颜色、晦暗而不鲜艳;再如,铁蓝和酞菁蓝的色调和色卡或色板中的色调不符,是无法配出符合标准的颜色来的。

除了考虑颜料的颜色特性外,还应注意颜料的悬浮性、颗粒大小、着色力、润湿分散性等对调制复色漆的影响,否则会达不到配色的效果。

2.4.3　配色的原则　如前文所述,两个颜色只有色调(色相)、彩度(纯度、饱和度)、明度(亮度)三者都相同,这两个颜色才相同,否则只要其中一个特性不同,这两个颜色就不相同,因此,我们就可以通过改变颜色特性 3 个参数中的一个便可获得一种新的颜色。关于复色漆颜料配比可参考一般涂料工艺书中所列配方,也可以参考现有的色漆配方中各种颜色的颜料配比。

(1) 用红、黄、蓝三色按一定比例混合可获得不同的中间色。中间色与中间色混合或中间色与红、黄、蓝其中一种混合又可得到复色。如中铬黄加铁蓝得到中绿,甲苯胺红加中铬黄得到橙黄色,中铬黄加铁蓝再加铁红得茶青色(或军绿色),总之,这些颜色的获得是通过改变颜色的色调来实现的。实际上,色漆中使用的颜料远不止红、黄、蓝三色这 3 种,红色颜料有甲苯胺红、A220 大红、铁红、油溶红、酞菁红、10T 钼铬红等,黄色颜料有 103 中铬黄、501 柠檬黄等,蓝色颜料有 522 青光铁蓝、501 红光铁蓝、锡利蓝(油漆湖蓝色淀)、群青、酞菁蓝 BS、酞菁蓝BGS,此外还有酞菁绿 G、永固紫 RL 等。

(2) 在呈色的基础上,加入白色(主要是 A 型钛白粉和 R 型钛白粉)将原来的颜色冲淡就可以得到彩度不同(也即平时所讲的深淡不同)的复色。例如在中铬黄的基础上按钛白粉调入量由少至多将其冲淡到不同的程度,就可得到米黄—乳黄—牙黄—奶油白—珍珠白等不同色漆。

(3) 在呈色的基础上加入不同量的黑色颜料(主要是炭黑),就可以得到明度不同的各种颜色。如白色加黑色得到各种灰色(为显出不同色调常加入少量黄色和蓝色),铁红加中铬黄再加不同量炭黑可得到明度不同的各种棕色漆。

将上述配色三原则组合应用,即在某一颜色(呈色)的基础上同时改变其色调和明度、明度和彩度、色调和彩度或同时改变色调、明度和彩度,就会得到千差万别的颜色来。例如,用不等量的铬黄加铁红改变其色调,同时调入不等量的白色和黑色颜料改变其彩度和明度,就会得到诸如浅驼色、中驼色、深驼色和浅驼灰、中驼灰、深驼灰等颜色。

2.4.4　配色方法　传统的配色方法是目前我国涂料厂广泛采用的用色卡或标准色板表示颜色,以人工目测的方法进行色差评定的配色方法。制造同一种颜色的漆,每批都务必配得一致。要配一种新的颜色,其步骤大致如下。

(1)先要了解欲配制的颜色的色调范围,估计由哪几种颜料组成,判出哪种是主色,哪种是副色,颜色是鲜艳还是萎暗的。

(2)根据经验并运用减色法配色原理,选择可使用的原料。

(3)将所选的每一种颜料分别用漆料分散成单色浆(常叫漆浆),再分别以不同比例进行配合,并加入制备该种色漆所需加入的其他组分,搅拌均匀,直至得到所要的颜色,记下所用漆浆的配比及其中颜色的比例。

(4)最终确定的复色漆常常由几种单色漆浆配成,但如果将各种选定的颜料按确定的配比在同一研磨机械中一起分散的话,往往能得到较稳定的颜料分散体,这就是所谓颜料的共分散。如果得到的颜色与色卡稍有偏离,就再用适量的单色漆浆来略加调整。

(5)在用各种单色浆进行配色时,应在搅拌时加入色浆并搅拌均匀,先加入作为主色的漆浆(它们的用量大),然后依次加入副色漆浆。配色时应先配深浅后配色调,每次加色浆应按估计量少一些,特别是颜色已接近所要求的颜色时更应注意以免过头。在保证颜色合乎要求的前提下,所使用的单色浆品种应尽量少,因为根据减色法配色原理颜料的种类使用越多,反射光的强度就越低,因而配出来的颜色就越暗。鲜艳的色漆应当用有机颜料来配,而且使用的颜料品种越少越好。

(6)配浅色复色漆,如配方中有催干剂应先加入,否则会影响色调。最后一次观察色漆颜色应将漆料及所有其他组分加齐后观察,以免漆料等加入后漆膜变暗变黄造成较大色差。用色漆样板与标准色卡或标准色板比较时,应左右、上下、平立反复对比,避免人为的视觉误差,特别是光线较暗时辨别应加蓝或加黑时更应认真观察。

(7)每次加入调色漆浆后,必须搅拌均匀,以免造成误差。应当明确的是,配色时是比较色卡(或标准样板)和被测试漆液的涂膜颜色是否一致,而不是漆液的颜色,因此,严禁将色卡(或标准样板)和调漆罐中漆液的颜色比较而决定是否加入色浆,否则必将导致错误。

（8）配色用调色浆要求细度一致，颜料含量一致，颜色纯正。

（9）使用标准颜色样板配色时，由于放置的时间较长，颜色会显得灰暗，与漆样涂膜对比时宜将标准样板用清水浸湿后再行比色。

仪器配色是用配置有全套涂料配色软件和资料库建立与分析软件的电脑配色仪（或电脑配色系统），它具备完美的彩色漆的配方功能。使用时只要事先将配色所使用的颜料制成不同颜色密度的涂膜，通过分光光度计输入电子计算机储存起来，然后将配制的标准颜色输入电脑，便可人为指定选择几种颜料，令电脑做出符合标准颜料的色漆颜色组成配方来。通常电脑提供的配方依两种序列排列，一组是依色差大小排列，而另一组以成本高低排列，这样便可以选择质量及经济方面都满意的配方用于色漆产品。

若使用电脑测色仪（也称电脑测色系统）的话，因为它没有配色功能，只能显示颜色的色度学数据（L^*，a^*，b^* 值或 L^*，C^*，H^* 值及 ΔE 等），那么就需要视试样和标准样板之色差大小 ΔE 及依 ΔL^*，Δa^*，Δb^* 判断的颜色偏差方向（如偏红或绿或偏蓝或黄）依靠操作者配色的经验进行调整，再以仪器检测，经过几个循环也能配出满意的颜色。实践证明，它比单纯依靠人工目测比色的方法快捷准确许多。

不可否认，人的眼睛对颜色的分辨能力往往胜过仪器，但仪器的快速及对同一种颜色色漆可提供多种颜料组合的配方是人工目测配色所不能达到的，将仪器的先进及人的经验结合起来，可以达到完美的境界。不能偏爱正常人眼睛的敏锐性而偏废了电脑配色仪的先进性，也应牢牢记住任何人也不会依据电脑显示的数据而喜欢它所代表的颜色的。

2.4.5　颜色配色系统　为最大限度地满足市场对各种彩色漆品种的需要而又减少生产过程的烦琐性，即提高商店小量销售多种彩色漆的应变能力又不过多地积压商品，欧美等地日益广泛地采用一种新的配色方法。其基本思想是在涂料厂仅生产为数极少的几种颜色的基础漆，而在产品加工的最后阶段（甚至在商店销售时）通过加入不同的着色剂（色浆）而配制出几百种不同颜色的产品供用户选用。由于该方法在一定程度上缓解了产需双方的矛盾，为生产与使用双方都带来了方便，故逐渐得到社会认可，形成一种新型配色系统。欧美各地此类配色系统应用颇多。如芬兰蒂库里兰公司（Tikkurilan Co. Ltd. ）自己制造两种系列的着色剂,开发成莫尼卡勒配色系统(Monicolor tinting system)和泰玛卡勒配色系统(Temacolor industrial tinting system),前者用于乳胶漆和醇酸树脂漆,后者用于工业漆。涂料商店以莫尼卡勒配色系统出售几千克到几十千克涂料。莫尼卡勒自动化涂料厂使用该配色系统大批量(3~4 吨/批)生产各种彩色漆。

莫尼卡勒商业销售用配色系统由基础漆、着色剂、配色器、油漆振荡或混合器、色卡、莫尼卡勒配方索引 6 个部分组成。

莫尼卡勒自动化涂料厂共生产溶剂型醇酸树脂漆、丙烯酸树脂漆及聚醋酸乙烯乳胶漆等 11 大类产品。每种类型生产 3 种基础漆——皆为二氧化钛含量不等的白漆,分别以不同的包装规格供应零售商店,加入几种着色剂后就可以配制出几千种彩色漆。

着色剂是莫尼卡勒配色系统的基础,它需要解决颜料选择和着色剂制备两个技术关键。通常将颜色鲜艳耐候性好、遮盖力高、着色力强、色调稳定重现性好、无毒以及货源充足、价格合适的颜料用于着色剂制备。着色剂仅由颜料、助剂、溶剂经分散研磨而制成的稳定性色膏体系、不含树脂或含有通用型树脂。莫尼卡勒着色剂与乳胶漆和醇酸树脂混溶性好,可以同时用于此两类涂料中。着色剂在涂料中使用量为 6%~8%,最多不超过 10%。经过完善的莫尼卡勒着色剂共有 16 种。

莫尼卡勒自动化涂料厂彩色漆生产系统是由 3 个部分组成,即着色剂贮罐、旋臂式着色剂加料机和 ACS 电脑自动配色系统。

颜色配色系统的优点有:

① 既能最大限度地满足市场对各种颜色的需要又尽量减少色漆制造过程中频繁换色的烦琐性,以便合理组织生产,保证质量,提高劳动生产率,从而解决了涂料厂面临的一大矛盾。莫尼卡勒配色系统所提示的思维方法——即在涂料厂仅生产为数极少的几种研磨漆浆(基础漆),而在产品加工的最后阶段(甚至在商店销售时)通过加入不同的着色剂而配制出颜色众多的产品——无疑具有极大的实用价值。

② 着色剂是欧美现行配色系统的基础。它是由颜料、助剂、溶剂、含或不含通用树脂,经分散研磨而制成的稳定性色膏体系。由于颜料在体系中得到了充分分散,着色力发挥充分,故达到相同颜色时可以减少颜料用量,经济上合理。

使用着色剂和基础漆进行各种彩色漆的配制,与涂料厂传统的配漆方法之根本不同点在于它是在成品漆(而不是浆)中加入不含树脂或含通用树脂的颜料膏,在改变颜色的同时不致造成组分上的根本变化,故在调整颜色之后,不存在调整颜基比、调整催干剂或交联剂加量的问题,极大地方便工业化生产的调色过程,也使彩色漆在商店配制成为可能。

③ 一种着色剂可以同时在几种不同类型的产品中使用(如莫尼卡勒着色剂可以同时在乳胶漆和溶剂型醇酸树脂漆中使用,泰玛卡勒着色剂可在氨基漆、环氧漆等工业漆中同时使用),可大幅度减少涂料厂色浆的数量,为生产带来方便。零售店仅需贮存少量几种基础漆就可以满足用户对几百种颜色的要求,为商品漆零售在不过多增加库存的情况下提高市场适应能力创造了条件。

④ 着色剂由专门工厂生产的做法无疑使涂料生产的分工更加合理,使生产方式从小而全向专业化生产过渡,分工方式改变对提高劳动生产率,便于企业合理组织生产,合理利用资源及保证产品质量都将产生深远的意义。相信结合我国国情借鉴国外经验逐渐改变彩色漆生产现状的工作将会取得日益明显的进展。

2.5　涂料配方

2.5.1　涂料配方的种类

在涂料生产厂中,每一种颜色的涂料品种都有一个配方,配方中包括基料(漆料、合成树脂)、颜料溶剂和涂料助剂的品种、质量百分组成,以及该产品的名称、型号、颜色编号、产品技术标准等。这种配方一般叫标准配方(也叫基本配方、技术配方),它是指导色漆生产、核算产品成本的基础性技术资料,是生产厂家根据用户对涂料性能的要求经过实验研究确定的。

但是,涂料生产厂生产涂料产品时不能像配制清漆时一样将标准配方中所有的漆料、颜料、溶剂、助剂混合在一起进行研磨和配色。考虑到颜料分散是一个很费时的事情,为了提高生产效率,往往将各种颜料分别用部分漆料调成比较稠厚的漆浆(颜料分比标准配方高很多)进行研磨分散,然后再用各单色浆进行配色,再加上标准配方中剩余的漆料、溶剂及助剂调配混合均匀而制成最终产品。这里面就需要制订各种单色漆浆的研磨轧浆配方,利用单色漆浆配色调漆的配方,用这些配方直接指导生产。这些配方我们叫它为工艺配方(也叫生产配方)。

2)配方实例

(1)A04-9 251淡录氨基烘漆

① 标准配方:

55%344-2醇酸树脂	52.3%;
60%590-3氨基树脂	12.3%;
501柠檬黄	23.1%;
522铁蓝	0.5%;
二甲苯	8.1%;
丁醇	3.0%;
2%锰燥液	0.2%;
1%润湿剂	0.5%。

颜色:色卡251淡绿。

技术标准:GB/T 25249-2010。

② 工艺配方:

——50%柠檬黄浆(砂磨)

501柠檬黄	50%;
344-2树脂	40%;
二甲苯	10%。

——20%铁蓝色浆(砂磨)

522铁蓝	20%;
344-2树脂	60%;
二甲苯	20%。

——配漆

50%柠檬黄浆	46.2%	配色按色卡251淡绿配色;
20%铁蓝浆	2.5%	喷涂样板110℃烘干数分钟后;
55% 344-2树脂	32.2%	与色卡比色;
60% 590-3树脂	12.3%;	
二甲苯	3.0%;	
丁醇	3.0%;	
2%锰燥液	0.2%;	

1％润湿剂　　　　　　　　　0.5％。

（2）H06-2　铁红环氧酯底漆

① 标准配方：

50％619环氧酸	36.0％；
60％561氨基树脂	2.0％；
199氧化铁红	21.2％；
含铅氧化锌	11.3％；
325目滑石粉	16.5％；
二甲苯	10.5％；
4％钴燥液	0.5％；
2％锰燥液	1.0％；
10％铅燥液	1.0％。

颜色：铁红色，色调不定。

产品技术标准：HG/T 2239-1991。

② 工艺配方：

——铁红环氧酯底漆浆（砂磨）

199氧化铁红	22.8％；
含铅氧化锌	12.2％；
325目滑石粉	17.8％；
619环氧酯	38.6％；
二甲苯	8.6％。

——配漆配方

铁红环氧酯底漆浆	93.0％；
561氨基树脂	2.0％；
二甲苯	2.5％；
4％钴燥液	0.5％；
2％锰燥液	1.0％；
1％铅燥液	1.0％。

研磨漆浆的组成随颜料的不同、所选用研磨分散设备的不同以及研磨制浆方式的不同也会有所不同。以合理的研磨漆浆组成进行颜料的分散，又是提高色漆生产研磨效率的一个重要因素；因此，研究研磨漆浆的合理组成，以合理的研磨漆浆进行生产，也就成了节省能源、提

高劳动生产率的一个重要途径。

2.6　色漆在生产及贮存中存在的质量问题及解决方法

2.6.1　预混合后漆浆增稠　其原因可能是颜料含水量过高,或者水溶盐过高或含其他碱性杂质。解决方法视具体情况而定,轻者加少量溶剂稀释或补加部分漆料降低漆浆中颜料含量便可继续生产,严重者需加极少量的第三组分。水分过高可加少量乙醇胺或其他有机胺类或丁醇等醇类物质。若由于碱性杂质存在所致,可加入少量亚麻油酸或其他有机酸中和。

2.6.2　研磨漆浆细度不合格

(1)颜料本身的细度大于色漆要求的细度,无法研细,如重质碳酸钙用于调和漆细度很难达到 40 μm,云母氧化铁用于底漆细度很难达到 60 μm,石墨粉用于导电磁漆细度很难达到 80 μm。

(2)颜料颗粒聚集紧密——如炭黑、铁蓝——很难分散。解决方法一是合理调整工艺,如砂磨分散工艺,可采取球磨或三辊磨配合后再经砂磨分散;二是使用分散剂,其他如炭黑的溶剂预浸也可以提高分散效率。根本方法是进行颜料的表面处理,提高其研磨分散性能。如经环烷酸锌表面处理的铁蓝易于分散,经表面氧化处理的炭黑较未处理的易于分散,经表面处理的金红石型钛白粉较未处理的锐钛型钛白粉易于分散。

(3)颜料杂质含量多,如混入纤维、漆皮、灰尘、细砂粒等杂质,无法研细。

(4)漆料本身的细度达不到色漆要求。

2.6.3　蓝绿漆浆的自燃　配制好的铁蓝、铬绿浆不要存放过久才进行研磨。在分散过程中将漆浆中的空气排除,漆浆分散至 30 μm 以下,空气排尽,贮存便无自燃的可能。

2.6.4　色漆黏度,细度不合格　常常由于漆料黏度、细度不合格,研磨漆浆细度不合格,其他杂质混入,投料不准,溶剂加入量过大等原因。应严格加强工艺管理,按操作规程操作及检验。

2.6.5　色漆颜料沉淀　改进措施有:选择密度低的颜(填)料;使用经过表面处理的颜料;使用润湿分散剂提高漆料对颜(填)料粒子的润湿程度;使用触变型增稠剂,提高漆液贮存时的黏度。

2.6.6　浅色漆的浮白　在天蓝色、灰色浅色漆漆膜干燥过程中,由于带正电荷的钛白粉粒子互相排斥力大,随着溶剂的挥发上浮得也快。特别当钛白粉粒径小,粒径分布窄时,更有助于上浮,使浮白现象更为严重。其解决方法如下。

(1) 改变钛白粉品种,选择表面带正电荷少及粒径比较大的钛白粉,但要注意表面 ZnO,SiO_2 包覆量比较大的钛白粉时往往会降低光泽;

(2) 增加施工黏度,尽量少用极性溶剂;

(3) 避免在空气湿度大的环境中施工;

(4) 使用干燥快的漆料;

(5) 使用合适的分散剂,在漆浆研磨分散阶段按规定量加入卵磷脂或 Texaphor 963 等分散剂,同时配合使用德谦公司 923S 或 Bykp 104‐S 等缓解浮白现象(二者单独使用其效果不明显)。

2.6.7　涂膜出现"镜框效应"　干燥后的涂膜4个边特别厚,看上去犹如镜框,俗称"厚边现象"或"锁边现象"。解决方法是添加可以降低表面张力的流平剂和适当增加漆液的触变性。

2.6.8　涂膜表面出现颗粒　用刮板细度计测量细度完全合格的色漆施工成膜后涂膜中有颗粒。这是由于漆液中含有颗粒状杂质。检验及防止的办法是:将漆液稀释后,用一块清洁的玻璃板浸于其中取出后对着明亮处观察漆液中是否含杂质颗粒,若有则用过滤方法除去。

2.6.9　复色漆的浮白、发花　解决方法是选择适宜的颜料、漆料、溶剂,增加漆液黏度、颜基比。控制漆膜厚度事半功倍的办法是使用防止浮白发花剂。

2.6.10　底漆的增稠或成胶　其主要原因是颜基比高,对因颜料含水量高或含有碱性物质遇脂肪酸成受所致的增稠敏感性较强。克服的办法是:

① 精心选用颜料,避免含水量过高或含有其他碱性杂质;

② 保证配料准确,预混合时加入适量溶剂;

③ 在研磨漆浆时使用分散剂,对已增稠或成胶的产品可加入少量乙醇胺和适量松节油重新高速分散后使用,但不可长期贮存。

2.6.11　黑色漆贮存后变稠返粗　由于炭黑难予分散且比表面积又比较大,漆料湿润炭黑全部表面比其他颜料困难。解决问题的有效措施是使用对炭黑有特效的润湿分散剂,使研磨漆浆中炭黑充分分散,完全润湿。

2.6.12 黑色漆的抗干 炭黑除了吸油量高以外,还有强烈的吸附碱和其他阳离子的特性,尤其以槽黑最为突出。这一特性会使催干剂中的金属离子失去传递氧的作用而出现常见的抗干性。解决办法是使用"供给性催干剂"供炭黑优先吸附,减少主催干剂的损失,或使用"潜隐性催干剂"令其在干燥阶段发挥作用;适当提高催干剂用量也是措施之一。

3. 乳胶漆的生产工艺

以水为溶剂或分散介质的涂料称为水性涂料或水性漆。水性涂料根据主要成膜物质在水中的稳定状态,可分为水稀释涂料(water reducible coatings)、乳胶涂料(或乳胶漆)(latex coatings)和水乳化涂料(乳液涂料)(emulsion coating)。

有时也将水稀释涂料叫做水溶性涂料。但实际上,作为成膜物质并不是以分子状态溶于水中而形成的溶液,而是树脂聚集体在水中的分散体,属于胶体范围,由于分散微粒极细,分散体呈透明状。真正的水溶性树脂很少作为涂料的主要成膜物质,而用于保护胶和增稠剂等,如聚乙烯醇、聚丙烯酸钠等。

水稀释性涂料(如电泳漆等)制造工艺和溶剂型涂料制造工艺基本相同。乳胶漆生产工艺和溶剂型涂料生产工艺有些不同,而水乳化涂料的生产工艺或接近于溶剂型涂料生产工艺,或接近乳胶漆生产工艺,要看水乳化树脂具体的性能来决定。

乳液(emulsion)、乳胶(latex)和分散体(dispersion)都是一种物质(分散相)在另一种物质(分散介质)中的分散体系。其中乳液是一种液体以极小的液滴形成分散在另一互不相溶的液体中所构成的分散体。乳胶是由乳液聚合制得不溶于水的合成树脂以微米形式分散在水中而形成的分散体,而二者都可称为分散体。在涂料行业,往往把乳胶称为乳液。

乳胶漆的生产过程包括合成树脂乳液(乳胶)的制造、颜料和填料的分散、乳胶漆的调制配色、过滤和灌装等工序。如果自己不合成乳液,就像大多数涂料厂那样,没有化学反应,只是物理的分散混合过程,在配方确定以后剩下的问题就是准确的计量、有效的颜料分散、均匀的混合和稳定的贮存等。

3.1　乳胶漆制造工艺

3.1.1　原料检验和控制

（1）乳液　配方确定后，乳液就是影响乳胶漆质量的关键因素，因此要高度重视其质量。乳液的质量可参照 GB 20623 - 2006《建筑涂料用乳液》标准检验。

（2）颜料和填料　一般可对遮盖力、着色力、吸油量或吸水量、细度、颜色等设置控制指标。填料检验和控制在国内没有引起足够重视，可参考选用 ISO 3262 系列填料标准。

（3）溶剂（成膜助剂和助溶剂）　可测试外观颜色、折光率和馏程等，加以控制。

（4）助剂　可以功能为主兼顾其他指标进行检验。功能检验是指在特定条件下测试其功能以便比较。如增稠剂可测试某一浓度下的黏度。

（5）水　对水可设置硬度或电导值进行控制，有条件的话细菌也可作为监测指标。

（6）色浆　可参照 HG/T 3951 - 2007《建筑涂料用水性色浆》要求。一般对色浆的着色力、相溶性和色相等进行检测和控制。

3.1.2　颜料填料分散方法　无论是颜料还是填料，在购入时都是由数百个到上千个原级粒子（primary particle）凝聚起来的二级粒子（secondary particle）组成的。在和乳液混合时，是将颜料填料的二级粒子还原成原级粒子后再混合，或是将二级粒子直接加到乳液中去后进行分散混合。据此，配制方法有明显的不同：前一种混合方法叫做研磨着色法；后一种方法叫做干着色（dry pigmentation）法。当配方中总用水量不足以采用研磨着色法时，可以在水中加入部分乳液；然后将颜料和填料的二级粒子加入其中，分散达到要求后，将剩下的乳液加入混合均匀。此法称为半干着色法。

研磨着色法是对颜料填料二级粒子施加大量的机械能，使其先在水中解聚、分散形成颜料浆，再与基料（乳液）混合；与此相反，干着色法是将颜料、填料二级粒子直接加入到基料（乳液）中进行分散：因此，两种配制方法所制造的乳液漆的固体分和颜料填料解聚、分散状态有所不同。

在研磨着色法中磨料的调制受黏度的制约,所以打浆时磨料的固含量一般在 70% 以下。在磨料固含量为 65% 的情况下,在一般实用的 PVC(20%~70%)范围内,其涂料固含量最高可达 62% 左右,而用干着色法制造的涂料其固含量可高达 88%。不管是研磨着色法还是干着色法,乳胶漆的固含量都随 PVC 增大而提高。

就颜料的分散状态来说,干着色法对于二级粒子的解聚不像研磨着色法那样充分,而且这种倾向在颜料粒子越小时越明显;因此,对于有光乳胶漆,一般均采用研磨着色法生产。

干着色法和半干着色法都要求乳液机械稳定性好,高速分散时不破乳。现在许多乳液能达到此要求。

对于弹性乳胶漆,立体花纹饰面涂料和砂壁状饰面涂料等厚质涂料因为其涂膜厚度厚,在干燥成膜时容易产生收缩裂缝,为了避免此倾向,往往需要降低含水量,并且尽量不使用太细颜料和填料。另外,作为厚质涂料,要求一次施涂厚度也比较厚,因此也需要提高其固含量。这就造成厚质涂料含水量低,无法采用研磨着色法生产,只能采用半干着色法和干着色法生产。

对于薄层涂料和配方中含水量足够采用研磨着色法生产的涂料,应采用研磨着色法生产。

在采用研磨着色或半干着色法生产时,颜料填料分散完成后一般应将乳液慢速加入到颜料填料中调制成漆,而不是相反。

3.1.3 乳胶漆的调制和生产过程控制 乳胶漆的调制与溶剂型漆生产工艺大体相同,一般分为预分散、分散、调和,过滤包装等。由于乳胶漆的颜料、填料在分散阶段往往仅分散在水中,水的黏度低表面张力大,因而分散困难,所以常要加入润湿剂、分散剂、增稠剂;由于分散体系中有大量表面活性剂,易产生气泡而妨碍生产进行,就需要加消泡剂,这一切就使得乳胶漆的调制较为复杂。

乳胶漆生产线上直接生产的是白漆和基础漆,色浆一般另行制备。生产作业线主要考虑钛白粉等白色颜料和填料的分散。现代钛白粉中有专供乳胶漆使用的属于极易分散的品种,常用的填料一般也经过超细处理,加之建筑乳胶对细度要求不高,所以乳胶漆生产线上通常只需要装置高速分散机。高速分散机最好带有调速装置,这样分散和调漆就可以在一台高速分散机中完成。当然,在特定条件下为了适应对细度的较高要求,或适应可能遇到的较粗颜料和填料,除高速分散机以外有些乳胶漆车间也装备有砂磨机和球磨机等设备。

乳胶漆生产中加料顺序是相当重要的,一般操作工艺如下:

首先在搅拌缸中加入水、防腐剂、防霉剂、润湿分散剂、约 1/2 的消泡剂、增稠剂、助溶剂,充分混合均匀;如有必要也可加入部分乳液。热稳定性差的防腐剂、防霉剂应在调漆后阶段加入,以防制浆时温度过高使其分解而失效。

然后,将分散盘中心靠近搅拌缸底部,低速旋转,将颜料填料逐渐加入到纵深的旋涡中。先加细的颜料填料,后加更粗的颜料填料,这样既有利于分散,又有利于消泡。随着颜料填料加入,研磨料变稠,使旋涡变浅,并相应提高转速。当所有颜料和填料加完以后,将转速提高,使分散盘周边线速度大约为 20~25 m/s。一般认为,在该转速下颜料填料分散最好,研磨分散时间一般为 15 分钟左右,具体应以达到分散细度要求为度。对于丝光、半光和有光乳胶漆研磨料,细度一般应小于 20 μm;对于平光内墙乳胶漆研磨料,细度一般控制在 40 μm 以下;对于平光外墙乳胶漆研磨料,细度甚至可放至 100 μm 以下。应注意分散时研磨料的温度。温度太高(如超过 45℃),黏度下降,分散将无法进行;可暂停下来,待冷却后再行分散(最好用带夹层冷却的搅拌缸)。

分散细度合格后,在低速搅拌情况下(转速 400 r/min 以下)加入乳液成膜助剂、部分增稠剂和约 1/2 消泡剂(加成膜助剂应慢慢加入,不要一次倒入)。至于 pH 调节剂,如是 AMP-95,在颜料填料分散前加入;如是氨水,可在乳液加入后加入;如为 NaOH、KOH,可在颜料填料分散后、乳液加入前加入。

也有将成膜助剂在颜料填料分散前加入的,这对乳液比较安全;但有可能被颜料和填料粘着吸入部分。

这是一般的加料次序,具体可根据原料性能、分散设备、实际操作情况和对分散的要求等而定。

千万别将制备好的而未加乳液的颜料填料浆尤其是有光乳胶漆的颜料填料浆放置超过 24 小时,以防止絮凝、结块和返粗等。当制浆时还未加防腐剂、防霉剂时,由于温度较高,甚至有可能被细菌污染而损废的危险。

经检验合格后,白色乳胶漆和基础漆被送至储罐,在接到订单后即可灌装或配色,从而在最短时间内就能交货。

在生产过程中,对乳胶漆的半成品进行检验,经检验合格后才能转入下一道工序。这里所说的半成品包括浆料(未加乳液)、基础漆和白乳胶漆。

检验的项目如下。

(1)分散细度　在打浆阶段完成后、乳液加入之前,要对分散细度进行检验,以确定是否达到分散要求。

(2)pH　pH 虽然不反映乳胶漆质量,但它与乳胶漆的稳定性——包括冻融稳定性,纤维素增稠剂和碱溶型增稠剂的增稠效果,以及防腐等——都存在一定关系,所以乳胶漆生产厂一般都将 pH 控制在一定的范围内。

(3)固含量　在相同湿膜条件下,固含量较高的涂料能得到较厚的干膜厚度。在相同涂膜质量时,较厚的涂膜使用寿命一般较长。

(4)黏度　在特定的生产工艺中,黏度可以反映乳胶漆的储存稳定性和施工性,还能检查计量情况和原材料的波动,生产企业通常检验并控制黏度。

(5)密度　密度不是乳胶漆的质量指标,测试它也能反映批和批之间的稳定性。

(6)细度　细度检验对于乳胶漆来说是需要的,尤其是丝光乳胶漆、半光乳胶漆和有光乳胶漆。该项目与分散细度有联系,但也有区别,它是加入乳液后制得的乳胶漆和基础漆的细度。

可选择部分项目检验或对上述项目都进行检验。

3.1.4　配色和色差　色彩丰富是乳胶漆的一大性点,目前白色乳胶漆约仅占 20% 以下,彩色乳胶漆却占到 80% 以上,因此,配色就成为乳胶漆生产中的重要环节。

(1)色浆　配色首先就要选择色浆。

内用乳胶漆颜色可自由选择,因为室内紫外线很弱,又没有雨水等降解作用,所以保色性不成问题。

外用乳胶漆用色浆应尽量选择耐光和耐候性好的色浆,最好是耐光性达 8 级,耐候性达 5 级,而且冲淡后还要保持较高的耐光性和耐候性,因为乳胶漆配色时,颜料浓度往往是比较低的;同时因为建筑乳胶漆涂刷的基面绝大多数是碱性较强的水泥砂浆和混合砂浆抹灰层,故色浆的耐碱性也是必须考虑的。无机类色浆和酞菁系列色浆,能达到此要求。另外,相同的颜色深色比浅色保色性好,也就是说,对有些保色性不是很好的色浆,配深色乳胶漆适用,但生产浅色乳胶漆就不能用。

色浆应稳定,包括储存稳定、颜色稳定和色强度稳定等。对于自动配色体系,颜色稳定和色强度稳定尤其重要。

色浆应和被配色的乳胶漆具有良好的相容性,不絮凝,不浮色等。这主要是指色浆助剂和被配色乳胶漆助剂之间没有负面作用。当出现相容性不好时,可通过选择相容性好的色浆或改变乳胶漆助剂的方法解决。

色浆应尽量与环境友好,挥发性有机物(VOC)低,重金属含量低,甲醛含量符合要求,不含聚环氧乙烷烷芳基醚(APEO)——该表面活性剂对人体内分泌有干扰作用,用丙二醇而不用乙二醇,色浆还应有合理的性能价格比。

(2) **配色方法**　目前乳胶漆生产企业大多采用全白乳胶漆配色法和基础漆配色法两种。所谓基础漆配色法是指乳胶漆生产企业生产白色乳胶漆和透明乳胶漆(亦称基础漆)。透明乳胶漆是指不含钛白粉等具有遮盖力颜料的乳胶漆,用白色乳胶漆和色浆配浅色漆,用透明乳胶漆和色浆配深色漆,用不同比例搭配的白色乳胶漆和透明乳胶漆同色浆配中色漆。国外如韩国 DPI 公司采用 3 种基础漆来配色漆,即浅基乳胶漆、中基乳胶漆、深基乳胶漆,浅基漆加色浆配浅色漆,用中基漆加色浆配中色漆,用深基漆配深色漆,据此编制成彩色乳胶漆的配方集。

用透明乳胶漆和色浆配深色漆尤其是配鲜艳的深黄色漆和深红色漆时,除了注意配色准确外,还要注意深色漆的遮盖力是否达到要求。对于深色乳胶漆,尽管国家标准 GB/T 9755 - 2001 和 GB/T 9756 - 2001 都没有规定其对比率的指标要求,但实际使用时是需要达到一定遮盖力要求的。当遮盖力达不到要求时,可以钛白浆和白色乳胶漆进行调整。

有些中小型乳胶漆厂习惯采用全白色乳胶漆配色法真是高成本而低质量。因为用白色乳胶漆配深色甚至中色乳胶漆必须加入大量的色浆才能达到一定的饱和度,其结果是大量色浆加入使配色成本大幅度提高,使乳胶漆性能下降,产生不必要的遮盖力过剩。

（3）色差产生及测量　建筑涂料经过涂布、干燥后形成涂膜,其颜色取决于涂膜本身的性质、基层、光源和观察者。因为颜色是一种感觉,所谓视觉就是不同波长的光刺激人的眼睛之后在大脑中所引起的反映。当这些因素变化时都会产生视觉上的差异。如：同一品种、同一颜料、不同批次的涂料往往会产生色差;基层的材料、结构、吸水性等差异会造成色差;光泽不同会产生色差;先后涂刷时间间隔较长,先涂涂膜的褪色和沾污可能导致色差;当配色的色浆批号变化时,可能出现色差;当原材料变化时有可能导致色差;白色乳胶漆、基础漆和色浆计量不准会导致色差;由于色卡属于印刷品,与实际封面上漆膜的颜色在视觉上也不同;环境条件不同;等等。大多数涂料生产企业是根据用户所选定的色卡上某一颜色或所给定的颜色样板进行生产的,生产后按国家标准《色漆和清漆,色漆的目视比色》(GB/T 9761－2008)(相当于ISO 3668－1976)进行两者间的目测对比,如果色差在容许范围内则认为合格,否则继续调配至合格。

虽然一般用肉眼可以区分涂膜颜色的差别,而且实际涂刷后有关色差以及色差大小都是以人眼观察的,但目测法标准难以统一,各人有各人掌握的尺度,人为影响因素比较大,基本上是属于定性的方法。所以一些大企业或质量控制比较严格的企业采用电脑测色仪,根据《涂膜颜色的测量方法》(GB/T 11186.1.2.3－1989),在 CIE LAB 色空间中对颜色进行定量测试,并设置定量的色差指标对色差进行控制,这样控制指标就可以统一,结果比较客观。

色差的单位为 NBS,原为美国国家标准局所制订。1 个 NBS 单位表示一般目测能辨别的极微小颜色间的差别。

但电脑测色仪测色也存在问题,因为肉眼对不同波长颜色有不同敏感度,有些颜色,测色仪测定的色差 ΔE 已很小,但肉眼却感觉色差很大,不能接受;反之也一样。把肉眼观测和客观快速的测色仪测试相结合,是度量色差最有效的方法。

色差控制范围在《建筑物用氟涂料与喷涂技术》中有论及。对于铝幕墙板色差,美国建材协会标准(AAMA 2605－98)控制 $\Delta E \leqslant 2.0$;日本最高标准 $\Delta E \leqslant 1.0$,国内先进标准 $\Delta E \leqslant 1.2$。

《电脑配色仪(ACS 系统)在汽车中的应用》中指出,汽车行业已将颜色色差这一技术指标,由原来的定性要求变为定量指标,色差 $\Delta E \leqslant$

(1～1.3)。

结合建筑涂料的实际和可能,对于用户的第一批订单,除特殊要求外控制实际生产涂料的颜色和标准色板颜色之间的色差 $\Delta E \leqslant (2\sim 3)$,是既经济又较合理的。对于补色,色差 ΔE 控制要严格得多。比如说,同一小区,不同幢建筑物色差 $\Delta E \leqslant 1$;同一幢建筑物,不同墙面, $\Delta E \leqslant 0.6$;如果是同一墙面,一般不能用二批涂料,万不得已采用二批涂料时,$\Delta E \leqslant 0.4$。因为人眼对不同颜色的敏感程度是不一样的,ΔE 中还包括 3 个分量,所以还要具体颜色具体对待。

3.1.5　成品最终检验　成品最终检验一般包括出厂检验、型式检验和其他检验。

(1)出厂检验项目　包括容器中状态、施工性、干燥时间、涂膜外观和对比率等。按相关标准进行。对比率的测试,试样需在标准条件下养护 24 小时。有时企业为了满足用急需,不允许养护如此长的时间,可以在 40℃烘干一定时间,其测试结果与标准条件下养护 24 小时基本一致。这样做也是新标准 GB/T 9755-2001 和 GB/T 9756-2009 许可的。

(2)型式检验　可按有关标准进行,测试频率按规定和需要确定。所谓规定,是指标准的规定。如有的标准规定,在正常情况下型式检验项目每年测定一次,我们就得每年有一次的型式检验。所谓需要,是指生产的要求,即不需要对全部项目进行检验,而要对薄弱环节加强控制。如某一高 PVC 的内墙合格品乳胶漆,若耐洗刷性富余不多,我们就要定期对它进行测试,以防不合格品出厂。

(3)其他检验　是指型式检验项目外的检验项目。如自然暴晒、低温成膜性、保色性、涂刷性、辊涂性等,尽管国家标准或行业标准没有规定,但实际需要了解和控制的。

总之,有选择地对产品性能进行检验控制,尤其是产品性能中的薄弱环节要多检验,确保出厂乳胶漆符合规定要求和使用要求,使施工人员好施工,使用户满意。

3.2　乳胶漆配方设计

配方设计首先要目标明确;其次是对原材料的了解,包括其价格(性价比)以及各组分的相互作用。

当接受一项乳胶漆的配方设计任务时,首先要明确的是所设计的乳胶漆品种的应用目标和性能要求,无论所设计的是通用品种或专用品种都要既定性又定量地列出要求达到的技术指标并明确考核各项指标的检测方法。如果是通用型品种,则很可能这些指标就是既有国内外某个标准或层次的技术指标;如果是一个特殊品种,则所罗列的技术指标将来会构成一个新的产品标准。

这里要注意的是:首先,以满足需要为度,不要盲目地把指标定得过高,因为高指标是要高成本来支撑的;其次,要兼顾性能的平衡,不要顾此失彼;最后,乳胶漆性能测试结果往往波动比较大,所以确定指标时既要心中有数又要留有余地。

3.2.1 原料选择 目标确定后接着就是选择原材料。不管什么原料都要求其稳定,稳定对生产是十分重要的。原料选择关系到供应商的选择、生产厂家的选择,一定要选择那些不仅能提供合格原料,而且能提供稳定合格原料与优质服务的供应商和生产厂家。

(1)乳液 内墙乳胶漆一般可选用苯丙乳液、醋叔乳液、醋丙乳液和醋酸乙烯-乙烯共聚乳液(EVA乳液)、聚醋酸乙烯乳液。国内用得较多的是苯丙乳液和醋丙乳液。醋丙乳液价格适中,苯丙乳液黏结颜料能力高。

对于外墙乳胶漆,硅丙乳液、纯丙乳液、苯丙乳液、醋叔乳液均可选用。国内目前用得最多的是苯丙乳液,因为其性能价格比易于被人们接受。

对于一些特殊的乳液产品,如性能不亚于常规酸固化氨基,硝基和聚氨酯系列的配套乳胶木器漆,从封闭剂到有光或亚光清漆和色漆;氨基丙烯酸乳胶烘漆,包括卷材涂料在内的工业用漆,光泽与醇酸漆相似而耐性更好,又富于抗压黏性的有光乳胶门窗漆;适用于一般桥梁,塔架,大型石油储罐等的性能优于醇酸系列的成套防蚀乳胶漆,例如环氧丙烯酸型乳胶漆,包括清漆和面漆等等,国外也有成熟产品供选择。

玻璃化温度(T_g)、最低成膜温度(M_F)T、平均粒度和粒度分布等是影响聚合物乳液选择的定量指标。如有光乳胶漆一般选用 T_g 较高的乳液。平均粒度较细的乳液对颜料填料的黏结能力往往比较强。但真正决定乳液选择的往往是一些说明书上没有直接表达的定性和定量指标或因素,例如,聚合物的构成、残余单体含量乳液对涂膜光泽、附着力、物理机械性能和室内外耐用性能的影响等等。这些指标或因素有的是厂家保密而难以提供,有的是配方影响因素太多无法简单地定量。

对产品说明书尤其是它们的配方举例的全面消化,与乳液供应厂家技术人员的交流,加上自身对聚合物乳液的知识积累,可较准确地选出有资格进入筛选过程的备选品,然后通过试验比较确定。

例如:将乳液除布在玻璃板上,如在(50±2)℃放置4小时,观察乳液膜的透明度,越透明越好。

将上述玻璃板浸泡在蒸馏水中,观察其出现泛白所需的时间,时间越长说明耐水性越好。这可用于选择真石漆用乳液。

对外墙乳胶漆用乳液的选择也可通过白石试验(whitestone test)。所谓白石试验,就是以白色大理石屑片为填料配制乳胶漆确定乳胶漆性能的一种试验方法。白色大理石屑片是易显色粒子,经人加工速老化或自然暴晒后,很易鉴别。据介绍,用白石实验法,在纤维水泥板上涂布白石试验乳胶漆进行试验,评估乳液光化学稳定性,可以比自然暴晒缩短4~5倍的试验时间。白石试验表明,如果一种聚合物乳液仅6个月就有可以看得出的降解,该乳液不可应用于富含乳液的配方——如有光漆和清漆——中。

(2)颜料和填料 一般乳胶漆(主要是建筑乳胶漆,兼指一般工业用面漆)所用的颜料,要求提供遮盖力和装饰性,还必须考虑颜料的稳定性和易分散性,对光稳定,保色性好,耐候性好,保证乳胶漆黏度的稳定及分散状态稳定,包括不沉淀,不絮凝,不浮色,不发花等。好在如今的乳胶漆生产已实现了色浆化,颜料选择就变成了色浆的选择问题,这可参考前面一节所述的情况。鲜艳的黄色和红色乳胶漆应特别注意其遮盖力是否达到要求。

乳胶漆中使用填料(也叫体质颜料)除降低成本,还会影响和改进乳胶漆的一些性能,多加少加不能随心所欲;需视乳胶漆的性能要求和填料的细度、吸油量等而定,要照顾到乳液对颜料的黏结力。

许多填料都是超细分散的品种,它们白度好,沉降性低,在使用上有其有利之处;但价格较贵,吸油量高,用量上有时会受到限制。至于乳液对颜料的黏结力,一般而言以细粒径的丙烯酸乳液为最佳。

煅烧高岭土干遮盖力好,悬浮性好,降低流挂。石英粉消光,抗抛光,耐磨耐擦洗。滑石粉易粉化,防沉降,可提高涂膜屏蔽性和整体性,施工性好。重质碳酸钙可以改善保色性和抗粉化性,超细粒子能提供位隔作用,吸油量高,室外耐久性稍差。沉淀硫酸钡不易起白霜和污染,吸收量低,易沉降。硅灰石粉耐候性好,耐洗刷,易沉降,云母粉增强涂膜坚韧性,减少涂膜透水性,抗紫外线,防开裂。

不同填料的粒子形状是不相同的。具有片状粒子的滑石粉能提高涂膜的整体性,从而也对耐水性,耐碱性有利。具有圆形粒子的碳酸钙,当粗细搭配使用时容易发挥其填充效应,一些填料品种——如滑石粉、高岭土、二氧化硅等——还具有对涂膜消光的作用。

在可取代钛白粉的填料中,应提及有机体质颜料或不透明聚合物。将其用于乳胶漆配方中,除达到取代部分钛白粉的作用外,对提高涂膜硬度、平滑度、内用漆的耐擦洗性、外用漆的抗积尘性均有明显效果。

填料选择时还应注意搭配使用。不同填料搭配得好,不仅能提高涂膜的密实度,还可降低乳液用量,达到降低成本、提高性能的目的。

在乳胶漆配方设计中,颜料体积浓度(CPVC)、临界颜料体积浓度(CPV)和颜基比是非常重要的参数。

PVC 是指涂膜中颜料和填料的体积占涂膜总体积的百分数。它反映颜料、填料和基料聚合物在涂膜中的体积关系。PVC 可根据配方进行计算。

临界颜料体积浓度是指基料聚合物恰好覆盖颜料和填料粒子表面,并充满颜料和填料粒子堆积所形成空间时的颜料体积浓度,以 CPVC 表示。乳胶漆的临界颜料体积浓度一般以 LCPVC 表示。CPVC 可按颜料和填料混合物的总吸油量进行计算。

LCPVC 可以通过涂膜性能(例如干膜应力、空隙率、遮盖力和透水汽性等)在 LCPVC 附近小范围内突变来测定。测定方法主要用沥青 LCPVC 测定法、应力 LCPVC 测定法,此外,还有遮盖力法、透水汽法和消色力法等。

乳胶漆的临界体积浓度不同于溶剂涂料的 CPVC。一般认为,在相同的颜料和填料时,LCPVC 小于溶剂涂料的 CPVC,它不仅与颜料和填料的包覆性有关,还和乳液,成膜助剂和成膜时的温度有关。

乳液聚合物 T_g 下降,LCPVC 提高。钛白粉的吸油量越低,LCPVC就越高。一般说来,填料的粒径越细,吸油量越大,LCPVC 就越低。合适的成膜助剂其用量达到最佳用量时,LCPVC 最大。成膜时的温度升高,LCPVC 也升高。

对不同光泽乳胶漆中大致 PVC 见表 5-10。

表 5-10 不同光泽乳胶漆的 PVC

乳胶漆	有 光	半 光	蛋壳光	平 光
PVC/%	10~18	18~30	30~40	40~80

把 PVC/CPVC 的比值定义为对比 PVC。在进行涂料的配方时，对比 PVC 或 PVC 与 CPVC 的距离比 PVC 更能反映本质。有人建议建筑乳胶漆的对比 PVC 值见表 5-11。

表 5-11 建筑乳胶漆对比 PVC 建议值

建筑乳胶漆	外用平光	内用平光	半 光
PVC/CPVC	0.95~0.98	0.98~1.1	0.6~0.85

实际上，内用平光乳胶漆对比 PVC 有达 1.35 的，外用平光乳胶漆对比 PVC 也超过 1。也有人认为配方设计时最好避开 PVC/CPVC＝1.0，因为该点附近性能波动很大。最佳配方首先是通过调整 LCPVC 使之尽可能提高，并根据乳胶漆的性能要求将 PVC 设定在离 LCPVC 有一定距离的安全范围内；其次是协调地用好助剂。

颜基比是指颜料和填料的质量分数对固体树脂（在乳胶漆中指固体乳液聚合物）质量分数之比，以 P/B 表示。见表 5-12。

表 5-12 不同乳胶漆的 P/B 值

乳胶漆	有光乳胶漆	半光乳胶漆	外墙乳胶漆	内墙乳胶漆
P/B	0.4~0.6	0.6~2.0	0.4~5.0（主要 2~5）	0.6~7.0（主要 4~7）

（3）助剂 乳胶漆以水为分散介质，具有环境友好和安全特点，但水也给其生产和应用带来一些问题，这些问题都是通过助剂来解决的，所以助剂是乳胶漆不可缺少的组分，尽管用量只是千分之几至百分之几，但是它对乳胶漆的生产工艺、产品质量稳定储存、方便施工和涂膜性能等都有很大作用。乳胶漆所用助剂比较多，如湿润分散剂、消泡剂、增稠剂、成膜助剂、防腐剂、防霉剂、pH 调节剂、防冻剂、流平剂等，助剂供应商及生产厂家都有较详细的产品说明书；也可和生产厂家的技术人员交流，帮助选择合适的助剂品种和用量，通过试验，最终确定

助剂品种和用量。此外,还应注意下面三点:

① 任何助剂使用得当就会发挥事半功倍的正面作用,但它们也必然会有副作用。如湿润分散剂能降低水的表面张力,促进颜料、填料的润湿分散,提高其分散稳定性,同时有利于涂料对基面的润湿,但在生产和施工中会产生气泡,乳胶漆成膜后润湿分散剂留在涂膜中就成为渗透剂,从而提高涂膜的吸水性,降低耐水性和耐洗刷性。

② 任何助剂其用量均以解决问题为度,超量使用是花钱买副作用。

③ 要十分注意助剂之间的相互作用、竞争吸附。要把助剂放在乳胶漆体系中考虑。如乳液的乳化剂、色浆的润湿分散剂和增稠剂等都要统一考虑,使其相互增益,防止相互抵消,甚至出现麻烦。要从助剂的组成、结构和作用机制出发,通过试验和不断实践积累经验,逐步完善。

(4)水和助溶剂　水是乳胶漆的一个组分,应该注意其质量,尤其是多价离子和细菌。一般均使用蒸馏水与去离子水。长期在水箱中静置的水要杀菌处理后才能用,尤其在天热时还有铁锈和杂质,应过滤掉。

助溶剂的选择应注意性能与环境的统一。如目前的趋势是用丙二醇而不用乙二醇,尽管乙二醇性能不错。

3.2.2 乳胶漆配方实例

(1)乳胶漆中各组分的作用及相互关系　表5-13列出白色外墙乳胶漆的推荐配方,来自美国,是乳液制造商推荐的配方。一般有两种配比、质量和体积,体积总量为100。这样做的原因是生产数量通常是100单位体积的倍数,也便于人们比较配方组成的体积分数。另外许多组分是以质量为基准加入的,所以也有质量配比。我国一般采用质量配比。

表5-13　乳胶漆配方

序号	原　料	质量份	体积分数/%	原料供应商
1	Natrosol 250 MHR(2.5%)	120.0	14.40	Aqualon
2	乙二醇	25.0	2.68	Aqualon

序号	原　料	质量份	体积分数/%	原料供应商
3	丙二醇	35.0	4.04	Aqualon
4	Tamol 1124(50%)分散剂	4.6	0.47	Rohm & Haas
5	Triton CF-10 润湿剂	1.0	0.11	Union Carbide
6	Colloid 643 消泡剂	2.0	0.26	Rhodia
7	Ti-pure R-902 钛白粉	150.0	4.50	Du Pont
8	Mirex 4 硅酸钠钾铝	50.0	2.30	Indusmin. Inc
9	Icecap 硅酸铝	15.9	0.68	Unimin Specialty Minerals. Inc
10	Celite 281 硅藻土	45.0	2.34	Johns Manville

高速分散机分散 20 分钟,然后较低速度下加入以下组分:

序号	原　料	质量份	体积分数/%	原料供应商
11	Ropaque OP-62LO (36.5%)聚合物	120.0	13.96	Rohm & Haas
12	Rhoplex Multilobe200 (53.5%)乳液	336.8	37.96	Rohm & Haas
13	Texanol	11.2	1.41	Eastman Chemical
14	Colloid 643	2.0	0.26	Rhodia
15	28%氨水	0.6	0.08	Rhodia
16	Natrosol 250 MHR(2%～5%)	49.0	5.88	Aqualon
17	水	72.3	8.67	
	合计	1039.5	100.00	

产品特性见表 5-14。

表 5-14　产品特性

PVC/%	47	斯托默黏度/KU	88
体积固含量/%	36.4	ICI 黏度/Pa·s	0.095
质量固含量/%	46.7	VOC/g/L	198
pH 值	8.8～9.0		

Natrosol 250 MHR 是羟乙基纤维素(HEC)增稠剂。此处是先溶解成 2.5%浓度水溶液,溶解时在碱性条件下有助于溶解。在配方中作用是增稠,提高乳胶漆在制造和施工过程的外相黏度,并控制乳胶漆

的最终黏度,提高颜料、填料分散体的黏度。黏度还会影响乳胶漆的涂刷性、涂膜厚度、流平性和储藏稳定性。

乙二醇、丙二醇的作用一是防冻;二是调节乳胶漆干燥速率,延长湿边时间,防止产生接痕。从环保角度看,丙二醇比较环保,发展趋势是使用丙二醇。

Tamol 1124 是钾离子分散剂,促进颜料,填料分散稳定。Triton CF-10 是一种非离子表面活性剂,能有效地降低表面张力,使颜料、填料较好地润湿,提高其分散稳定性,同时由于乳胶漆表面张力降低,从而提高对基面的润湿能力,有利于获得较高的附着力,或润湿表面张力较低的基材。非离子表面活性剂和阴离子分散剂的搭配使用有利于提高系统稳定性。

Colloid 643 是消泡剂,一般在打浆和配漆阶段分别各加 1/2。必须用尽可能少的消泡剂来控制泡沫,过量的消泡剂会导致施工时缩孔。

Ti-pure R-902 是金红石型钛白粉,其作用是提供涂膜遮盖力。金红石型钛白粉价格高,在达到要求的情况下,能少用尽量少用。这里以不透明聚合物 Ropaque OP-62LO 为补充,以满足遮盖力的要求。

Minex 4 是一种钠钾铝的硅酸盐填料。Icecap K 是铝硅酸盐填料,而 Celite 281 是硅藻土,它们的作用是降低成本,增加涂膜的体积,改善乳胶漆及其涂膜的性能。这些填料的折射率与涂料基料的折射率差不多,本身几乎没有遮盖力,但是它们很细,具有位隔作用,能提高钛白粉的遮盖效率。

颜料、填料经高速分散,分散细度检验合格后,在低速搅拌的情况下加入不透明聚合物 Ropague Op-62LO 和乳液。Ropague OP-62LO 除了提供遮盖力外,因其粒子细而均匀,能提高涂膜表面平整度,从而改善涂膜的耐黏污性。乳液把乳胶漆各组分黏结在一起,形成涂膜,同时又使涂膜附着在基面上。它是乳胶漆的最主要成分。在低速搅拌下加入乳液是防止其破乳而影响乳胶漆的性能。

Texanol 是成膜助剂。高浓度的成膜助剂易使乳液絮凝,因此在此阶段应在低速搅拌的条件下慢慢地加入,并搅拌均匀。也有成膜助剂在打浆阶段加入的,其好处是可以避免乳液絮凝危险,但也有一些成膜助剂可能被颜料,填料吸入颗粒中。至于成膜助剂用量,一般为乳胶漆总量的 1.5%~3%。

氨水是 pH 调节剂。乳胶漆一般是偏碱性的,这使碱性增稠剂能充分发挥增稠作用,有利于乳胶漆的防腐,也有利于马口铁漆桶的防锈蚀。

最后两项是水和羟乙基纤维素,主要是用于调节乳胶漆的最终黏度。当然也可以以其他类型的增稠剂调节乳胶漆的最终黏度。不同类型的增稠剂搭配使用,可使乳胶漆的黏度曲线较符合实际要求。

配方中没加防腐剂和防霉剂。防腐剂(杀菌剂)是一定要加的,否则乳胶漆在储存期内会变质,尤其是以纤维素为增稠剂的乳胶漆。一般可加 0.15％ 左右的防腐剂。热稳定性好的防腐剂可在打浆时加入;热稳定性差的防腐剂应在调漆后加入,以防打浆时温度较高使防腐剂分解失效。防霉剂可根据防霉要求,加或不加,或加多少。

该乳胶漆的 PVC 是 47％,比 LCPVC 低得多,所以是一种高性能的外墙乳胶漆;但就光泽来说,仍属于亚光乳胶漆。P/B 为 1.71/1。

该乳胶漆的体积固含量是 36.4％,质量固含量是 46.7％。在计算乳胶漆干膜厚度时,可将单位面积的乳胶漆用量(mL/m^2)乘以其体积固含量而求得,而不是乘以其质量含量。

ICI 黏度是高剪切速率黏度,基本反映刷涂、滚涂和喷涂的黏度。乳胶漆的 ICI 黏度一般为 0.10～0.12 Pa·s,该配方为 0.095 Pa·s,处于下限。这是因为配方中仅采用羟乙基纤维素增稠剂所致。因为羟乙基纤维素的高剪切速率黏度较低,合适的 ICI 黏度是控制乳胶漆施工厚度的主要因素。

斯托默黏度是中低剪切速率黏度,也是建筑涂料工业常用的黏度。一般认为其在 75～95 KU 之间。该配方实测结果是 88 KU。

挥发性有机物含量(VOC)是环境好型涂料的一个主要指标。该乳胶漆扣水后 VOC 为 196 g/L,达到国家环境保护总局标准《环境标志产品认证技术要求,水性涂料》(HBC 12-2002)的要求。

(2)水性底漆 过去人们主要使用溶剂型底漆。由于环境的原因和水性底漆性能的改进,水性底漆使用,越来越多。

底漆在建筑乳胶漆涂膜系统中起着加固基层、降低并均匀基层吸水性、提高中途层在基层上的附着力及基层的封闭作用。

乳胶底漆有清漆型(有时也叫封闭漆)和白色底漆。清漆型底漆是不含颜料、填料的,能较好地发挥上述底漆的作用,尤其是微乳液或阳离子乳液制成的清漆型底漆。有色底漆(主要是白底漆)含有颜料和填料的,因此具有一定的遮盖力,但会牺牲上述底漆作用的部分功能。清漆型底漆参考配方见表5-15。

表5-15　清漆型底漆参考配方

序　号	原　料	用　量
①	水	481.5
②	防腐剂	1.5
③	乳液	500.0
④	成膜助剂	15.0
⑤	消泡剂	2.0
	合　计	1000.0

　　白色底漆通常比面漆含有较多乳液,而有较低黏度。其参考配方见表5-16。

表5-16　白底漆参考配方

序　号	原　料	用　量	用　途
①	水	159.2	制浆
②	聚丙烯酸增稠剂	10	
③	氨水	8	
④	分散剂	3	
⑤	AMP-95	0.5	
⑥	消泡剂	2	
⑦	钛白粉	150	
⑧	瓷土	90	
⑨	碳酸钙	90	
⑩	乳液	450	调漆
⑪	消泡剂	2	
⑫	成膜助剂	30	
⑬	防腐剂	0.3	
⑭	聚丙烯酸增稠剂	5	
	合　计	1000	

　　底漆应选用粒径小、成膜温度低、稀释稳定性好、耐水解性好、耐碱性强、渗透性高、附着力好、封闭作用佳的乳液,从而使生产的底漆具有好的稳定性、渗透性、成膜性和附着力。

用阳离子乳液制成的底漆叫阳离子乳胶底漆。阳离子底漆可以是清漆,也可以是白色底漆。粒径小、表面张力低的阳离子乳液渗透性好,另外,阳离子表面活性剂对固体表面尤其是硅酸盐类的固体表面具有很好的附着力。阳离子底漆附着力高,封闭性好,其配方和阴离子乳液基本相同,但不能使用阴离子表面活性剂。

(3) 内墙乳胶漆　内墙乳胶漆已成为室内墙面和顶棚装饰的首选材料。其主要产品有醋酸乙烯乳胶漆、乙烯-醋酸乙烯乳胶漆、醋丙乳胶漆和苯丙乳胶漆。

醋丙内墙乳胶漆(也称乙丙内墙乳胶漆)和苯丙墙乳胶漆由于性能好,价格适中,是目前最广泛使用的两种内墙乳胶漆。纯丙内墙乳胶漆质量好,但相比起来价格较高,目前使用很少。

根据光泽不同,内墙乳胶漆可分为平光(85°光泽<5%),丝光(85°光泽,5%~10%),半光(60°光泽 40%~60%,85°光泽>10%)和有光(60°光泽≥60%)。

表 5-17 列出了一个半光内墙乳胶漆的配方。

表 5-17　半光内墙乳胶漆配方

序号	原　料	质量份/%	体积份/%
1	水	2.97	3.72
2	丙二醇	4.97	6.01
3	Tamol 731 分散剂	0.53	0.60
4	AMP-95	0.19	0.25
5	Colloid 643 消泡剂	0.29	0.42
6	Nuosept C 防腐剂	0.19	0.25
7	Kronos 2020 钛白粉	19.17	5.87
8	Optiwhite, 1.4 μm 硅酸铝	4.79	2.73
9	Attagel 50 增稠剂	0.48	0.25
10	水	15.58	19.64
11	醋丙乳液	34.50	40.00
12	Texanol	1.71	2.44
13	Colloid 643	0.19	0.28
14	Igepal co-630	0.19	0.23
15	水	12.03	14.93
16	Rheolate 278	1.95	2.36

注:PVC　29.5%,ICI 黏度 0.12 Pa·s,斯托默黏度 90 KU,光泽(60°)33%。

（4）外墙乳胶漆　外墙乳胶漆全名为合成树脂乳液外墙涂料。它以合成树脂乳液为主要成膜物质，加颜料、填料和水配制而成，是目前最通常使用的一种外墙涂料。

外墙乳胶漆的主要问题是最低成膜温度高，通常必须在5℃以上施工才能保证质量，有的还要在10℃以上。在我国的北方一年内可施工时间较短。

表5-18列出一个有光外墙乳胶漆，该配方是高光乳胶漆试验配方，试验缔合型增稠剂如何搭配使用最有效。有光乳胶漆除PVC低外，所用乳液一般选用粒径小，较疏水和高T_g值的乳液，钛白粉应该选用专用于有光漆的钛白粉。对于半光乳胶漆，可掺部分超细填料；对于高光乳胶漆，不用填料，而仅加钛白粉，不用纤维素增稠剂，而用缔合型增稠剂。

表5-18　有光外墙乳胶漆配方

序号	原　料	质量份/％	体积份/％
	制　　浆		
1	丙二醇	4.23	5.70
2	水	0.89	1.14
3	Tamol 681 分散剂	3.70	4.32
4	Dovicil 75 润湿剂	0.08	0.06
5	28％氨水	0.08	0.10
6	Foamaster AP 消泡剂	0.40	0.55
7	TI-pure-R-900 钛白粉	25.87	8.25
	调　　漆		
8	Rhoplex HG-74M 乳液	55.92	69.00
9	Texanol 成膜助剂	3.52	4.23
10	Foamster AP 消泡剂	0.24	0.32
11	Acrysol RM-1020 增稠剂	1.65	1.96
12	水	3.42	4.37
	合计	100.00	100.00

注：PVC＝22.79％　质量固体分＝49.36％　体积固体分＝36.21％

（5）真石漆　真石漆属于合成乳液砂壁状建筑涂料，它通常以合成树脂乳液为基料，以不同粒径的彩色砂、花岗岩和填料等为骨料，加助剂和水配制而成。通过喷涂（用专用喷枪），在建筑物表面形成酷似大理石、花岗岩等天然石材质的涂层,给人以返归自然的感觉,因此也称石头漆、仿石漆。

真石漆涂层一般由封闭底漆、真石漆与罩面清漆组成。真石漆所用乳液必须具有很好的耐水性黏结强度和耐老化性。苯丙乳液,纯丙乳液和硅丙乳液都可适用。乳液的最低成膜温度不应低于 20℃,其与施工温度之间的矛盾可通过成膜助剂解决。

真石漆以彩色砂、普通石英砂、花岗岩、石粉等为骨料。真石漆的质感和颜色就取决于这些骨料的大小、级配和颜色。彩砂可分为天然石英砂和人工着色石英砂。选择不同颜色和不同尺寸的骨料,能配出丰富多彩的真石漆。大小骨料要搭配使用,形成合适的配比。

真石漆的示意配方如表 5-19 所示。

表 5-19　真石漆配方

序号	原　料	规格/目	配比/%
1	中国黑	80~100	2~8
2	鸡血红	30~40	10~15
3	芙蓉红	40~80	30~50
4	雪花白	10	8~15
5	填　料	100	2~5
6	乳　液		14~22
7	成膜助剂		0.5~1.5
8	增稠剂		0.1~0.8
9	消泡剂		0.1~0.25
10	防腐防霉剂		0.2~0.8
11	水		6~15
	合　计		100

配方要求,喷涂性能好,干燥成膜后不开裂,涂膜有硬度,下雨时涂膜不泛白。真石漆性能要求按 JG/T 24-2000《合成树脂乳液砂壁状建筑涂料》标准执行。

(6)硅酸盐乳胶涂料　硅酸盐乳胶涂料是以水玻璃或硅溶胶和乳液为基料,并同颜料、填料、助剂和水配制而成的涂料。它具有透气性好、耐热性佳、环境友好等特点,在中国、德国、奥地利和瑞士等有一定应用。

钾水玻璃硅酸盐乳胶涂料的参考配方如表 5-20 所示。

表 5-20　钾水玻璃硅酸盐乳胶涂料的配方

序号	原　料	用　量	序号	原　料	用　量
(1)	水	210~240	(8)	50%乳液	90~100
(2)	湿润分散剂	2	(9)	成膜助剂	0~15
(3)	多糖增稠剂	2	(10)	钾水玻璃	250
(4)	硅酸盐稳定剂	2	(11)	增稠剂	适量
(5)	钛白粉	100	(12)	疏水剂	0~10
(6)	填料	310	合计		1000
(7)	消泡剂	2			

乳液的一般用量以固体分计,约为总配方固含量的 4.5%。

水玻璃必须最后加入,以防强碱使乳液凝聚和结块。在生产硅酸盐乳胶涂料时,乳液的耐碱性、耐水解性以及和水玻璃的相容性是十分重要的,因为水玻璃 pH 在 11 以上。相容性试验可将乳液和水玻璃等量混合,如没有凝聚和结块时,则认为相容性合格。

3.3　乳胶漆在制造生产及贮存中存在的问题和解决方法

3.3.1　黏度偏离控制范围　黏度偏高时加水降低黏度,黏度偏低加增稠剂提高黏度;如是 pH 问题,可调整 pH。注意原料的稳定性,如加强原料的控制、称量前将液体的原料充分搅匀等。提高计量准确性。对于那些用量少而黏的原料,可用部分配方中的水冲洗粘在壁上的原料,并将其加入。

3.3.2　甲醛含量超标　可能是防腐防霉剂含甲醛,乳液中带入甲醛,其他组分如色浆等带入甲醛。找出原因解决之。

3.3.3　贮存时黏度升高甚至发胀　首先检查润湿分散剂是否合适,用量是否足够,查看配方中有无反应性原料(如 Zno 等)。需从润湿分散剂、pH 值、乳液和钛白粉的包膜等方面进行试验调整。

3.3.4　分层和分水　减小颜料、填料粒径,降低颜料、填料的密度,增加乳胶漆的黏度,都能防止沉淀分层,提高乳胶漆的贮存稳定性。纤维状和片状的填料——如硅灰石,高岭土等——有改善分层的作用。增稠剂搭配要适当,建议以 HASE(缔合型碱溶胀增稠剂,阴离子型)、HEVR(聚氨酯增稠剂,非离子型)同时搭配 HEC(羟乙基纤维素)或者以 HASE 搭配 HEVR 来使用。

3.3.5 浮色 颜料的粒径和密度差是造成浮色的原因之一。由于粒径和密度一般不能改变,只有通过润湿分散剂、增稠剂等的调配解决。

3.3.6 贮存中黏度降低 纤维素增稠剂受微生物或酶降解,解决方法是增加防腐剂用量,或选择更有效的防腐剂。对于黏度已降低的乳胶漆,增加防腐剂杀菌,并补加增稠剂。

对于 pH 值降低导致碱溶胀增稠剂效果降低,可采用 pH 调节剂使 pH 升高。

3.3.7 配色时,加入色浆导致黏度下降 原因是色浆中含有较多的二醇类溶剂和表面活性剂,特别配深色漆黏度下降更厉害,它们的加入影响增稠剂的增稠效果,而对缔合型增稠剂的影响更大。解决的办法是补加非缔合型增稠剂;如果可能的话,也可事先提高待配色乳胶漆或基料的黏度。

3.3.8 乳胶漆与色浆的相溶性不佳 相溶性不佳则会产生絮凝、浮色、发花、着色力下降、色相偏移、细度变粗、光泽下降及涂料稳定性变差等现象。一般有两种可能原因:一是色浆的分散稳定性差,这就要求选用分散性、稳定性好的高性能色浆;另一个原因可能是乳胶漆中润湿分散剂品种不适宜或用量不足,这就需要增加乳胶漆中润湿分散剂的用量或改变其品种,直至相容。

3.3.9 颜色的准确性和重现性差 保持基础漆和色浆质量的稳定性,同时确保颜色配方中的准确性,包括颜色配方本身和配方实施过程的准确性,以达到颜色准确性和好的重现性。

3.3.10 颜色的鲜艳性差 要获得鲜艳的颜色,必须注意几个方面的问题:① 制造色浆的颜料本身必须鲜艳;② 采用的色浆系统要能很好地覆盖整个颜色空间,任何一种颜色都能从色浆体系内找到色空间距离较近的色浆来调制,这样可以保证在少牺牲饱和度的情况下达到色相一致;③ 高饱和度的颜色一般不用白色颜料,而用清漆调制即可;④ 颜色配方中选用的色浆种类应尽可能少,只要采用的色浆系统适当,任何一种颜色最多只要 4 种色浆均可调出,色浆种类过多不仅颜色暗淡,而且不经济;⑤ 乳胶漆中通常采用提高 PVC 而产生的"干遮盖力"的办法来降低成本,当调制高饱和度的颜色时,这种"干遮盖力"

会像白色颜料一样,冲淡色彩,降低饱和度,因此,好的乳胶漆 PVC 一般不要超过 45%。

3.3.11　遮盖力不足　中间色及深色乳胶漆由于没有对比率控制指标,容易出现遮盖力不足的问题。解决办法有:① 基础漆的钛白粉含量要适当,要分别用钛白粉含量为高、中、低不同的基础漆(浅基、中基、深基漆)来进行浅、中、深色的调色,钛白粉过少难有较好的遮盖力;② 尽可能使用无机颜料做颜色配方,或用无机与有机颜料一起调色;③ 选用的有机颜料不但要求具有较好的耐候性和着色力,还要求具有较好的遮盖力。

3.3.12　遮盖力过剩　很多中小型涂料厂习惯生产白色乳胶漆,很少或根本不生产半透明乳胶漆和乳胶清漆,常用白色乳胶漆配浅色、中色和深色漆,或用半透明漆配深色漆,用白漆配中色漆,这样必然加入大量色浆才能达到一定饱和度,其结果是遮盖力过剩,成本升高,影响乳胶漆的耐水性、耐洗刷性和耐候性等。

乳胶漆的遮盖力还与涂膜厚度有关,一般颜色配方是按干膜厚度 30~60 μm 的涂料来解决的,所以,对于弹性乳胶漆应对调色配方进行调整,适当降低遮盖力。

13) 色漆涂膜性能差　使用高性能色浆调色,在不超过最大加入量时乳胶漆的性能几乎没有影响,但使用低档色浆或色浆使用不当时,都会使涂膜性能(耐水性、耐洗刷性、耐碱性、光泽等)变差。

色漆涂膜性能变差的另一个原因是基础漆选择不当(如上所述)。解决办法是根据要求颜色的深浅,选用不同钛白粉含量的白色乳胶漆、半透明基础漆和清漆来调色,色浆的用量不要超过其最大用量。

3.4　粉末涂料制造工艺

粉末涂料的制造工艺与传统的溶剂型涂料和乳胶漆完全不同,需要使用专门设备才能制造。粉末涂料的生产制造方法很多,大体上可分为干法和湿法两大类。干法又可分为干混合法、熔融挤出混合法和超临界流体混合法;湿法分为蒸发法、喷雾干燥法、沉淀法和水分散法。

从工业化实际应用来看,主要采用干法工艺中的熔融挤出混合法制造粉末涂料,有热塑性粉末涂料与热固性粉末涂料。在粉末涂料总产量中热塑性粉末涂料产量很少,主要是热固性粉末涂料。

3.4.1　热固性粉末涂料的原料　热固性粉末涂料的成膜物有环

氧树脂、聚酯树脂及其相应的固化剂,所用颜料填料和溶剂型涂料大致相同;也使用一些专业助剂,如流平剂、消光剂、光稳定剂、美术型助剂、增韧剂、偶联剂、脱气剂、边缘覆盖剂和防结块剂等。

3.4.2 熔融挤出混合法制造热固性粉末涂料 粉末涂料成膜物与相匹配的固化剂的用量指标及颜基比与溶剂型漆基本相同,面漆颜基比为(0.25～0.9)/1。一种灰色环氧树脂粉末涂料配方如下:E-12环氧树脂190;取代双氰胺固化剂10;通用流平剂4.0;光亮剂3.0;安息香(脱气剂)1.0;钛白粉18.0;沉淀硫酸钡78.0;轻质碳酸钙6.0;炭黑0.8。此配方颜基比0.514/1。

生产工艺过程如下:

(1)预混合 按配方量将环氧树脂,固化剂、颜料,填料和助剂等所有成分准确称量,然后加入到高速混合机中预混合。

(2)熔融混合 经预混合的物料通过加料器输送到熔融挤出混合机,使各种成分在一定温度下熔融混合和分散均匀。

(3)冷却,压片,粉碎 熔融混合挤出的物料经压片冷却辊和冷却设备压成薄片状易粉碎的物料,再经破碎机碎成小片状物料。

(4)细粉碎 上述小片状物料经供料器输送到空气分级磨(ACM磨)中进行细粉碎。

(5)分级和筛分 经过旋风分离器除去超细粉末涂料(在下一步回收利用),捕集大部分被细粉碎的半成品,再经过旋转阀(放料阀)输送到筛粉机进行过筛,通过筛网的是成品,未过筛网的是粗粉。

(6)回收及循环使用 粗粉可以重新进入空气分级磨粉碎处理,也可以和回收粉一起再加工使用。在工序(5)中回收的超细粉末涂料用袋式过滤器捕集回收,干净的空气排放到大气中去。

参考文献

［1］涂料工艺(增订本)(第二版).共六分册.化学工业出版社,1996

［2］刘登良主编.涂料工艺(第四版).上、下册.化学工业出版社,2009

［3］倪玉德主编.涂料制造技术.化学工业出版社,2003

［4］涂料专业大学教材(共8册).化学工业出版社出版,2012　① 涂料制造及应用② 涂料树脂合成工艺③ 涂料用颜料与填料④ 涂料用溶剂和助剂⑤ 涂料及原材料质量评价⑥ 涂料生产设备⑦ 涂装工艺及设备⑧ 涂料和涂装的安全与环保

［5］涂料工业用原材料技术标准手册(第二版).化学工业出版社,2004

［6］涂料工业用原材料检测方法标准汇编(第二版).共三册.化学工业出版社出版,2013　① 基础.通用,化工原料② 树脂.溶剂③ 颜料.助剂.

［7］涂料与颜料标准汇编.共七册.中国标准出版社,2011　① 涂料产品,通用涂料卷② 涂料产品,建筑涂料卷③ 涂料产品,专用涂料卷④ 颜料产品和试验方法⑤ 涂料试验方法,通用卷⑥ 涂料试验方法,涂膜性能卷⑦ 涂料试验方法,液体和施工性能卷.

［8］李肇强编著.现代涂料的生产及应用.上海科技文献出版社,1996

［9］王善勤等编.涂料配方与工艺.中国轻工出版社,2000

［10］孙兰新等编.涂装工艺及设备.中国轻工出版社,2001

［11］林宣益编著.乳胶漆.化学工业出版社,2004

［12］朱骥良,吴申年编.颜料工艺学.化学工业出版社,1989

［13］化工产品手册——染料,有机颜料(第二版).化学工艺出版社,1995

［14］钱逢麟,竺玉书主编.涂料助剂.化学工业出版社,1990

[15] 程能林编著. 溶剂手册(第二版). 化学工业出版社,1994

[16] 冯啸吟,冯汉保编. 涂料化学(第二版). 科学出版社,2005

[17] Zeno W. 威克斯等著. 有机涂料科学和技术. 化学工业出版社, 2002

[18] T. C. 巴顿. 涂料流动和颜料分散. 化学工业出版社,1988

[19] 武利民编著. 涂料技术基础. 化学工业出版社,1999

[20] 武利民,李丹,游波编著. 现代涂料配方设计. 化学工业出版社,2000